H. RUTISHAUSER

VORLESUNGEN ÜBER NUMERISCHE MATHEMATIK

BAND 2

MATHEMATISCHE REIHE
BAND 57

LEHRBÜCHER UND MONOGRAPHIEN
AUS DEM GEBIETE DER EXAKTEN WISSENSCHAFTEN

HEINZ RUTISHAUSER

VORLESUNGEN ÜBER NUMERISCHE MATHEMATIK

Herausgegeben von
MARTIN GUTKNECHT

unter Mitwirkung von
PETER HENRICI
PETER LÄUCHLI
HANS-RUDOLF SCHWARZ

BAND 2
DIFFERENTIALGLEICHUNGEN UND EIGENWERTPROBLEME

1976
BIRKHÄUSER VERLAG BASEL
UND STUTTGART

CIP-Kurztitelaufnahme der Deutschen Bibliothek

Rutishauser, Heinz
[Sammlung]
Vorlesungen über numerische Mathematik / hrsg. von Martin Gutknecht unter
Mitw. von Peter Henrici ... – Basel, Stuttgart: Birkhäuser.
Bd. 2. Differentialgleichungen und Eigenwertprobleme. – 1. Aufl. – 1976.
(Lehrbücher und Monographien aus dem Gebiete der exakten Wissenschaften:
Math. Reihe; Bd. 57)
ISBN 3-7643-0850-8

ISBN 3-7643-0850-8

VORWORT DES HERAUSGEBERS

In diesem zweiten Band mit von Prof. H. Rutishauser hinterlassenen Manuskripten werden gewöhnliche und partielle Differentialgleichungen, die iterative Lösung linearer Gleichungssysteme sowie das algebraische Eigenwertproblem behandelt. Weiter enthält er einen Anhang über «Eine Axiomatik des numerischen Rechnens und ihre Anwendung auf den qd-Algorithmus» (wobei dieser Titel von den Herausgebern stammt).

Zu diesem Anhang sind einige Bemerkungen angezeigt: H. Rutishauser hat sich bereits 1968 mit dem Thema befasst (Bericht [21] im Literaturverzeichnis zum Anhang) und im Sommersemester 1969 einen Teil des Stoffes in einer Vorlesung besprochen. Später wurden jedoch Inhalt und Text von ihm überarbeitet und wesentlich erweitert. Auch hatte er im Sinn, das sehr interessante dritte Kapitel «Endliche Arithmetik» an einer Tagung in Oberwolfach, die im November 1970 kurz nach seinem Tod stattfand, vorzutragen. Dagegen ist unbekannt, in welcher Form er die ganze Arbeit, die keine grossen Vorkenntnisse des Lesers voraussetzt, aber den üblichen Umfang eines Zeitschriftenartikels übertrifft, veröffentlichen wollte. Sicher ist jedoch, dass diese Arbeit unvollendet geblieben ist. Es waren mindestens sieben Kapitel vorgesehen, doch bricht das Manuskript im fünften ab mit der Überschrift «Erzwingung der Koinzidenz». Zum Glück ist der Text trotzdem ziemlich abgerundet. Er enthält in den ersten zwei Kapiteln in teils neuartiger Darstellung eine Einführung in den qd-Algorithmus. Im dritten Kapitel wird, wie bereits erwähnt, eine Axiomatik des numerischen Rechnens aufgestellt. Hauptziel ist dabei nicht deren Prüfung auf Vollständigkeit und Unabhängigkeit, sondern die Möglichkeit, von einem Algorithmus zu beweisen, dass er nie infolge von Rundungsfehlern versagt. In diese Richtung zielen denn auch die Untersuchungen über den qd-Algorithmus und seine stationäre Form im vierten und fünften Kapitel.

Der Text des Anhanges stimmt über weite Strecken wörtlich mit dem handschriftlichen Manuskript von H. Rutishauser überein. An einigen Stellen wurden jedoch Sätze und Beweise etwas genauer oder ausführlicher formuliert. Eine grössere Umstellung war nur im dritten Kapitel nötig, wo die nun in den Sätzen A13, A14 und A16 enthaltenen Aussagen umgruppiert worden sind. Die Herausgeber haben zudem das Literaturverzeichnis zusammengestellt und die Hinweise darauf (die im Manuskript offengelassen worden waren) eingesetzt.

Ich möchte nicht versäumen, den vielen Personen und Institutionen, die zum Gelingen dieser Ausgabe beigetragen haben und die im ersten Band namentlich aufgeführt worden sind, nochmals herzlich zu danken.

Vancouver, B.C., im Februar 1976 M. GUTKNECHT

INHALTSVERZEICHNIS

Kapitel 8. **Anfangswertprobleme bei gewöhnlichen Differentialgleichungen** 9

§ 8.1. Problemstellung 9
§ 8.2. Das Verfahren von Euler 10
§ 8.3. Die Fehlerordnung eines Verfahrens 16
§ 8.4. Verfahren vom Typus Runge-Kutta 20
§ 8.5. Fehlerbetrachtungen für das Runge-Kutta-Verfahren bei linearen Differentialgleichungssystemen 26
§ 8.6. Die Trapezregel 30
§ 8.7. Allgemeine Differenzenformeln 33
§ 8.8. Das Stabilitätsproblem 41
§ 8.9. Sonderfälle 48

Kapitel 9. **Randwertprobleme bei gewöhnlichen Differentialgleichungen** 55

§ 9.1. Die Artilleriemethode 55
§ 9.2. Lineare Randwertaufgaben 58
§ 9.3. Die Floquetschen Lösungen einer periodischen Differentialgleichung ... 63
§ 9.4. Behandlung von Randwertaufgaben mit Differenzenmethoden 66
§ 9.5. Die Energiemethode zur Diskretisation kontinuierlicher Probleme 71

Kapitel 10. **Elliptische partielle Differentialgleichungen, Relaxationsmethoden** ... 75

§ 10.1. Diskretisation des Dirichlet-Problems 75
§ 10.2. Das Operatorprinzip 81
§ 10.3. Das allgemeine Prinzip der Relaxation 85
§ 10.4. Das Verfahren von Gauss-Seidel, Überrelaxation 87
§ 10.5. Das Verfahren der konjugierten Gradienten 91
§ 10.6. Anwendung auf ein komplizierteres Problem 95
§ 10.7. Etwas über Normen und die Kondition einer Matrix 104

Kapitel 11. **Parabolische und hyperbolische partielle Differentialgleichungen** 110

§ 11.1. Eindimensionale Wärmeleitprobleme 110
§ 11.2. Stabilität der numerischen Lösung 113
§ 11.3. Die eindimensionale Wellengleichung 118
§ 11.4. Etwas über zweidimensionale Wärmeleitprobleme 123

Kapitel 12. **Das Eigenwertproblem für symmetrische Matrizen** ... 132

§ 12.1. Einleitung ... 132
§ 12.2. Extremaleigenschaften der Eigenwerte ... 137
§ 12.3. Das klassische Jacobi-Verfahren ... 144
§ 12.4. Fragen der Programmierung ... 147
§ 12.5. Das Jacobi-Verfahren mit zeilenweisem Durchlauf ... 149
§ 12.6. Die *LR*-Transformation ... 151
§ 12.7. Die *LR*-Transformation mit Verschiebungen ... 156
§ 12.8. Die Householder-Transformation ... 159
§ 12.9. Die Bestimmung der Eigenwerte einer Tridiagonalmatrix ... 163

Kapitel 13. **Das Eigenwertproblem für beliebige Matrizen** ... 166

§ 13.1. Fehleranfälligkeit ... 166
§ 13.2. Das Iterationsverfahren ... 168

Anhang. **Eine Axiomatik des numerischen Rechnens und ihre Anwendung auf den qd-Algorithmus** ... 179

Kapitel A1. **Einleitung** ... 180

§ A1.1. Die Eigenwerte einer qd-Zeile ... 180
§ A1.2. Die progressive Form des qd-Algorithmus ... 181
§ A1.3. Die erzeugende Funktion einer qd-Zeile ... 183
§ A1.4. Positive qd-Zeilen ... 183
§ A1.5. Die Konvergenzgeschwindigkeit des qd-Algorithmus ... 185
§ A1.6. Der qd-Algorithmus mit Verschiebungen ... 186
§ A1.7. Deflation nach Bestimmung eines Eigenwerts ... 188

Kapitel A2. **Die Wahl der Verschiebungen** ... 192

§ A2.1. Einfluss der Verschiebung v auf Z' ... 192
§ A2.2. Semipositive qd-Zeilen ... 194
§ A2.3. Schranken für λ_n ... 195
§ A2.4. Ein formaler Algorithmus für die Eigenwertbestimmung ... 197

Kapitel A3. **Endliche Arithmetik** ... 199

§ A3.1. Die Grundmenge $\mathfrak{S}$ ... 199
§ A3.2. Eigenschaften der Arithmetik ... 200
§ A3.3. Monotonie der Arithmetik ... 201
§ A3.4. Genauigkeit der Arithmetik ... 202
§ A3.5. Unter- und Überflusskontrolle ... 204

Kapitel A4. **Einfluss der Rundungsfehler** 206

§ A4.1. Persistente Eigenschaften des qd-Algorithmus 206
§ A4.2. Koinzidenz 208
§ A4.3. Die differentielle Form des progressiven qd-Algorithmus 210
§ A4.4. Der Einfluss der Rundungsfehler auf die Konvergenz 211

Kapitel A5. **Stationäre Form des qd-Algorithmus** 212

§ A5.1. Begründung des Algorithmus 212
§ A5.2. Die differentielle Form des stationären qd-Algorithmus 213
§ A5.3. Eigenschaften des stationären qd-Algorithmus 214
§ A5.4. Sichere qd-Schritte 216

Literatur zum Anhang 223

Namen- und Sachverzeichnis 225

KAPITEL 8

Anfangswertprobleme bei gewöhnlichen Differentialgleichungen

Es ist eine bekannte Tatsache, dass in wissenschaftlich-technischen Problemen auftretende Differentialgleichungen meist nicht exakt, das heisst nicht mit analytischen Methoden gelöst werden können. Aber selbst wo dies möglich ist, ist es nicht unbedingt vorteilhaft. Zum Beispiel hat die Differentialgleichung 2. Ordnung mit 2 Anfangsbedingungen

$$y'' + 5y' + 4y = 1 - e^x, \quad y(0) = y'(0) = 0 \tag{1}$$

die *exakte* Lösung

$$y = \frac{1}{4} - \frac{1}{3}xe^{-x} - \frac{2}{9}e^{-x} - \frac{1}{36}e^{-4x}, \tag{2}$$

aber wenn man diese Formel etwa an der Stelle $x = 0.01$ auswerten will, ergibt sich beim Rechnen mit 8 Stellen

$$y = 0.25 - 0.00330017 - 0.22001107 - 0.02668860 = 0.00000016,$$

was nicht mehr sehr genau ist.

Man muss in solchen Fällen und in jenen, wo eine «exakte» Lösung, d.h. eine Lösung in geschlossener Form, nicht existiert, zu numerischen Methoden greifen, die die Lösung zwar nur *angenähert*, aber gleich fertig in Tabellenform liefern. Mit solchen «ungenauen» Methoden gelingt es tatsächlich, einen viel genaueren Näherungswert für $y(0.01) = 0.000000164138\ldots$ zu erhalten.

§ 8.1. **Problemstellung**

Als Grundmodell betrachten wir *eine Differentialgleichung erster Ordnung mit einer Anfangsbedingung*

$$y' = f(x, y), \quad y(x_0) = y_0. \tag{3}$$

Gegeben sind hier der Wert y_0 und die Funktion $f(x, y)$, von der wir je nach Bedarf gewisse Stetigkeitseigenschaften fordern müssen (z.B. ihre Stetigkeit und Lipschitz-Bedingungen beim Verfahren von Euler).

Wir behandeln aber auch *Differentialgleichungssysteme*

$$\frac{dy_l}{dx} = f_l(x, y_1(x), y_2(x), \ldots, y_n(x)) \quad (l = 1, \ldots, n) \tag{4}$$

mit Anfangsbedingungen $y_l(x_0) = y_{0l}$ $(l=1,\dots,n)$, wo n unbekannte Funktionen $y_1(x), y_2(x),\dots,y_n(x)$ zu bestimmen sind. Gegeben sind dabei die n Anfangswerte y_{0l} und die n Funktionen $f_l(x, y_1, y_2,\dots, y_n)$. Ein solches System (4) kann auch vektoriell geschrieben werden:

$$\boldsymbol{y}' = \boldsymbol{f}(x, \boldsymbol{y}), \quad \boldsymbol{y}(0) = \boldsymbol{y}_0. \tag{5}$$

Die *Differentialgleichung höherer Ordnung*

$$y^{(n)} = f(x, y, y', \dots, y^{(n-1)}) \tag{6}$$

mit Anfangsbedingungen für $y(x_0), y'(x_0),\dots, y^{(n-1)}(x_0)$ kann durch Einführen neuer Variablen auf den Fall (4) zurückgeführt werden: Man setzt

$$y_1 = y, \quad y_2 = y', \quad y_3 = y'', \dots, y_n = y^{(n-1)};$$

alsdann ist $y_l' = (y^{(l-1)})' = y^{(l)} = y_{l+1}$ $(l=1,\dots,n-1)$ und $y_n' = (y^{(n-1)})' = y^{(n)} = f(x, y, y',\dots, y^{(n-1)})$, das heisst, es wird

$$\begin{aligned}
&f_1(x, y_1,\dots, y_n) &&\equiv y_2\\
&f_2(x, y_1,\dots, y_n) &&\equiv y_3\\
&\vdots\\
&f_{n-1}(x, y_1,\dots, y_n) &&\equiv y_n\\
&f_n(x, y_1,\dots, y_n) &&\equiv f(x, y_1,\dots, y_n).
\end{aligned} \tag{7}$$

Beispiel. Aus der Differentialgleichung 2. Ordnung mit Anfangsbedingungen

$$y'' + xy = 0, \quad y(0) = 0, \quad y'(0) = 1,$$

entsteht auf diese Weise das System

$$\begin{aligned}
y_1' &= y_2, & y_1(0) &= 0,\\
y_2' &= -xy_1, & y_2(0) &= 1.
\end{aligned}$$

§ 8.2. Das Verfahren von Euler

Um nun $y' = f(x, y), y(x_0) = y_0$ numerisch zu integrieren, wird die x-Achse diskretisiert, das heisst von x_0 an regelmässig oder auch unregelmässig eingeteilt (s. Fig. 8.1).

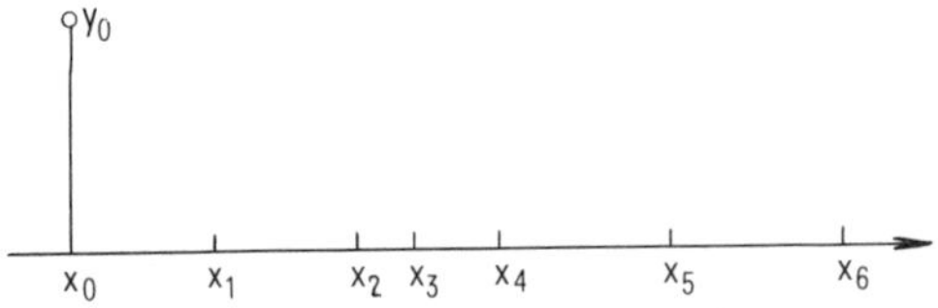

Figur 8.1. *Diskretisation der x-Achse.*

Die Teilpunkte x_k heissen *Stützstellen*, während nun die Stützwerte $y_1, y_2,\dots$ gerade die gesuchten Grössen sind. Meist wählt man die Stützstellen gleichabständig; es ist dann $x_k = x_0 + kh$.

Allgemein besteht eine numerische Methode zur Integration von (3) in einer Rechenvorschrift zur Bestimmung des Funktionswertes y_{k+1} (für die Stelle x_{k+1}) aus den Werten $y_k, y_{k-1}, \dots, y_1, y_0$, die man bereits berechnet haben muss.

Beim Verfahren von Euler bestimmt man y_{k+1} *dadurch, dass man die Tangente des Richtungsfeldes im Punkt* (x_k, y_k) *bis zur Ordinate über* x_{k+1} *verlängert* (s. Fig. 8.2). Die Tangentenrichtung in (x_k, y_k) ist durch $f(x_k, y_k)$ gegeben.

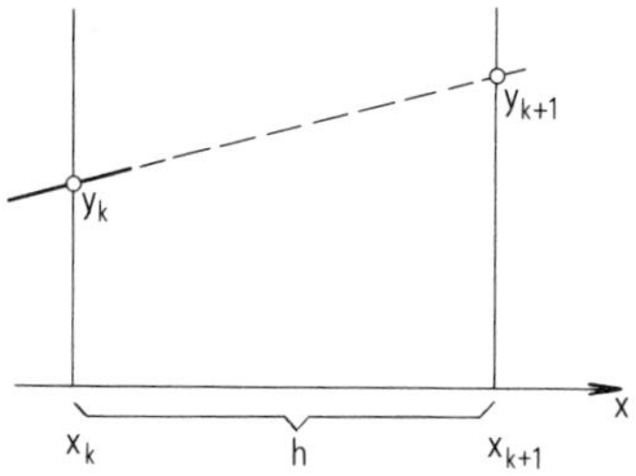

Figur 8.2. *Verfahren von Euler.*

Formelmässig heisst dies

$$y_{k+1} = y_k + h f_k \quad (\text{wo } f_k = f(x_k, y_k)), \tag{8}$$

wenn h die Länge des Teilintervalles (x_k, x_{k+1}) bezeichnet.

Beispiel. Für $y' = e^{-y}$, $y(0) = 0$, resultiert mit dem Verfahren von Euler bei konstanter Schrittweite $h = 0.1$ die Funktionstabelle

x	y	y'
0	0	1
0.1	0.1	0.90484
0.2	0.19048	0.82656
0.3	0.27314	⋮
⋮	⋮	

Die exakte Lösung wäre hier $y(x) = \ln(1 + x)$ mit $\ln(1.3) = 0.26236$. Die Methode ist also leider ziemlich ungenau.

Besonders leicht kann man die Ungenauigkeit der Eulerschen Methode am Beispiel $y' = y$ erkennen. Mit der Anfangsbedingung $y(0) = 1$ und der konstanten Schrittlänge h, also $x_k = kh$, erhält man

$$y_{k+1} = y_k + h f_k = y_k (1 + h)$$

und damit allgemein

$$y_n = (1 + h)^n.$$

Somit ergibt sich an einer festen Stelle x bei Integration mit n gleichen Schritten der Länge $h = x/n$

$$y(x) \approx y_n = \left(1 + \frac{x}{n}\right)^n.$$

Für $n \to \infty$, $h \to 0$ strebt dies tatsächlich gegen den exakten Wert $y(x) = e^x$, aber die Konvergenz ist langsam. In erster Annäherung ist

$$y_n = \exp\left(n \ln\left(1 + \frac{x}{n}\right)\right) = \exp\left(x - \frac{x^2}{2n} + \frac{x^3}{3n^2} - \ldots\right)$$
$$\approx e^x e^{-x^2/2n} \approx e^x\left(1 - \frac{x^2}{2n}\right) = e^x\left(1 - h\frac{x}{2}\right).$$

Das zeigt: Die numerische Integration liefert die Lösung mit einem relativen Fehler von $h\,x/2$; um also $y(1)$ auf 1% genau zu erhalten, muss man $h = 0.02$ wählen und braucht damit 50 Schritte (d.h. 50 Anwendungen der Formel (8)), aber um den relativen Fehler auf 10^{-6} zu reduzieren, benötigt man bereits 500000 Schritte. Bei weiterer Verkleinerung von h – und damit Vermehrung der Schritte – beginnen sich die Rundungsfehler allmählich bemerkbar zu machen, so dass sich die Genauigkeit schliesslich wieder verschlechtert.

Wenn man ein System (4) nach Euler integrieren will, muss man zunächst Klarheit bezüglich der Bezeichnungen, nämlich der Numerierung der Integrationsschritte einerseits und der unbekannten Funktionen $y_l(x)$ anderseits schaffen:

Es bezeichne y_{kl} den numerisch berechneten Wert der Funktion $y_l(x)$ an der Stützstelle x_k; anders ausgedrückt: Wenn wir mit $\mathbf{y}_k$ den Lösungsvektor an der Stelle x_k bezeichnen, so ist y_{kl} seine l-te Komponente. Analog sei f_{kl} die l-te Komponente von $\mathbf{f}(x_k, \mathbf{y}_k)$, d.h. $f_{kl} = f_l(x_k, y_{k1}, y_{k2}, \ldots, y_{kn})$.

Anstelle von (8) haben wir dann die Formel

$$y_{k+1,\,l} = y_{kl} + h f_{kl}. \tag{9}$$

Diese ist im Computer für alle l und alle k auszuwerten.

Als Beispiel behandeln wir nochmals die Differentialgleichung $y' = e^{-y}$, $y(0) = 0$, die wir zwecks Elimination der transzendenten Funktion e^{-y} in ein System von zwei Differentialgleichungen umwandeln. Mit $y_2 = e^{-y_1}$ ist nämlich

$$\frac{dy_2}{dx} = -e^{-y_1}\frac{dy_1}{dx} = -y_2^2;$$

man hat also

$$y_1' = y_2, \qquad y_1(0) = 0,$$
$$y_2' = -y_2^2, \qquad y_2(0) = e^0 = 1.$$

In den ersten drei Schritten ergibt sich nun:

x	y_1	y_2	y_1'	y_2'
0	0	1	1	−1
0.1	0.1	0.9	0.9	−0.81
0.2	0.19	0.819	0.819	−0.67076
0.3	0.2719	0.75192	0.75192	−0.56538

Hier wird ein wichtiges Prinzip offenbar: Es lohnt sich oft, eine Aufblähung des Differentialgleichungssystems in Kauf zu nehmen, wenn man damit komplizierte Funktionen eliminieren kann. Die Auswertung einer solchen braucht im Computer mehr Zeit als das Mitführen einer zusätzlichen unbekannten Funktion. Dass hier $y_2 = e^{-y_1}$ ebenfalls ungenau integriert wird, ist nicht erheblich, da die Integration der Funktion y_1 ohnehin ungenau ist. Übrigens wird $y_1(0.3) = 0.2719$ hier sogar etwas genauer als oben mit direkter Integration.

Instabilität. Die Stabilität ist ein in der Theorie der Differentialgleichungen längst eingebürgerter Begriff. Man nennt eine Lösung einer Differentialgleichung instabil, wenn es benachbarte Lösungen gibt, die von ihr wegstreben. Zum Beispiel hat

$$y'' = 6\,y^2, \qquad y(1) = 1,\, y'(1) = -2,$$

die instabile Lösung $y = 1/x^2$. Es gibt Lösungen, die von $1/x^2$ wegstreben; acht davon sind in Fig. 8.3 dargestellt, und zwar ausgezogen die zu den Anfangsbedingungen $y(1) = 1 + \varepsilon$, $y'(1) = -2$ und gestrichelt diejenigen mit $y(1) = 1$, $y'(1) = -2(1+\varepsilon)$, je für $\varepsilon = \pm 0.01$, ± 0.001.

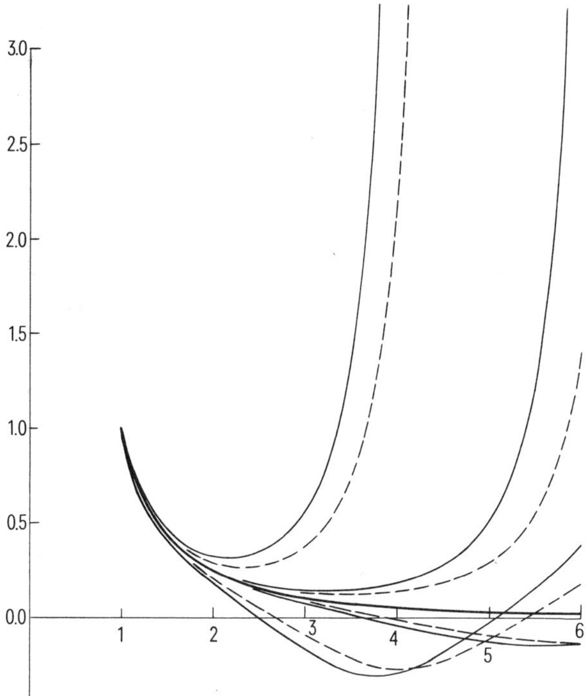

Figur 8.3. *Instabilität bei einer Differentialgleichung 2. Ordnung.*

Diese Art der Instabilität ist aber hier nicht gemeint; wir meinen vielmehr die Erscheinung, dass eine numerisch berechnete Lösung mit fortschreitender

Integration geradezu explosionsartig von der exakten Lösung wegstrebt, ohne dass diese Lösung an sich irgendwie kritisch wäre.

Integriert man beispielsweise

$$y' + 10\,y = 0, \qquad y(0) = 1,$$

mit der konstanten Schrittlänge $h = 0.2$, so erhält man folgende, völlig unsinnige Werte (die exakte Lösung ist $y(x) = e^{-10x}$):

x	y	y'	e^{-10x}
0	1	−10	1
0.2	−1	10	0.13534
0.4	1	−10	0.01832
0.6	−1	10	0.00248

Dies nennen wir *Instabilität der numerischen Integrationsmethode.* Sie ist hier nur wegen des zu grossen Schrittes h aufgetreten. Für hinreichend kleines h ist die Eulersche Methode stabil; wie wir gleich zeigen werden, würde nämlich für $h \to 0$ die numerische Lösung gegen die exakte Lösung konvergieren, wenn man gleichzeitig die Stellenzahl laufend erhöhen würde.

Konvergenz des Eulerschen Verfahrens. Es soll hier für den Fall einer einzigen Differentialgleichung erster Ordnung (3) gezeigt werden, dass die durch das Eulersche Verfahren bestimmte Lösung gegen die exakte Lösung der Differentialgleichung konvergiert, wenn man alle Teilintervalle gleich lang wählt und deren Länge h gegen 0 streben lässt (und von Rundungsfehlern absieht).

Es sei $Y(x)$ die exakte Lösung von (3), d.h.

$$Y' = f(x, Y), \qquad Y(x_0) = y_0, \tag{10}$$

und $y(x)$ die mit dem Verfahren von Euler mit der Schrittlänge h erhaltene numerische Lösung. Für den Beweis der Behauptung $|y(x) - Y(x)| \to 0$ für $h \to 0$ müssen allerdings noch einige Voraussetzungen gemacht werden: Es sollen Zahlen $K, L, M > 0$ existieren, so dass für $x_0 \leqq x \leqq x_0 + L$, $|y - y_0| \leqq LM$ gilt

$$\begin{aligned} |f(x,y)| &\leqq M, \\ |f(x,y) - f(x,\eta)| &\leqq K\,|y - \eta|, \\ |f(x,y) - f(\xi,y)| &\leqq K\,|x - \xi|. \end{aligned} \tag{11}$$

Wenn $x_k = x_0 + k\,h$, $y(x_k) = y_k$, $Y(x_k) = Y_k$ und $\varepsilon_k = y_k - Y_k$ gesetzt wird, ergibt sich zunächst nach (8) und (10):

$$\begin{aligned} \Delta\varepsilon_k = \varepsilon_{k+1} - \varepsilon_k &= (y_{k+1} - y_k) - (Y_{k+1} - Y_k) \\ &= h f(x_k, y_k) - \int_{x_k}^{x_{k+1}} f(x, Y)\, dx, \end{aligned}$$

woraus folgt:

$$\begin{aligned} |\Delta\varepsilon_k| &\leqq h|f(x_k,y_k)-f(x_k,Y_k)| + \left|h f(x_k,Y_k) - \int_{x_k}^{x_{k+1}} f(x,Y)\,dx\right| \\ &\leqq h\,K|\varepsilon_k| + \int_{x_k}^{x_{k+1}} |f(x_k,Y_k)-f(x,Y)|\,dx. \end{aligned} \tag{12}$$

(«$h f(x_k, Y_k)$ wird über das ganze Intervall verschmiert».) Nun ist aber

$$|f(x_k,Y_k)-f(x,Y)| \leqq |f(x_k,Y_k)-f(x_k,Y)| + |f(x_k, Y) - f(x, Y)|,$$

was sich wegen (11) reduziert auf

$$|f(x_k,Y_k)-f(x,Y)| \leqq K\,|Y_k - Y| + K\,|x_k - x|.$$

Weiter ist

$$Y - Y_k = Y(x) - Y(x_k) = \int_{x_k}^{x} f(x,Y)\,dx,$$

also $|Y - Y_k| \leqq h\,M$, solange $x_k \leqq x \leqq x_{k+1} \leqq x_0 + L$. Damit wird

$$|f(x_k,Y_k)-f(x,Y)| \leqq K\,M\,h + K\,h,$$

also nach (12)

$$|\Delta\varepsilon_k| \leqq h\,K|\varepsilon_k| + K\,M\,h^2 + K\,h^2 = h\,K|\varepsilon_k| + C\,h^2 \tag{13}$$

(mit $C = K\,M + K$). Dies bedeutet, dass

$$|\varepsilon_{k+1}| \leqq |\varepsilon_k| + |\Delta\varepsilon_k| = (1 + h\,K)|\varepsilon_k| + C\,h^2, \tag{14}$$

oder, mit $q = 1 + h\,K$:

$$\begin{aligned} |\varepsilon_n| &\leqq q|\varepsilon_{n-1}| + C\,h^2, \\ q|\varepsilon_{n-1}| &\leqq q^2|\varepsilon_{n-2}| + C\,h^2\,q, \\ &\vdots \\ q^{n-1}|\varepsilon_1| &\leqq q^n|\varepsilon_0| + C\,h^2\,q^{n-1}. \end{aligned}$$

Addition dieser Ungleichungen ergibt mit $\varepsilon_0 = 0$

$$|\varepsilon_n| \leqq C\,h^2\,(1 + q + q^2 + \ldots + q^{n-1}) = \frac{C\,h^2\,(q^n - 1)}{q - 1}.$$

Nun ist aber $q - 1 = h\,K$ und, wenn $x = x_0 + n\,h$ ist,

$$q^n = (1 + h\,K)^n = \left(1 + \frac{x - x_0}{n} K\right)^n \leqq e^{K(x-x_0)}.$$

Also ist

$$|\varepsilon_n| \leqq C\,h^2\,\frac{e^{K(x-x_0)} - 1}{K\,h} = h\,\frac{C}{K}(e^{K(x-x_0)} - 1) = h\,(M+1)(e^{K(x-x_0)} - 1). \tag{15}$$

Somit strebt $\varepsilon_n \to 0$, wenn $h \to 0$ geht (n und h sind verknüpft durch $x - x_0 = nh$), und zwar gleichmässig für alle x im Intervall $x_0 \leqq x \leqq x_0 + L$. Dabei geht die Fehlerschranke mit h proportional zu h gegen 0.

§ 8.3. Die Fehlerordnung eines Verfahrens

Die Grundformel

$$y_{k+1} = y_k + h f_k = y_{k+1} + h\, y_k'$$

des Euler-Verfahrens entspricht ja einfach dem Anfang der Taylor-Reihe

$$y_{k+1} = \sum_{\nu=0}^{\infty} \frac{h^\nu}{\nu!}\, y_k^{(\nu)},$$

die im Falle der Konvergenz den exakten Wert für y_{k+1} liefern würde. Man könnte ebensogut mehr als zwei Glieder dieser Reihe mitnehmen und beispielsweise y_{k+1} nach der Vorschrift (Taylor-Polynom)

$$y_{k+1} = y_k + h\, y_k' + \frac{h^2}{2} y_k'' + \ldots + \frac{h^N}{N!} y_k^{(N)} \tag{16}$$

berechnen. Freilich braucht man dazu y_k'', y_k''', ..., $y_k^{(N)}$, die man nur bekommen kann, wenn man die Differentialgleichung analytisch differenziert.

Beispiel. Will man die Differentialgleichung $y' = x^2 + y^2$, $y(0) = -1$, nach dieser Formel (16) mit $N = 3$ integrieren, so braucht man

$$y'' = 2\,x + 2\,y\,y', \qquad y''' = 2 + 2y\,y'' + 2\,(y')^2.$$

Die ersten drei Schritte (mit $h = 0.1$) ergeben dann:

x	y	y'	y''	y'''
0	-1	1	-2	8
0.1	-0.9086667	0.8356752	-1.3187004	5.7932244
0.2	-0.8307271	0.7301075	-0.8130402	4.4169430
0.3	-0.7610454			

Diese y_k sind 3– bis 4stellig richtig; die exakten Werte lauten:

$Y(0.1) = -0.90877245\ldots$, $Y(0.2) = -0.83088131\ldots$, $Y(0.3) = -0.76121865\ldots$.

Dieses Differenzieren ist aber oft mühsam oder gar unmöglich; darum ist diese Methode nicht im Gebrauch und auch nicht empfehlenswert. Sie kann uns aber als Modell dienen.

Wir wenden sie auf $y' = y$, $y(0) = 1$, an und integrieren mit der Schrittweite $h = x/n$ von 0 bis x. Es wird

$$y_{k+1} = y_k + h\,y_k' + \ldots + \frac{h^N}{N!}\,y_k^{(N)} = y_k\left(1 + h + \ldots + \frac{h^N}{N!}\right),$$

also

$$y_n = \left(1 + h + \frac{h^2}{2} + \ldots + \frac{h^N}{N!}\right)^n, \tag{17}$$

$$\ln y_n = n \ln\left(1 + h + \frac{h^2}{2} + \ldots + \frac{h^N}{N!}\right) = n \ln\left(e^h - \sum_{k=N+1}^{\infty} \frac{h^k}{k!}\right)$$

$$= n\,h + n \ln\left(1 - e^{-h} \sum_{k=N+1}^{\infty} \frac{h^k}{k!}\right).$$

Für $h \to 0$ gilt somit in erster Annäherung:

$$\ln y_n \approx n\,h - n\,\frac{h^{N+1}}{(N+1)!} = x - x\,\frac{h^N}{(N+1)!},$$

$$y_n \approx e^x \exp\left(-x\,\frac{h^N}{(N+1)!}\right) \approx e^x\left(1 - x\,\frac{h^N}{(N+1)!}\right). \tag{18}$$

Der relative Fehler an der Stelle x beträgt also $xh^N/(N+1)!$, d.h. er ist proportional zu h^N.

Allgemein lässt sich feststellen, dass der Fehler eines Integrationsverfahrens bei Integration einer bestimmten Differentialgleichung mit verschiedenen Schrittweiten h (aber über dieselbe Strecke) in erster Näherung zu einer gewissen Potenz von h proportional ist.

Definition. *Ein numerisches Integrationsverfahren hat die Fehlerordnung N, wenn der Integrationsfehler bei der Integration von x_0 bis zu einer festen Stelle x von der Grössenordnung $O(h^N)$ ist*[1].

Die Kenntnis dieser für das betreffende Verfahren charakteristischen Fehlerordnung N ist darum von Bedeutung, weil man damit weiss, um wieviel die Resultate genauer werden, wenn man den Schritt verkleinert. Man bevorzugt im allgemeinen Verfahren mit grossem N, weil dann die Verkleinerung von h einen grösseren Genauigkeitsgewinn verspricht. Es darf aber nicht übersehen werden, dass solche Verfahren den Fehler auch *viel stärker anwachsen* lassen, wenn man h vergrössert (und das will man natürlich, um die Zahl der Schritte zu verringern).

Die Untersuchungen an der Differentialgleichung $y' = y$ lassen vermuten, dass gilt:

Satz 8.1. *Das Euler-Verfahren hat die Fehlerordnung* 1, *das Verfahren (16) die Fehlerordnung N.*

[1] Und zwar muss dies für jede Differentialgleichung (3) mit genügend oft differenzierbarer rechten Seite $f(x, y)$ gelten. (Anm. d. Hrsg.)

Zur *Bestimmung der Fehlerordnung* eines Verfahrens befassen wir uns erst einmal mit dem lokalen Fehler, das ist der Fehler in *einem* Integrationsschritt.

Es sei $Y(x)$ wieder die (durch die Anfangsbedingung $Y(x_0) = y_0$ bestimmte) exakte Lösung der Differentialgleichung, $y_0, y_1, \ldots$ die durch schrittweise Integration (mit Stützstellen $x_0, x_1, \ldots$) erhaltene numerische Lösung, $\tilde{y}(x)$ dagegen die durch die Anfangsbedingung

$$\tilde{y}(x_k) = y_k \qquad (k \text{ fest}) \tag{19}$$

bestimmte *exakte* Lösung der Differentialgleichung (vgl. Fig. 8.4).

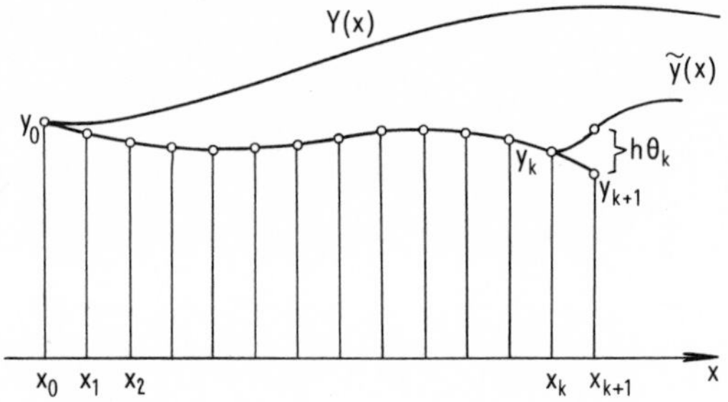

Figur 8.4. *Zur Definition des lokalen Fehlers θ_k.*

Dann heisst der Quotient

$$\theta_k = \frac{y_{k+1} - \tilde{y}_{k+1}}{h} \tag{20}$$

lokaler Fehler[2] des Verfahrens im Schritt k (von x_k bis x_{k+1}). Nimmt man θ_k vorerst als bekannt an und benützt, dass $\tilde{y}_{k+1}$ als Lösung der Differentialgleichung $\tilde{y}' = f(x,\tilde{y})$ mit der Anfangsbedingung (19) in der Form

$$\tilde{y}_{k+1} = y_k + \int_{x_k}^{x_{k+1}} f(x, \tilde{y})\, dx$$

geschrieben werden kann, so ergibt sich

$$y_{k+1} = \tilde{y}_{k+1} + h\,\theta_k = y_k + \int_{x_k}^{x_{k+1}} (f(x, \tilde{y}) + \theta_k)\, dx. \tag{21}$$

Es ist daher die numerische Lösung gleichzeitig die exakte Lösung einer Differentialgleichung

$$y' = f(x, \tilde{y}) + \theta_k$$

im Intervall $x_k \leqq x \leqq x_{k+1}$. Dort gilt für diese Lösung $y(x)$ also $y' - \tilde{y}' = \theta_k$;

[2] In der Literatur wird meistens die Grösse $y_{k+1} - \tilde{y}_{k+1} = h\,\theta_k$ als lokaler (Diskretisations-) Fehler bezeichnet. (Anm. d. Hrsg.)

somit ist $|y-\tilde{y}| \leqq h\,\theta_k$ und, weil Existenz und gleichmässige Beschränktheit von $\partial f/\partial y$ vorausgesetzt werden soll, $f(x, y) - f(x, \tilde{y}) = O(h\,\theta_k)$, das heisst

$$y' = f(x, y) + \theta_k + O(h\theta_k).$$

Damit gilt für alle k und alle x $(x_k \leqq x \leqq x_{k+1})$

$$y' - Y' = f(x, y) - f(x, Y) + \theta_k + O(h\theta_k); \tag{22}$$

der Fehler $\varepsilon = y - Y$ erfüllt also *in erster Annäherung* (für kleines h) die Differentialgleichung

$$\varepsilon' = \left.\frac{\partial f}{\partial y}\right|_{y=Y} \varepsilon + \theta_k, \quad \varepsilon(x_0) = 0, \tag{23}$$

worin $k = [(x - x_0)/h]$. Es gilt nun:

Satz 8.2. *Wenn eine natürliche Zahl N existiert, so dass*

$$\lim_{\substack{h\to 0\\ kh = x - x_0}} \frac{\theta_k}{h^N} = \Phi(x) \tag{24}$$

eine (nicht identisch verschwindende) stetige Funktion ist, so hat das betrachtete Verfahren die Fehlerordnung N und es gilt in erster Näherung

$$\varepsilon(x) \approx h^N E(x), \tag{25}$$

wobei $E(x)$ die Lösung der Differentialgleichung

$$\frac{d\mathrm{E}}{dx} = \frac{\partial f}{\partial y}(x, Y(x))\,E(x) + \Phi(x), \quad E(x) = 0, \tag{26}$$

ist.

Es kommt hier allerdings nicht zum Ausdruck, dass die Fehlerordnung N nur vom Verfahren und nicht von der Differentialgleichung abhängt, sofern f einer Lipschitz-Bedingung genügt.

Beispiel. Beim Verfahren von Euler ist der lokale Fehler

$$\theta_k = \frac{(y_k + h\,y_k') - \left(y_k + h\,y_k' + \frac{1}{2}h^2 y_k'' + \ldots\right)}{h} = -\frac{h}{2}y_k'' - \frac{h^2}{6}y_k''' - \ldots.$$

Es existiert demnach (und in Anbetracht der schon bewiesenen Konvergenz)

$$\lim_{\substack{h\to 0\\ kh = x - x_0}} \frac{\theta_k}{h} = -\frac{1}{2}Y''(x).$$

Somit hat das Verfahren die Fehlerordnung 1, und es ist

$$\lim_{h\to 0} \frac{y(x) - Y(x)}{h} = E(x),$$

wobei $E(x)$ die Lösung ist von

$$E'(x) = \frac{\partial f}{\partial y}(x, Y(x))\,E(x) - \frac{Y''(x)}{2}, \quad E(x_0) = 0.$$

Man beachte: Die Aussage über die Fehlerordnung ist nicht stichhaltig, wenn Y'' unstetig ist, zum Beispiel also bei der Differentialgleichung

$$y' = \sqrt[3]{y} + \sqrt{x},$$

die u.a. die Lösung $Y(x) = 1.415137653\ldots\, x^{3/2}$ besitzt.

§ 8.4. **Verfahren vom Typus Runge-Kutta**

Ein allgemeines Prinzip zur Konstruktion von Verfahren mit höherer Fehlerordnung lautet wie folgt:

In jedem Integrationsintervall $[x_k, x_{k+1}]$ wird eine Anzahl von Hilfsstützstellen $x_A, x_B, x_C, \ldots$ gewählt, deren relative Positionen im Intervall durch Faktoren $\varrho_A, \varrho_B, \varrho_C, \ldots$ definiert sind (welche für das betreffende Verfahren ein für allemal fest sind):

$$\begin{aligned} x_A &= x_k + \varrho_A\, h, \\ x_B &= x_k + \varrho_B\, h, \\ x_C &= x_k + \varrho_C\, h \text{ usw.} \end{aligned} \tag{27}$$

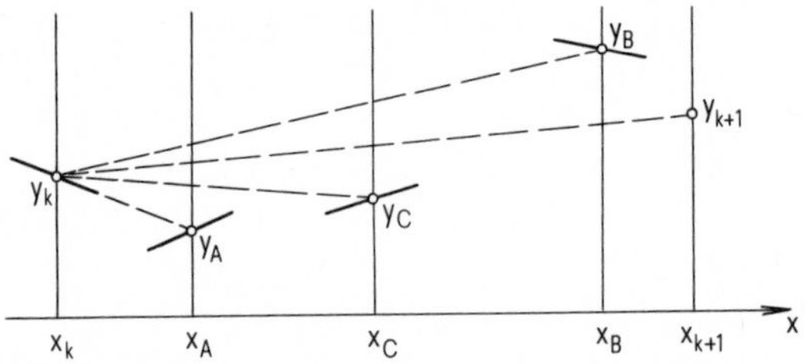

Figur 8.5. *Verfahren vom Typus Runge-Kutta* (Beispiel mit 3 Hilfspunkten *A, B, C*).

Man setzt dann (vgl. Fig. 8.5):

$$\begin{aligned} y_A &= y_k + h\,\sigma_0^A\, y_k', & y_A' &= f(x_A, y_A), \\ y_B &= y_k + h\,(\sigma_0^B\, y_k' + \sigma_A^B\, y_A'), & y_B' &= f(x_B, y_B), \\ y_C &= y_k + h\,(\sigma_0^C\, y_k' + \sigma_A^C\, y_A' + \sigma_B^C\, y_B'), & y_C' &= f(x_C, y_C) \text{ usw.} \end{aligned} \tag{28}$$

bis schliesslich nach der Schlussformel:

$$y_{k+1} = y_k + h\,(\sigma_0\, y_k' + \sigma_A\, y_A' + \sigma_B\, y_B' + \sigma_C\, y_C' + \ldots). \tag{29}$$

Die σ sind so bestimmt, dass der allein weiter verwendete Schlusswert y_{k+1} möglichst genau mit dem exakten Wert übereinstimmt, das heisst so, dass das Verfahren eine möglichst hohe Fehlerordnung erhält. Dazu ist mindestens einmal erforderlich, dass

$$\begin{aligned} \varrho_A &= \sigma_0^A \\ \varrho_B &= \sigma_0^B + \sigma_A^B \\ \varrho_C &= \sigma_0^C + \sigma_A^C + \sigma_B^C \\ &\vdots \\ 1 &= \sigma_0 + \sigma_A + \sigma_B + \sigma_C + \dots, \end{aligned} \tag{30}$$

was gleichbedeutend damit ist, dass für die Differentialgleichung $y' = 1$ alle Zwischenwerte $y_A, y_B, y_C, \dots$ und der Schlusswert y_{k+1} exakt werden.

Ein *Verfahren vom Typus Runge-Kutta* ist daher durch eine Dreiecksmatrix

$$\Sigma = \begin{bmatrix} \sigma_0^A & & & & & \\ \sigma_0^B & \sigma_A^B & & & 0 & \\ \sigma_0^C & \sigma_A^C & \sigma_B^C & & & \\ \vdots & & & \ddots & & \\ \sigma_0^Z & \sigma_A^Z & \sigma_B^Z & \dots & \sigma_Y^Z & \\ \sigma_0 & \sigma_A & \sigma_B & \dots & \sigma_Y & \sigma_Z \end{bmatrix} \tag{31}$$

eindeutig bestimmt; die ϱ-Werte sind ja einfach die Zeilensummen.

Beispiele. a) Das *Verfahren von Heun* ist gegeben durch die Matrix

$$\Sigma_H = \begin{bmatrix} 1 & 0 \\ \frac{1}{2} & \frac{1}{2} \end{bmatrix}. \tag{32}$$

Man hat also nur einen Hilfspunkt (vgl. Fig. 8.6)

$$x_A = x_k + h = x_{k+1}, \quad y_A = y_k + h\,y_k', \quad y_A' = f(x_A, y_A) \tag{33}$$

und berechnet den Endwert nach

$$y_{k+1} = y_k + \frac{h}{2}\,(y_k' + y_A'). \tag{34}$$

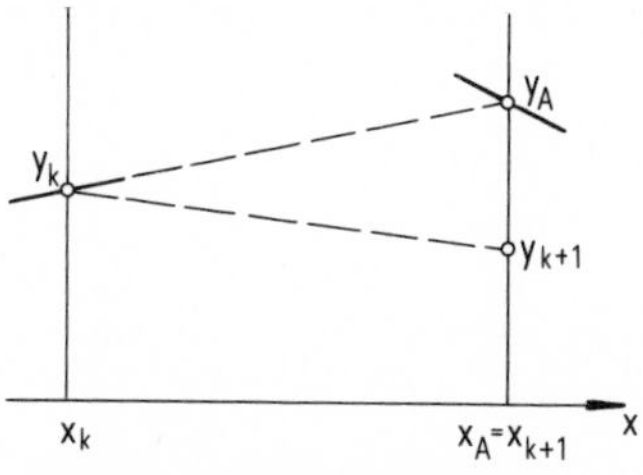

Figur 8.6. *Verfahren von Heun.*

Bestimmung der Fehlerordnung dieses Verfahrens: Es bezeichne $\tilde{y}(x)$ wieder die exakte Lösung zur Anfangsbedingung $\tilde{y}(x_k) = y_k$. Dann gilt mit $\tilde{y}_{k+1} = \tilde{y}(x_{k+1})$ zunächst

$$y_A = y_k + h\,y_k' = \tilde{y}_{k+1} - \frac{h^2}{2} y_k'' - \ldots,$$

$$y_A' = f(x_A, y_A) = f(x_A, \tilde{y}_{k+1}) - \frac{h^2}{2} y_k'' \frac{\partial f}{\partial y} - \ldots,$$

$$y_{k+1} = y_k + \frac{h}{2}(y_k' + y_A') = y_k + \frac{h}{2}\left(y_k' + \tilde{y}_{k+1}' - \frac{h^2}{2} y_k'' \frac{\partial f}{\partial y} - \ldots\right).$$

Zum Vergleich ist, wie man leicht nachrechnet,

$$\tilde{y}_{k+1} = y_k + \frac{h}{2}(y_k' + \tilde{y}_{k+1}') - \frac{h^3}{12} y_k''' - \ldots.$$

(Vom h^3-Term an entsprechen die Glieder dieser Reihe übrigens gerade dem Fehler der Trapezregel, vgl. § 8.6.) Somit wird

$$\frac{y_{k+1} - \tilde{y}_{k+1}}{h} = h^2\left(\frac{y_k'''}{12} - \frac{\partial f}{\partial y}\frac{y_k''}{4}\right) + O(h^3).$$

Rechts steht der lokale Fehler θ_k; da

$$\lim_{h\to 0} \frac{\theta_k}{h^2} = \frac{Y'''}{12} - \frac{Y''}{4}\frac{\partial f}{\partial y}\bigg|_{y=Y}, \tag{35}$$

hat das Verfahren von Heun nach Satz 8.2 die Fehlerordnung 2. Durch Abschätzen der rechts in (35) auftretenden Grössen kann man eine passende Schrittweite ermitteln.

Gelegentlich wird als Kriterium für die Wahl von h die Übereinstimmung von y_A mit y_{k+1} empfohlen. Dass man damit hereinfallen kann, zeigt das Beispiel $y' = x^2 + y^2$ mit $y(0) = -1, h = 1$. Für $k = 0$ wird nämlich $y_A = y_{k+1} = 0$, obwohl der Wert der exakten Lösung $Y(1) = -0.23\ldots$ beträgt.

b) Das *eigentliche Runge-Kutta-Verfahren* ist definiert durch die Matrix

$$\sum_{RK} = \begin{bmatrix} \frac{1}{2} & & & 0 \\ 0 & \frac{1}{2} & & \\ 0 & 0 & 1 & \\ \frac{1}{6} & \frac{1}{3} & \frac{1}{3} & \frac{1}{6} \end{bmatrix} \tag{36}$$

Deutung (vgl. Fig. 8.7):

$$\begin{aligned}
x_A &= x_k + \frac{h}{2}, & y_A &= y_k + \frac{h}{2} y'_k, & y'_A &= f(x_A, y_A), \\
x_B &= x_A, & y_B &= y_k + \frac{h}{2} y'_A, & y'_B &= f(x_B, y_B),
\end{aligned} \tag{37}$$

$$\begin{aligned}
x_C &= x_k + h, & y_C &= y_k + h\, y'_B, & y'_C &= f(x_C, y_C), \\
y_{k+1} &= y_k + \frac{h}{6}(y'_k + 2\, y'_A + 2\, y'_B + y'_C).
\end{aligned} \tag{38}$$

Dieses Verfahren hat die Fehlerordnung 4 (ohne Beweis[1]).

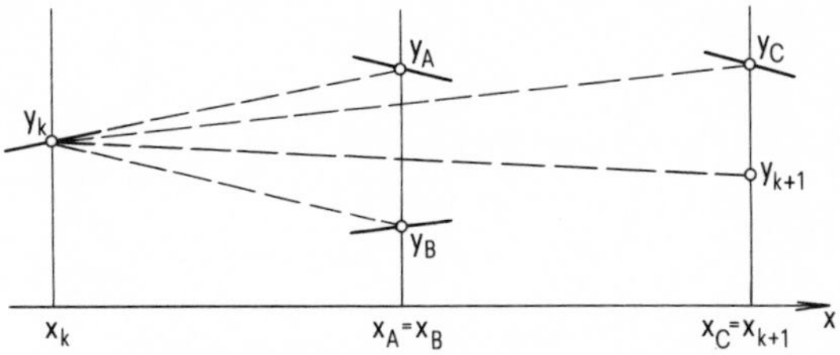

Figur 8.7. *Eigentliches Runge-Kutta-Verfahren.*

Beispiel. Wir betrachten nochmals die Differentialgleichung $y' = x^2 + y^2$, $y(0) = -1$, wählen nun aber den Schritt $h = 0.2$:

$$\begin{aligned}
x_0 &= 0, & y_0 &= -1, & y'_0 &= 1, \\
x_A &= 0.1, & y_A &= -0.9, & y'_A &= 0.82, \\
x_B &= 0.1, & y_B &= -0.918, & y'_B &= 0.852724, \\
x_C &= 0.2, & y_C &= -0.8294552, & y'_C &= 0.727995929, \\
x_1 &= 0.2, & y_1 &= -0.830885202.
\end{aligned}$$

Der exakte Wert wäre $Y(0.2) = -0.830881313772$, der Fehler von y_1 beträgt also etwa $-3.9_{10}-6$. Es ist bemerkenswert, um wieviel besser y_1 ist als die Hilfswerte y_A, y_B, y_C, deren Fehler $9.772_{10}-3$, $-9.228_{10}-3$ bzw. $1.426_{10}-3$ betragen.

c) Das *Verfahren von Nyström*[2] benützt 5 Hilfspunkte (d.h. die Matrix hat die Ordnung 6) und hat die Fehlerordnung 5:

---

[1] Beweis s. BIEBERBACH L.: On the remainder of the Runge-Kutta formula in the theory of ordinary differential equations, *Z. angew. Math. Physik* **2**, 233–248 (1951).

[2] NYSTRÖM E. J.: Über die numerische Integration von Differentialgleichungen, *Acta Soc. Sci. Fenn.* **50**, No. 13, 1–55 (1925).

$$\Sigma_N = \begin{pmatrix} \frac{1}{3} & & & & 0 & \\ \frac{4}{25} & \frac{6}{25} & & & & \\ \frac{1}{4} & -3 & \frac{15}{4} & & & \\ \frac{6}{81} & \frac{90}{81} & -\frac{50}{81} & \frac{8}{81} & & \\ \frac{6}{75} & \frac{36}{75} & \frac{10}{75} & \frac{8}{75} & 0 & \\ \frac{23}{192} & 0 & \frac{125}{192} & 0 & -\frac{81}{192} & \frac{125}{192} \end{pmatrix}$$

Im obigen Beispiel erhält man mit diesem Verfahren $y_1 = 0.830882010$, was fünfmal genauer ist als mit dem Runge-Kutta-Verfahren.

d) Es gibt ein *Verfahren von Huta*[3], das 7 Hilfspunkte benützt und die Fehlerordnung 6 hat.

Fragen der Rechentechnik. Wenn das Differentialgleichungssystem

$$y_j' = f_j(x, y_1, y_2, \dots, y_n) \qquad (j = 1, 2, \dots, n)$$

mit gegebenen Anfangswerten $y_j(x_0)$ mittels eines durch die Matrix

$$\Sigma = \begin{pmatrix} \sigma_0^A & & & & \\ \sigma_0^B & \sigma_A^B & & 0 & \\ \vdots & & & & \\ \sigma_0^Z & \sigma_A^Z & \dots & \sigma_Y^Z & \\ \sigma_0 & \sigma_A & \dots & \sigma_Y & \sigma_Z \end{pmatrix}$$

bestimmten Verfahren numerisch integriert werden soll, muss wie folgt vorgegangen werden (dabei bezeichne y_{kj} den Wert der Funktion y_j an der Stelle x_k):

Beginnend mit den gegebenen Anfangswerten $y_j(x_0) = y_{0j}$ berechne man für $k = 0, 1, \dots$:

1) Aus $x_k, y_{k1}, y_{k2}, \dots, y_{kn}$ die Ableitungen

$$y_{kj}' = f_j(x_k, y_{k1}, \dots, y_{kn}) \qquad \text{(für alle } j\text{)}.$$

[3] Huta A.: Une amélioration de la méthode de Runge-Kutta-Nyström pour la résolution numérique des équations différentielles du premier ordre, *Acta Fac. Nat. Univ. Comenian. Math.* **1**, 201–224 (1956); Huta A.: Contribution à la formule de sixième ordre dans la méthode de Runge-Kutta-Nyström. *Acta Fac. Nat. Univ. Comenian. Math.* **2**, 21–24 (1957).

2) Die Hilfswerte für die Stelle $x_A = x_k + \varrho_A h$:

$$y_{Aj} = y_{kj} + h\sigma_0^A y'_{kj} \qquad \text{(für alle } j\text{)}.$$

3) Die Ableitungen

$$y'_{Aj} = f_j(x_A, y_{A1}, \ldots, y_{An}) \qquad \text{(für alle } j\text{)}.$$

4) Die Hilfswerte für die Stelle $x_B = x_k + \varrho_B h$:

$$y_{Bj} = y_{kj} + h\left(\sigma_0^B y'_{kj} + \sigma_A^B y'_{Aj}\right) \qquad \text{(für alle } j\text{)}.$$

5) Die Ableitungen

$$y'_{Bj} = f_j(x_B, y_{B1}, \ldots, y_{Bn}) \qquad \text{(für alle } j\text{)}.$$

6) Usw., bis schliesslich

$$y_{k+1,j} = y_{kj} + h\left(\sigma_0 y'_{kj} + \sigma_A y'_{Aj} + \sigma_B y'_{Bj} + \ldots + \sigma_Z y'_{Zj}\right) \qquad \text{(für alle } j\text{)}.$$

Zwar wird man «für alle j» mit einer **for**-Anweisung (**for** $j := 1$ **step** 1 **until** n **do**) erledigen, aber bezüglich der Hilfspunkte A, B, C, ... muss ausprogrammiert werden. Eine auch über die Hilfspunkte laufende Schleife ist zwar möglich, aber nicht sehr ökonomisch: Speichert man nämlich

σ_0^A als sigma[1,0],
σ_0^B als sigma[2,0], σ_A^B als sigma[2,1],
⋮
σ_0 als sigma[m,0], σ_A als sigma[m,1], ...,
ϱ_A als rho[1], ϱ_B als rho[2], ...,

ferner die Zwischenwerte $y'_{kj}, y'_{Aj}, y'_{Bj}, \ldots$ (für alle j) in einem **array** $z[0{:}m-1, 1{:}n]$, so wird ein Integrationsschritt wie folgt beschrieben (Die Prozedur *fkt* beschreibt die Differentialgleichung; nach ihrem Aufruf steht in *z1* der Vektor $\boldsymbol{f}(x, \boldsymbol{y})$.):

```
x := xk;
for j := 1 step 1 until n do y1 [j] := y[j];
for p := 1 step 1 until m do
begin
   fkt(n, x, y, z1);
   x := xk + h × rho[p];
   for j := 1 step 1 until n do
   begin
      z[p−1, j] := z1 [j];
      s := 0;
      for q := 0 step 1 until p−1 do
         s := s + sigma[p,q] × z[q,j];
      y[j] := y1[j] + h × s
   end for j
end for p;
```

§ 8.5. Fehlerbetrachtungen für das Runge-Kutta-Verfahren bei linearen Differentialgleichungssystemen

Für ein *lineares System*

$$\frac{d\mathbf{y}}{dx} = \mathbf{A}(x)\,\mathbf{y}, \quad \mathbf{y}(0) = \mathbf{y}_0, \tag{39}$$

bietet das Verfahren von Runge-Kutta keine besonderen Vorteile; man muss in jedem Schritt viermal die Ableitungen berechnen, was in diesem Falle 4 Multiplikationen Matrix mal Vektor bedeutet.

Das gilt auch dann noch, wenn $\mathbf{A}(x) = \mathbf{A}$ eine konstante Matrix ist (lineare Differentialgleichung mit konstanten Koeffizienten), aber dann kann man wenigstens das numerische Verhalten der Methode besser überblicken. Wenn die n Komponenten der Lösung an den Stellen $x_k, x_A, \ldots$ zu je einem Vektor $\mathbf{y}_k, \mathbf{y}_A, \ldots$ zusammengefasst werden, ergibt sich nämlich für den k-ten Schritt:

$$\begin{aligned}
\mathbf{y}_A &= \mathbf{y}_k + \frac{h}{2}\mathbf{y}_k' = \left(\mathbf{I} + \frac{h}{2}\mathbf{A}\right)\mathbf{y}_k,\\
\mathbf{y}_B &= \mathbf{y}_k + \frac{h}{2}\mathbf{y}_A' = \left(\mathbf{I} + \frac{h}{2}\mathbf{A} + \frac{h^2}{4}\mathbf{A}^2\right)\mathbf{y}_k,\\
\mathbf{y}_C &= \mathbf{y}_k + h\,\mathbf{y}_B' = \left(\mathbf{I} + h\,\mathbf{A} + \frac{h^2}{2}\mathbf{A}^2 + \frac{h^3}{4}\mathbf{A}^3\right)\mathbf{y}_k,\\
\mathbf{y}_{k+1} &= \mathbf{y}_k + \frac{h}{6}\left(\mathbf{y}_k' + 2\,\mathbf{y}_A' + 2\,\mathbf{y}_B' + \mathbf{y}_C'\right)\\
&= \left(\mathbf{I} + h\,\mathbf{A} + \frac{h^2}{2}\mathbf{A}^2 + \frac{h^3}{6}\mathbf{A}^3 + \frac{h^4}{24}\mathbf{A}^4\right)\mathbf{y}_k.
\end{aligned} \tag{40}$$

Der Lösungsvektor $\mathbf{y}$ wird also in jedem Schritt mit dem Faktor

$$\mathbf{I} + h\,\mathbf{A} + \frac{h^2}{2}\mathbf{A}^2 + \frac{h^3}{6}\mathbf{A}^3 + \frac{h^4}{24}\mathbf{A}^4$$

multipliziert (ohne dass man diese Matrix tatsächlich berechnet). Demgegenüber gilt für die exakte Lösung $\mathbf{Y}(x)$

$$\mathbf{Y}_{k+1} = e^{h\mathbf{A}}\,\mathbf{Y}_k.$$

Damit wird der lokale Fehler (20), der nun ein Vektor $\boldsymbol{\Theta}_k$ ist,

$$\boldsymbol{\Theta}_k = \frac{\mathbf{y}_{k+1} - \tilde{\mathbf{y}}_{k+1}}{h} = \frac{1}{h}\left[\left(\mathbf{I} + h\,\mathbf{A} + \frac{h^2}{2}\mathbf{A}^2 + \frac{h^3}{6}\mathbf{A}^3 + \frac{h^4}{24}\mathbf{A}^4\right) - e^{h\mathbf{A}}\right]\mathbf{y}_k$$

oder in erster Annäherung

$$\boldsymbol{\Theta}_k = \frac{h^4}{120} \boldsymbol{A}^5 \boldsymbol{y}_k, \tag{41}$$

entsprechend der Fehlerordnung 4 des Verfahrens. *Offenbar muss man $h^4 \boldsymbol{A}^5/120$ klein machen, wenn man den Fehler klein halten will.*

Weiteren Aufschluss gibt uns das Beispiel der Schwingungsgleichung $y'' + y = 0$, welche hier natürlich nur als Modell dienen soll, da man ja die exakte Lösung kennt. Mit $z = y'$ kann man sie als System

$$\begin{pmatrix} y \\ z \end{pmatrix}' = \begin{pmatrix} 0 & 1 \\ -1 & 0 \end{pmatrix} \begin{pmatrix} y \\ z \end{pmatrix}$$

schreiben; es ist also

$$\boldsymbol{A} = \begin{pmatrix} 0 & 1 \\ -1 & 0 \end{pmatrix}$$

Da $\boldsymbol{A}^5 = \boldsymbol{A}$ ist, muss hier $h^4/120$ klein gemacht werden. In der Tat erhält man mit

$$h = 0.1: \quad \frac{10^{-4}}{120} \approx 10^{-6}, \quad \text{d.h. etwa 6stellige Genauigkeit,}$$

$$h = 0.3: \quad \frac{81 \times 10^{-4}}{120} \approx 10^{-4}, \quad \text{d.h. etwa 4stellige Genauigkeit.}$$

Da einer Vollschwingung eine Integration von 0 bis 2π entspricht, folgt: *Man benötigt mit dem Runge-Kutta-Verfahren etwa 20 Schritte pro Vollschwingung, wenn man 4stellige Genauigkeit benötigt, 60 Schritte für 6 Stellen, 200 Schritte für 8 Stellen.*

Wenn die Lösung eine Überlagerung verschiedener Schwingungen ist, so sind die Anzahl Integrationsschritte auf eine Vollschwingung der höchsten Frequenz zu beziehen. Will man beispielsweise

$$y^{(4)} + 101\, y'' + 100\, y = 0$$

(Frequenzen 1 und 10, d.h. $\sin x + \sin(10x)$ ist z.B. eine Lösung) mit 4stelliger Genauigkeit integrieren, so ist $h = 0.03$ zu wählen.

Allerdings kann diese harte Forderung etwas gemildert werden, wenn die hohen Frequenzen nur wenig beteiligt sind. So dürfte etwa $h = 0.1$ für 4stellige Genauigkeit ausreichen, wenn die zu integrierende spezielle Lösung der obigen Gleichung $\sin x + 0.01 \sin(10x)$ ist. Keinesfalls aber darf man h nach Belieben vergrössern, auch wenn $\sin(10x)$ noch so wenig beteiligt ist. Dies zeigt die folgende Untersuchung.

Komponentenweise Beurteilung des Fehlers. Die Aussage von Formel (40) kann verfeinert werden, wenn man die Eigenwerte λ_j (die alle als einfach vorausgesetzt seien) und die Eigenvektoren $\boldsymbol{v}_j$ der Matrix $\boldsymbol{A}$ heranzieht. Es gibt dann für $\boldsymbol{y}(x)$ eine eindeutige Zerlegung

$$\boldsymbol{y}(x) = \sum_{k=1}^{n} d_k(x)\,\boldsymbol{v}_k,$$

wobei $d_j(x)\,\boldsymbol{v}_j$ der zum Eigenwert λ_j gehörende Anteil von $\boldsymbol{y}$ genannt wird. Somit ist

$$\boldsymbol{A}\,\boldsymbol{y}(x) = \sum_{k=1}^{n} d_k(x)\,\boldsymbol{A}\,\boldsymbol{v}_k = \sum_{k=1}^{n} \lambda_k\,d_k(x)\,\boldsymbol{v}_k,$$

woraus zunächst folgt, dass $d_k(x) = c_k \exp(\lambda_k x)$, dass also

$$\boldsymbol{y}(x) = \sum_{k=1}^{n} c_k\,e^{\lambda_k x}\,\boldsymbol{v}_k \tag{42}$$

die allgemeine Lösung von $\boldsymbol{y}' = \boldsymbol{A}\,\boldsymbol{y}$ ist. Die Koeffizienten c_k erhält man durch Entwicklung des Anfangsvektors $\boldsymbol{y}(0)$ nach den $\boldsymbol{v}_j$ (der Einfachheit halber wird $x_0 = 0$ angenommen):

$$\boldsymbol{y}(0) = \sum_{k=1}^{n} c_k\,\boldsymbol{v}_k. \tag{43}$$

Weiter folgt dann

$$\boldsymbol{A}^2\,\boldsymbol{y}(x) = \sum_{k=1}^{n} \lambda_k\,d_k(x)\,\boldsymbol{A}\,\boldsymbol{v}_k = \sum_{k=1}^{n} \lambda_k^2\,d_k(x)\,\boldsymbol{v}_k$$

usw., allgemein für irgendeine analytische Funktion F

$$F(\boldsymbol{A})\,\boldsymbol{y}(x) = \sum_{k=1}^{n} F(\lambda_k)\,d_k(x)\,\boldsymbol{v}_k. \tag{44}$$

Bei der Multiplikation mit $F(\boldsymbol{A})$ wird also der zum Eigenwert λ_j (von $\boldsymbol{A}$) gehörende Anteil des Lösungsvektors $\boldsymbol{y}$ mit dem Faktor $F(\lambda_j)$ verstärkt ($j = 1, \ldots, n$).

Wenn man die Differentialgleichung $\boldsymbol{y}' = \boldsymbol{A}\,\boldsymbol{y}$ nach Runge-Kutta numerisch integriert, wird somit nach (40) der zum Eigenwert λ_j gehörende Anteil der Lösung bei jedem Schritt mit dem Faktor

$$F(h\lambda_j) = 1 + h\lambda_j + \frac{h^2}{2}\lambda_j^2 + \frac{h^3}{6}\lambda_j^3 + \frac{h^4}{24}\lambda_j^4 \tag{45}$$

multipliziert, während der richtige Verstärkungsfaktor $e^{h\lambda_j}$ wäre. *Die numerische Integration nach Runge-Kutta ist daher so gut wie die Verstärkungsfaktoren (45) mit $e^{h\lambda_j}$ (für alle Eigenwerte λ_j der Matrix $\boldsymbol{A}$) übereinstimmen.* Ein Vergleich dieser Faktoren für verschiedene Werte von $h\lambda$ zeigt Tab. 8.1.

Tab. 8.1. *Beispiele für den Verstärkungsfaktor $F(h\lambda)$ des Runge-Kutta-Verfahrens*

$h\lambda$	$F(h\lambda)$	$e^{h\lambda}$
2	7	7.38905610
0.5	1.64843750	1.64872127
−0.1	0.90483750	0.90483742
−1	0.37500000	0.36787944
−2	0.33333333	0.13533528
−5	13.70833333	0.00673795
$0.2\,i$	$0.98006667 + 0.19866667\,i$	$0.98006658 + 0.19866933\,i$
$i\pi/2$	$0.01996896 + 0.92483223\,i$	i
$i\pi$	$0.12390993 - 2.02612013\,i$	-1

Nun müssen allerdings nicht sämtliche Verstärkungsfaktoren $F(h\lambda_j)$ $(j = 1, \ldots, n)$ der Anteile $d_j\,\mathbf{v}_j$ gleich gut mit $e^{h\lambda_j}$ übereinstimmen. Für einen nur wenig an der Lösung beteiligten Eigenvektor darf die Abweichung sogar verhältnismässig gross sein.

Betrachten wir etwa $y'' + 101\,y' + 100\,y = 0$, wo

$$\mathbf{A} = \begin{bmatrix} 0 & 1 \\ -100 & -101 \end{bmatrix}, \quad \lambda_1 = -1, \quad \lambda_2 = -100.$$

Hier muss man h zunächst so klein wählen, dass $h\lambda$ für beide Eigenwerte klein bleibt; zum Beispiel $h = 0.001$, womit für λ_2 der Verstärkungsfaktor $F(-0.1) = 0.9048375$ statt $e^{-0.1} = 0.90483742$ wird. Nach 100 Schritten ist der Anteil zu λ_2 auf den Bruchteil $e^{-10} \approx 0.00005$ des ursprünglichen Wertes reduziert. Wenn man jetzt $h = 0.005$ setzt, wird für λ_2 der Verstärkungsfaktor 0.6067708 statt $e^{-0.5} = 0.6065307$, was reichlich genau ist. Nach weiteren 40 Schritten (d.h. bei $x = x_0 + 0.3$), ist der zu λ_2 gehörende Anteil der Lösung praktisch ausgelöscht. Wenn man nun mit $h = 0.02$ weiterintegriert, sind die Verstärkungsfaktoren für

$$\lambda_1 = -1\colon \quad 0.98019867 \quad \text{(praktisch genau)},$$

$$\lambda_2 = -100\colon \quad 0.33333333 \quad \text{statt} \quad 0.13533528.$$

Da die grosse Abweichung bei λ_2 nicht mehr schaden kann, erhält man auf diese Weise sehr genaue Resultate. Zu beachten ist aber folgendes:

Die schon weggedämpften Anteile der Lösung müssen zwar nicht mehr genau integriert werden, aber ihre Verstärkungsfaktoren dürfen in keinem Falle absolut grösser als 1 *werden.* Diese Regel setzt der Vergrösserung der Schrittweite beim Verfahren von Runge-Kutta (und ebenso beim Verfahren von Euler und den anderen Verfahren vom Typus Runge-Kutta) enge Grenzen, auch wenn die Hauptanteile der Lösung eine solche Vergrösserung von h gestatten würden.

Würde man im obigen Beispiel $h = 0.05$ wählen, so wären die Faktoren für

$$\lambda_1 = -1: \quad 0.951229427 \quad \text{statt} \quad 0.951229425,$$

$$\lambda_2 = -100: \quad 13.70833333 \quad \text{statt} \quad 0.00673795.$$

In diesem Falle würde zwar der zu λ_1 gehörende Anteil noch genügend genau behandelt, aber der Anteil von λ_2 würde wieder aufgeschaukelt und würde in kurzer Zeit die Lösung vergiften.

§ 8.6. **Die Trapezregel**

Bezeichnet $Y(x)$ wieder die exakte Lösung der gegebenen Differentialgleichung (3) und setzt man $Y(x_k) = Y_k$, $Y'(x_k) = Y'_k$ usw., so gilt (unter geeigneten Regularitätsvoraussetzungen)[1]:

$$Y_{k+1} - Y_k = \frac{h}{2}(Y'_k + Y'_{k+1}) - \frac{h^3}{12} Y'''(\xi), \quad \text{wo } x_k \leqq \xi \leqq x_{k+1}. \tag{46}$$

Wenn man hier den h^3-Term vernachlässigt, erhält man die *Trapezregel*

$$y_{k+1} - y_k = \frac{h}{2}(y'_k + y'_{k+1}), \tag{47}$$

die noch zu ergänzen ist durch die Beziehung

$$y'_{k+1} = f(x_{k+1}, y_{k+1}), \tag{48}$$

damit man zwei Gleichungen für die zwei Unbekannten y_{k+1} und y'_{k+1} hat. Dieses Gleichungssystem ist im Prinzip in jedem Schritt zu lösen.

Im allgemeinen Fall, das heisst wenn $f(x, y)$ nicht-linear in y ist, löst man es zweckmässig angenähert mit einer Prädiktor-Korrektor-Kombination, indem erst mit einem *Prädiktor*

$$y_A = y_k + h\, y'_k$$

ein angenäherter Wert für y_{k+1} ermittelt und dann die Ableitung $y'_A = f(x_{k+1}, y_A)$ anstelle von y'_{k+1} in den *Korrektor*, das heisst in die Trapezregel (47) eingesetzt wird. Man erkennt in dieser Kombination unschwer das Verfahren von Heun wieder, das also aus der Trapezregel herausgewachsen ist.

Im Gegensatz zum Verfahren von Runge-Kutta gewinnt man hier tatsächlich etwas, wenn die Differentialgleichung linear ist, weil dann auch die beiden Gleichungen (47), (48) für y_{k+1} und y'_{k+1} linear sind und damit ohne Umweg über einen Prädiktor gelöst werden können. Diese Vereinfachung gilt insbesondere auch für ein System von linearen Differentialgleichungen. Es sei

$$\boldsymbol{y}' = \boldsymbol{A}(x)\,\boldsymbol{y} + \boldsymbol{b}(x), \quad \boldsymbol{y}(x_0) = \boldsymbol{y}_0, \tag{49}$$

[1] Herleitung siehe z. B. Ostrowski A.: *Vorlesungen über Differential- und Integralrechnung*, Bd. 2, 3. Aufl., Birkhäuser, Basel 1968, § 19, Abschnitt 92. (Anm. d. Hrsg.)

ein solches System mit Anfangsbedingungen, wobei $\boldsymbol{A}(x)$ eine von x abhängige Matrix und $\boldsymbol{b}(x)$ ein von x abhängiger Vektor ist. Für dieses System lautet die Trapezregel

$$\boldsymbol{y}_{k+1} - \boldsymbol{y}_k = \frac{h}{2}(\boldsymbol{A}_k\,\boldsymbol{y}_k + \boldsymbol{b}_k + \boldsymbol{A}_{k+1}\,\boldsymbol{y}_{k+1} + \boldsymbol{b}_{k+1})$$

oder

$$\left(\boldsymbol{I} - \frac{h}{2}\boldsymbol{A}_{k+1}\right)\boldsymbol{y}_{k+1} = \left(\boldsymbol{I} + \frac{h}{2}\boldsymbol{A}_k\right)\boldsymbol{y}_k + \frac{h}{2}\left(\boldsymbol{b}_k + \boldsymbol{b}_{k+1}\right). \tag{50}$$

Der Integrationsschritt von x_k bis x_{k+1} verlangt also die Auflösung eines linearen Gleichungssystems mit der Koeffizientenmatrix $\boldsymbol{I} - \frac{1}{2}h\,\boldsymbol{A}(x_{k+1})$, welches für kleines h im allgemeinen sehr gut konditioniert ist (vgl. § 10.7).

Dass man bei jedem Schritt ein Gleichungssystem lösen muss, darf man der Trapezregel nicht als Nachteil ankreiden, weil gerade dadurch grosse Vorteile erzielt werden können, die andere Verfahren nicht haben. Um diese Vorteile besser analysieren zu können, werde zuerst der Spezialfall

$$\boldsymbol{A}(x) = \boldsymbol{A} \quad \text{(konstant)}, \quad \boldsymbol{b} = \boldsymbol{0}$$

untersucht. Es ist dann

$$\boldsymbol{y}_{k+1} = \left(\boldsymbol{I} - \frac{h}{2}\boldsymbol{A}\right)^{-1}\left(\boldsymbol{I} + \frac{h}{2}\boldsymbol{A}\right)\boldsymbol{y}_k$$

die Beziehung für einen Integrationsschritt, während für die exakte Lösung

$$\boldsymbol{Y}_{k+1} = e^{h\boldsymbol{A}}\,\boldsymbol{Y}_k$$

gilt. Die Methode ist daher so gut wie die Matrizen

$$\left(\boldsymbol{I} - \frac{h}{2}\boldsymbol{A}\right)^{-1}\left(\boldsymbol{I} + \frac{h}{2}\boldsymbol{A}\right) \quad \text{und } e^{h\boldsymbol{A}}$$

übereinstimmen. Der lokale Fehler ist im wesentlichen

$$\boldsymbol{\Theta}_k = \frac{1}{h}\left[\left(\boldsymbol{I} - \frac{h}{2}\boldsymbol{A}\right)^{-1}\left(\boldsymbol{I} + \frac{h}{2}\boldsymbol{A}\right) - e^{h\boldsymbol{A}}\right]\boldsymbol{y}_k = \frac{h^2}{12}\boldsymbol{A}^3\boldsymbol{y}_k + \dots,$$

so dass die Fehlerordnung 2 beträgt[2].

Für die komponentenweise Beurteilung des Fehlers können wir an die Über-

[2] Bei linearen Mehrschritt-Verfahren (s. § 8.7), insbesondere also bei der Trapezregel, genügt es, zur Bestimmung der Fehlerordnung die *lineare* Differentialgleichung $y' = \lambda y$ (oder das System $\boldsymbol{y}' = \boldsymbol{A}\boldsymbol{y}$) zu betrachten. (Anm. d. Hrsg.)

legungen von § 8.5 anknüpfen: Der zu einem Eigenwert λ (von $\boldsymbol{A}$) gehörende Anteil der Lösung wird bei jedem Schritt der Trapezregel mit

$$F(h\lambda) = \frac{1 + \frac{h}{2}\lambda}{1 - \frac{h}{2}\lambda} \tag{51}$$

multipliziert, während der exakte Verstärkungsfaktor $e^{h\lambda}$ wäre. Nun sind aber die Grössen

$$\left| \frac{1 + \frac{h}{2}\lambda}{1 - \frac{h}{2}\lambda} \right| \quad \text{und} \quad \left| e^{h\lambda} \right|$$

je nach dem Wert von $h\lambda$ entweder *beide* <1 oder *beide* $=1$ oder *beide* >1. Mit anderen Worten: *Die Trapezregel gibt Dämpfung und Aufschaukelung qualitativ richtig wieder.* Insbesondere wird also eine gedämpfte Komponente der Lösung des Differentialgleichungssystems bei numerischer Integration mit der Trapezregel in jedem Fall gedämpft, wenn auch der Dämpfungsfaktor ungenau ist. Einige Beispiele von Werten des Verstärkungsfaktors (51) sind in Tab. 8.2 angegeben und dem exakten Faktor $e^{h\lambda}$ gegenübergestellt. Man beachte, wieviel ungenauer diese Werte sind als beim Runge-Kutta-Verfahren (s. Tab. 8.1), wie aber selbst bei $h\lambda = -5$ der Faktor betragsmässig kleiner 1 bleibt.

Tab. 8.2. *Beispiele für den Verstärkungsfaktor $F(h\lambda)$ der Trapezregel*

$h\lambda$	$F(h\lambda)$	$e^{h\lambda}$
0.5	1.66666667	1.64872127
−0.1	0.90476190	0.90483742
−1	0.33333333	0.36787944
−2	0	0.13533528
−5	−0.42857143	0.00673795
$0.2\,i$	$0.98019802 + 0.19801980\,i$	$0.98006658 + 0.19866933\,i$
	$= \exp(0.19933730\,i)$	
$i\pi/2$	$0.23697292 + 0.97151626\,i$	i
	$= \exp(1.33154750\,i)$	
$i\pi$	$-0.42319912 + 0.90603670\,i$	-1
	$= \exp(2.00776964\,i)$	

Bezüglich der Genauigkeit der Wiedergabe der verschiedenen Anteile der Lösung gilt zunächst dasselbe wie beim Runge-Kutta-Verfahren: Die Anteile zu den verschiedenen Eigenwerten müssen bei der Wahl von h im Rahmen ihrer Beteiligung berücksichtigt werden. Schon weggedämpfte Anteile braucht man nicht mehr genau zu integrieren, doch muss für den zugehörigen Faktor $|F(h\lambda)| < 1$ bleiben. Diese letzte Bedingung ist aber bei der Trapezregel für alle gedämpften Anteile von selbst erfüllt, denn es ist für $h > 0$ und $\mathrm{Re}(\lambda) < 0$ immer $|F(h\lambda)| < 1$. *Bei der Trapezregel kann also h so stark vergrössert werden, als die Genauigkeit der zur Lösung noch wesentlich beitragenden Anteile dies zulässt; sonst sind der Vergrösserung von h keine Grenzen gesetzt.*

Beispiel. Zu lösen sei das Differentialgleichungssystem $\boldsymbol{y}' = \boldsymbol{A}\,\boldsymbol{y}$, $\boldsymbol{y}(0) = \boldsymbol{y}_0$ mit

$$\boldsymbol{A} = \begin{pmatrix} 0 & 1 & -1 \\ -1 & -9 & 1 \\ 1 & -1 & -10 \end{pmatrix}, \quad \boldsymbol{y}_0 = \begin{pmatrix} 1 \\ 1 \\ 1 \end{pmatrix}.$$

Die Eigenwerte von $\boldsymbol{A}$ sind $\lambda_1 = -0.213$ und $\lambda_{2,3} = -9.39 \pm 0.87\,i$. Das System soll etwa 3- bis 4stellig genau integriert werden.

Da am Anfang vermutlich alle Eigenwerte an der Lösung beteiligt sind, und $\max|\lambda| \approx 10$ ist, muss $h^2 10^3/12 \approx 10^{-4}$ gemacht werden, das heisst, es ist $h = 10^{-3}$ zu wählen. Nachdem mit dieser Schrittweite 200 Schritte (bis $x = 0.2$) integriert worden sind, sind die Anteile zu λ_2 und λ_3 mit dem Faktor $|e^{-200h\lambda}| = e^{-1.878} \approx 0.16$ multipliziert. Dies erlaubt, da die Fehlerordnung 2 ist, ungefähr eine Verdoppelung der Schrittweite, genauer sogar eine Multiplikation mit $\sqrt{1/0.16} = 2.5$. Mit $h = 0.0025$ kann man zum Beispiel 120 weitere Schritte (bis $x = 0.5$) ausführen, dann sind die Anteile von $\lambda_{2,3}$ bereits auf $e^{-4.7} \approx 0.01$ reduziert; man kann daher h auf 0.01 erhöhen (auf das 10fache des Anfangswertes). Nach 50 weiteren Schritten (bis $x = 1$) sinken die Anteile zu $\lambda_{2,3}$ bereits auf $1/_{10\,000}$ des Anfangswertes. Bei 4stelliger Rechnung können sie daher vernachlässigt werden, das heisst für die weitere Integration braucht sich h lediglich noch nach dem Eigenwert $\lambda_1 = -0.213$ zu richten, und dieser erlaubt $h = 0.35$ (für 4stellige Rechnung). Man kann zum Beispiel mit 100 weiteren Schritten bis $x = 36$ integrieren; die totale Schrittzahl ist nur $200 + 120 + 50 + 100 = 470$ Schritte.

§ 8.7. **Allgemeine Differenzenformeln**

Die Eulersche Formel, in der Form

$$y_k - y_{k-1} = h\,y'_{k-1}$$

geschrieben, und die Trapezregel (47) sind Sonderfälle der allgemeinen Klasse[1]

$$\sum_{j=0}^{m} \alpha_j\, y_{k-j} = h \sum_{j=0}^{m} \beta_j\, y'_{k-j}, \tag{52}$$

[1] Gängige Bezeichnung: *lineare Mehrschritt-Verfahren.* (Anm. d. Hrsg.)

nämlich mit

$$m = 1,$$
$$\alpha_0 = 1, \qquad \alpha_1 = 1,$$
$$\beta_0 = 0, \qquad \beta_1 = 1$$

beziehungsweise

$$m = 1,$$
$$\alpha_0 = 1, \qquad \alpha_1 = -1,$$
$$\beta_0 = \beta_1 = \frac{1}{2}.$$

Allgemein wird eine Differenzenformel (52) in der Weise verwendet, dass man, wenn $y_{k-m}, y_{k-m+1}, \ldots, y_{k-1}$ (und die Ableitungen $y'_{k-m} = f(x_{k-m}, y_{k-m})$, $\ldots, y'_{k-1} = f(x_{k-1}, y_{k-1})$) bekannt sind, diese Formel als eine lineare Gleichung zwischen den Unbekannten y_k, y'_k auffasst:

$$\alpha_0\, y_k - h\, \beta_0\, y'_k = \text{gegeben}, \tag{53}$$

woraus man zusammen mit der Differentialgleichung

$$f(x_k, y_k) - y'_k = 0 \tag{54}$$

y_k bestimmen kann. Dies ist in zwei Fällen sehr leicht:

a) Wenn, wie beim Euler-Verfahren, $\beta_0 = 0$ ist, erhält man y_k direkt aus (53) (sogenannte *explizite Verfahren*).

b) Wenn die Differentialgleichung linear ist, hat man nur zwei lineare Gleichungen mit zwei Unbekannten zu lösen.

Ist dagegen, wie zum Beispiel bei der Trapezregel, $\beta_0 \neq 0$ (*implizite Verfahren*) und die Funktion $f(x,y)$ in y nicht-linear, so löst man die zwei Gleichungen durch *Iteration*, indem man alternierend y_k nach (53) und y'_k nach (54) bestimmt. Bei hinreichend kleinem h konvergiert diese Iteration sicher; nach ihrer Beendigung ist der Integrationsschritt vollendet.

Man spricht ferner von einem *Prädiktor-Korrektor-Verfahren*, wenn es gelingt, mit einer Prädiktor-Formel eine so gute Näherung für y_k zu bestimmen, dass einmaliges Einsetzen in (54) und anschliessend in (53) bereits einen genügend genauen y_k-Wert liefert.

Weitere Beispiele solcher Verfahren:

Die *Sekantenregel* ist ein explizites Verfahren, das durch

$$y_k - y_{k-2} = 2\, h\, y'_{k-1} \tag{55}$$

definiert ist. Hier ist

$$m = 2,$$
$$\alpha_0 = 1, \qquad \alpha_1 = 0, \qquad \alpha_2 = -1,$$
$$\beta_0 = 0, \qquad \beta_1 = 2, \qquad \beta_2 = 0.$$

Die *Simpson-Regel*

$$y_k - y_{k-2} = \frac{h}{3}(y'_k + 4\,y'_{k-1} + y'_{k-2}) \tag{56}$$

ist dagegen implizit:

$$m = 2,$$
$$\alpha_0 = 1, \quad \alpha_1 = 0, \quad \alpha_2 = -1$$
$$\beta_0 = \frac{1}{3}, \quad \beta_1 = \frac{4}{3}, \quad \beta_2 = \frac{1}{3}.$$

Man fragt sich natürlich, wie man allgemein solche Formeln erhält; tatsächlich gibt es darauf eine recht einfache Antwort.

Wir wenden dazu die Formel (52) auf die Differentialgleichung $y' = y$, $y(0) = 1$, an; dann sollte e^x, das heisst $y_k = e^{kh}$, eine Lösung sein. Man muss also die α_j, β_j zumindest so bestimmen, dass die beiden Seiten von (52) für $y_k = e^{kh}$ «möglichst genau» übereinstimmen. Wenn wir $z = e^h$ substituieren, nimmt dieser Wunsch die Form

$$\sum_{j=0}^{m} \alpha_j\, z^{k-j} \approx \log z \sum_{j=0}^{m} \beta_j\, z^{k-j} \qquad \text{(für alle } k\text{)},$$

$$\log z \approx \frac{\sum_{j=0}^{m} \alpha_j\, z^{m-j}}{\sum_{j=0}^{m} \beta_j\, z^{m-j}} = \frac{A(z)}{B(z)} \tag{57}$$

an. Damit ist das Problem zurückgeführt auf die Aufgabe, $\log z$ möglichst gut durch eine rationale Funktion, das heisst durch den Quotienten der zwei Polynome

$$\begin{aligned} A(z) &= \alpha_0\, z^m + \alpha_1\, z^{m-1} + \ldots + \alpha_m, \\ B(z) &= \beta_0\, z^m + \beta_1\, z^{m-1} + \ldots + \beta_m \end{aligned} \tag{58}$$

zu approximieren. Es fragt sich nur, in welchen Gebieten der z-Ebene diese Approximation gut sein soll. Wenn man nur an einer hohen Fehlerordnung interessiert ist, muss die Approximation in der Umgebung von $h = 0$, also in der Umgebung von $z = 1$ gut sein.

Eine ganz grobe Approximation bei $z = 1$ ist

$$\log z \approx z - 1, \tag{59}$$

das heisst

$$A(z) = z - 1, \qquad B(z) = 1,$$
$$\alpha_0 = 1, \quad \alpha_1 = -1, \quad \beta_0 = 0, \quad \beta_1 = 1,$$

worin man das Euler-Verfahren wiedererkennt. Zur Verbesserung mittelt man (59) mit

$$\log z = -\log \frac{1}{z} \approx -\left(\frac{1}{z} - 1\right) = 1 - \frac{1}{z}.$$

So erhält man

$$\log z \approx \frac{z-\dfrac{1}{z}}{2} = \frac{z^2-1}{2z},$$

$$A(z) = z^2-1, \qquad B(z) = 2z, \tag{60}$$

$$\alpha_0 = 1, \qquad \alpha_1 = 0, \qquad \alpha_2 = -1,$$

$$\beta_0 = 0, \qquad \beta_1 = 2, \qquad \beta_2 = 0,$$

also die Sekantenregel.

Als weiteren Versuch nehmen wir die Reihe von $\log z$ und brechen sie nach dem zweiten Glied ab:

$$\log z \approx z-1-\frac{(z-1)^2}{2} = -\frac{z^2-4z+3}{2}.$$

Dann ist

$$A(z) = z^2-4z+3, \qquad B(z) = -2,$$

$$\alpha_0 = 1, \qquad \alpha_1 = -4, \qquad \alpha_2 = 3,$$

$$\beta_0 = \beta_1 = 0, \qquad \beta_2 = -2,$$

das heisst

$$y_k - 4y_{k-1} + 3y_{k-2} = -2h'_{k-2}. \tag{61}$$

Tab. 8.3. *Anwendung der Differenzenformel (61) auf $y' = y$, $y(0) = 1$*

$x_k = kh$	Exakte Lösung $Y_k = e^{kh}$	Differenz in (61) bei Einsetzen von Y_k	Numerische Lösung y_k
0	1		1
0.1	1.105171		1.105171
0.2	1.221403	0.000719	1.220684
0.3	1.349859	0.000795	1.346188
0.4	1.491825	0.000878	1.478563
0.5	1.648721	0.000971	1.606452
0.6	1.822119	0.001073	1.694406
0.7	2.013753	0.001186	1.636979
0.8	2.225541	0.001310	1.125814
0.9	2.459603	0.001448	−0.735075
1.0	2.718282	0.001600	−6.542905
			↓
⋮	⋮	⋮	$-\infty$

Setzen wir in diese Formel die exakte Lösung $y_k = e^{kh}$ der Differentialgleichung $y' = y$, $y(0) = 1$ ein ($h = 0.1$), so ergibt sich zwischen der linken und der rechten Seite eine Differenz, die in der 3. Kolonne von Tab. 8.3 angegeben ist. Wenn man anderseits diese Gleichung (61) zur numerischen Lösung der Differentialgleichung heranzieht, das heisst sie als Rekursionsformel für y_k gebraucht, so erhält man die in der 4. Kolonne notierten y_k, die gegen $-\infty$ divergieren. Die Methode ist also unbrauchbar, wie alle Formeln, die aus der Reihenentwicklung von $\log z$ hervorgehen.

Brauchbar sind hingegen die Methoden, bei denen man $B(z)$ durch Abschneiden der Reihe von $1/\log z$ bildet. Es ist zunächst

$$\frac{t}{\log \frac{1}{1-t}} = \frac{-t}{\log(1-t)} = \sum_{k=0}^{\infty} \sigma_k t^k = 1 - \frac{1}{2}t - \frac{1}{12}t^2 - \frac{1}{24}t^3 - \dots \tag{62}$$

(Konvergenzradius 1). Nun substituiert man

$$z = \frac{1}{1-t}, \qquad \text{d.h. } t = 1 - \frac{1}{z}$$

und findet

$$\frac{1-\frac{1}{z}}{\log z} = \sum_{k=0}^{\infty} \sigma_k \left(1-\frac{1}{z}\right)^k,$$

$$\log z = \frac{1-\frac{1}{z}}{\sum\limits_{k=0}^{\infty} \sigma_k \left(1-\frac{1}{z}\right)^k}. \tag{63}$$

$\log z$ lässt sich also approximieren durch

$$\log z \approx \frac{1-\frac{1}{z}}{\sum\limits_{k=0}^{m} \sigma_k \left(1-\frac{1}{z}\right)^k}.$$

Wenn man noch Zähler und Nenner mit z^m erweitert, so resultiert schliesslich

$$\log z \approx \frac{A(z)}{B(z)}$$

mit

$$\begin{aligned} A(z) &= z^m - z^{m-1}, \\ B(z) &= \sum_{k=0}^{m} \sigma_k z^{m-k} (z-1)^k. \end{aligned} \tag{64}$$

Beispiel. Für $m = 3$ erhält man

$$\sigma_0 = 1, \qquad \sigma_1 = -\frac{1}{2}, \qquad \sigma_2 = -\frac{1}{12}, \qquad \sigma_3 = -\frac{1}{24},$$

$$A(z) = z^3 - z^2, \qquad B(z) = \frac{1}{24}(9z^3 + 19\,z^2 - 5\,z + 1),$$

$$\alpha_0 = 1, \qquad \alpha_1 = -1, \qquad \alpha_2 = \alpha_3 = 0,$$

$$\beta_0 = \frac{9}{24}, \qquad \beta_1 = \frac{19}{24}, \qquad \beta_2 = -\frac{5}{24}, \qquad \beta_3 = \frac{1}{24},$$

also die Integrationsformel

$$y_k - y_{k-1} = \frac{h}{24}(9\,y'_k + 19\,y'_{k-1} - 5\,y'_{k-2} + y'_{k-3}). \tag{65}$$

Sie definiert das implizite *Verfahren von Adams-Moulton mit* $m = 3$. Es hat die Fehlerordnung 4.

Die Fehlerordnung ergibt sich schon aus der Güte der Approximation von $\log z$: Für die Polynome (64) gilt nämlich für $z \to 1$

$$\frac{A(z)}{B(z)} = \log z + \mathrm{O}\left(\left(1 - \frac{1}{z}\right)^{m+2}\right). \tag{66}$$

Eine genauere Untersuchung zeigt, dass $\mathrm{O}\left((1-1/z)^{m+2}\right)/h$ dem lokalen Fehler θ entspricht, der somit, da $1 - 1/z \approx \log z = h$ ist, von der Ordnung $O(h^{m+1})$ ist; die Fehlerordnung beträgt damit $m+1$.

Um ein explizites Verfahren zu erhalten, erweitert man die Darstellung (63) für $\log z$ zunächst mit $z = 1/(1-t)$:

$$\log z = \frac{z\left(1 - \frac{1}{z}\right)}{\dfrac{1}{1 - \left(1 - \frac{1}{z}\right)} \sum_{k=0}^{\infty} \sigma_k \left(1 - \frac{1}{z}\right)^k},$$

was auf

$$\log z = \frac{z - 1}{\sum_{k=0}^{\infty} \tau_k \left(1 - \frac{1}{z}\right)^k} \tag{67}$$

mit

$$\tau_k = \sum_{j=0}^{k} \sigma_j \tag{68}$$

führt. Angenähert ergibt sich also

$$\log z \approx \frac{z-1}{\sum_{k=0}^{m-1} \tau_k \left(1-\frac{1}{z}\right)^k}$$

und, wenn man mit z^{m-1} erweitert, schliesslich

$$\log z \approx \frac{A(z)}{B(z)}$$

mit

$$A(z) = z^m - z^{m-1},$$
$$B(z) = \sum_{k=0}^{m-1} \tau_k\, z^{m-1-k}\,(z-1)^k. \tag{69}$$

Hier ist $B(z)$ ein Polynom vom Grad $m-1$, so dass $\beta_0 = 0$ ist.

Beispiel. Für $m = 3$ wird

$$A(z) = z^3 - z^2, \qquad B(z) = \frac{1}{12}(23\, z^2 - 16\, z + 5),$$

womit man die Integrationsformel

$$y_k - y_{k-1} = \frac{h}{12}(23\, y'_{k-1} - 16\, y'_{k-2} + 5\, y'_{k-3}) \tag{70}$$

erhält, die als *Verfahren von Adams-Bashforth mit* $m = 3$ bekannt ist. Wegen

$$\frac{A(z)}{B(z)} = \log z + \mathrm{O}\left((z-1)^4\right)$$

hat dieses Verfahren die Fehlerordnung 3.

Die Anlaufrechnung. Jede Differenzenformel der Art

$$\sum_{j=0}^{m} \alpha_j\, y_{k-j} = h \sum_{j=0}^{m} \beta_j\, y'_{k-j}$$

setzt voraus, dass die Werte $y_{k-m}, y_{k-m+1}, \ldots, y_{k-1}$ bereits bekannt sind. Dies ist aber für $k = 1$ nur für Verfahren mit $m = 1$ (Euler-Verfahren, Trapezregel) der Fall. Sonst ist die weitere Vorgeschichte, bestehend aus den Werten $y_{-1}, y_{-2}, \ldots, y_{1-m}$, nichtexistent. Aus dieser Situation gibt es zwei Auswege:

1) Erst von $k = m$ an mit dieser Differenzenformel integrieren, und vorgängig $y_1, \ldots, y_{m-1}$ mit Hilfe eines Verfahrens vom Typus Runge-Kutta berechnen.

2) Die fehlende Information wird künstlich beschafft. Man beachte dazu, dass bei den Verfahren von Adams-Bashforth und Adams-Moulton nur die Ableitungen $y'_{-1}, y'_{-2}, \ldots, y'_{1-m}$ tatsächlich benötigt werden, was das Problem erheblich erleichtert.

Das zweite Vorgehen sei am Beispiel vom Adams-Bashforth-Verfahren mit $m = 2$ erläutert. Bei diesem Verfahren ist

$$A(z) = z^2 - z, \quad B(z) = \frac{3}{2}z - \frac{1}{2},$$

also

$$y_k - y_{k-1} = \frac{h}{2}(3\,y'_{k-1} - y'_{k-2}). \tag{71}$$

Zu integrieren sei wiederum $y' = y$, $y(0) = 1$, mit $h = 0.1$. Die fehlende Information besteht hier einzig aus y'_{-1}. Wir setzen zunächst $y'_{-1} = y'_0 = 1$ und integrieren $m = 2$ Schritte:

k	x_k	y_k	y'_k	$\Delta y'$	$\Delta^2 y'$	$\Delta^3 y'$
-1	-0.1		1		← rückwärts extrapoliert	
				0.085		
0	0	1	1		0.015	
				0.1		0
1	0.1	1.1	1.1		0.015	
				0.115		
2	0.2	1.215	1.215			

Aus den Werten y'_0, y'_1, y'_2 extrapoliert man dann y'_{-1} so, dass die dritte (allgemein die $(m+1)$-te) Differenz 0 wird. Dies liefert hier $y'_{-1} = 1 - 0.085 = 0.915$, mit welchem Wert man nochmals integriert. (Im allgemeinen Fall müsste man bis y'_{1-m} zurück extrapolieren.)

k	x_k	y_k	y'_k	$\Delta y'$	$\Delta^2 y'$	$\Delta^3 y'$
-1	-0.1		0.915		← rückwärts extrapoliert	
				0.092862		
0	0	1	1		0.011388	
				0.10425		0
1	0.1	1.10425	1.10425		0.011388	
				0.115638		
2	0.2	1.219888	1.219888			

Aus diesen Werten erhält man durch nochmalige Rückwärtsextrapolation $y'_{-1} = 0.907138$, womit ein weiteres Mal vorwärts integriert wird usw. (Exakt wäre $Y'(-0.1) = e^{-0.1} = 0.90483742\ldots$)

§ 8.8. Das Stabilitätsproblem

Wie wir gesehen haben, sind einige aus rationalen Approximationen von $\log z$ gewonnene Differenzenformeln, wie zum Beispiel (61), unbrauchbar. Damit kommen wir zur Frage der Stabilität einer Integrationsmethode vom Typus (52).

Wir wenden die zu prüfende Integrationsmethode an auf die Differentialgleichung $y' = \lambda y$, wobei λ beliebig komplex sein kann. Damit ist auch das Verhalten eines Systems $\boldsymbol{y}' = \boldsymbol{A}\,\boldsymbol{y}$ miterfasst, denn der zum Eigenwert λ gehörende Anteil der Lösung dieses Systems verhält sich in jeder Beziehung wie die Lösung von $y' = \lambda y$. Für diese lautet die Differenzenformel (52)

$$\sum_{j=0}^{m} \alpha_j\, y_{k-j} = h\,\lambda \sum_{j=0}^{m} \beta_j\, y_{k-j}, \tag{72}$$

woraus man entnimmt, dass für das Verhalten der numerischen Lösung nur das Produkt $h\,\lambda$ massgebend ist. Wir können daher ebensogut die Differentialgleichung $y' = y$ mit der «reduzierten Schrittlänge» $s = h\,\lambda$ integrieren, wobei s allerdings komplex sein kann. Damit geht die Differenzenformel über in

$$\sum_{j=0}^{m} (\alpha_j - s\,\beta_j)\, y_{k-j} = 0. \tag{73}$$

Dies ist eine lineare Differenzengleichung mit konstanten Koeffizienten, für deren allgemeine Lösung der Ansatz

$$y_k = \sum_{\nu=1}^{m} g_\nu\, z_\nu^k \tag{74}$$

gemacht wird. Einsetzen in die vorangehende Gleichung (73) liefert sofort

$$\sum_{j=0}^{m} \sum_{\nu=1}^{m} (\alpha_j - s\,\beta_j)\, g_\nu\, z_\nu^{k-j} = 0$$

oder

$$\sum_{\nu=1}^{m} g_\nu\, z_\nu^{k-m} \left\{ \sum_{j=0}^{m} (\alpha_j - s\,\beta_j) z_\nu^{m-j} \right\} = 0,$$

wobei der Inhalt der geschweiften Klammer von k unabhängig ist. Da diese Beziehung für alle k gelten muss, folgt

$$\sum_{j=0}^{m} (\alpha_j - s\,\beta_j)\, z_\nu^{m-j} = 0$$

oder, wenn wieder die Polynome (58) eingeführt werden,

$$A(z) - s\,B(z) = 0 \quad \text{für} \quad z = z_\nu,\ \nu = 1, \ldots, m. \tag{75}$$

Die Grundzahlen $z_1, z_2, \ldots, z_m$ sind also Lösungen dieser algebraischen

Gleichung und die numerische Lösung hat die Gestalt (74) (mit gewissen Koeffizienten g_ν), während für die exakte Lösung $Y(x) = c\,e^x$ mit $x = s\,k$ gilt

$$Y_k = c\,(e^s)^k.$$

Nun wird aber für grosses k die numerische Lösung (74) praktisch nur aus dem Term $g_1\, z_1^k$ bestehen, wobei z_1 die absolut grösste der Wurzeln $z_1, \ldots, z_m$ bedeutet. *Wenn also die numerische Lösung der exakten Lösung einigermassen folgen soll, so muss die absolut grösste Wurzel z_1 der Gleichung (75) in der Nähe von e^s liegen.*

Eine Wurzel von (75) liegt immer in der Nähe von e^s, denn die Koeffizienten α_j, β_j wurden in § 8.7 so bestimmt, dass

$$\frac{A(z)}{B(z)} \approx \log z$$

ist, so dass mit $s = \log z$ auch $A(z) - s\,B(z) \approx 0$ gilt. Dies ist jedoch nicht ausreichend, vielmehr muss diese bei e^s liegende Wurzel auch die absolut grösste sein.

Beispiel: Für die Sekantenregel (55) ist $A(z) = z^2 - 1$, $B(z) = 2z$; die Gleichung (75) lautet also

$$A(z) - s\,B(z) = z^2 - 2\,s\,z - 1 = 0$$

und hat die Lösungen

$$z = s \pm \sqrt{s^2 + 1}. \tag{76}$$

Das Produkt der beiden Wurzeln ist -1; für die absolut grössere gilt also $|z_1| > 1$. Tatsächlich vermittelt die absolut grössere Wurzel eine konforme Abbildung der längs der Strecke $s = i$ bis $s = -i$ aufgeschnittenen s-Ebene auf $|z| > 1$:

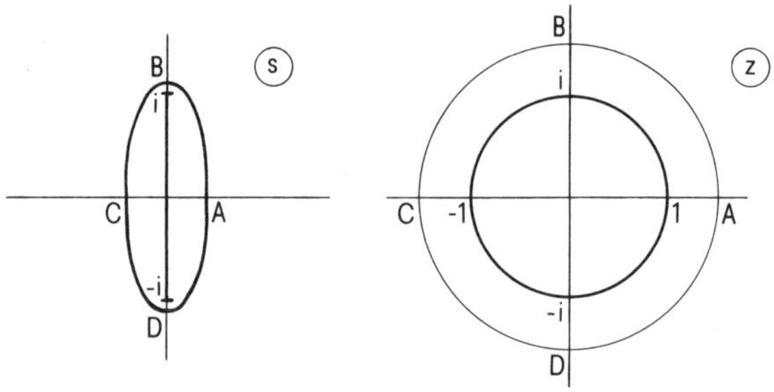

Figur 8.8. *Abbildung der z-Ebene in die w-Ebene, vermittelt durch die grössere der Lösungen (76).*

während $w = e^s$ davon das folgende Bild liefert:

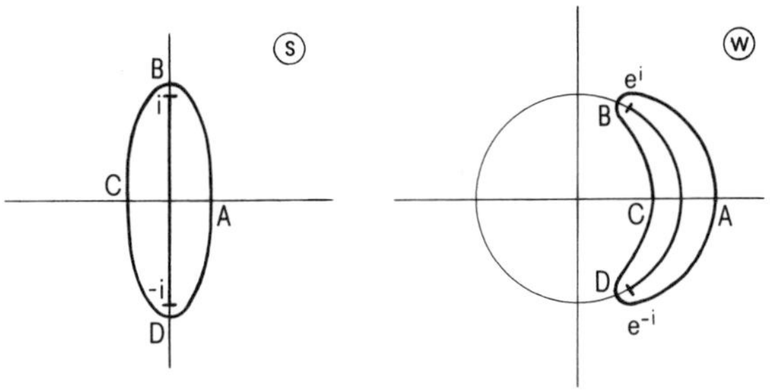

Figur 8.9. *Abbildung der z-Ebene in die w-Ebene mittels* $w = e^s$.

Nur für den in der rechten Hälfte der s-Ebene gelegenen Teil der Umgebung des Nullpunktes ist die in der Nähe von e^s liegende Wurzel

$$z = s + \sqrt{s^2+1} = 1 + s + \frac{1}{2}s^2 - \frac{1}{8}s^4 - \dots$$

die absolut grössere. In der linken Halbebene gilt dagegen für die absolut grössere Wurzel $z_1 \approx e^{-s}$. Die Sekantenmethode ist daher instabil für $Re\, s < 0$ (allerdings nur leicht instabil).

Um nun ein Mass für den Fehler zu erhalten, beachten wir, dass für grosses k angenähert $y_{k+1} = y_k z_1$ ist, während in den Bezeichnungen von § 8.3 gilt

$$\tilde{y}_{k+1} = y_k e^s,$$

also für den lokalen Fehler (20)

$$\theta_k = \frac{z_1 - e^s}{s} y_k.$$

Für uns ist es aber sinnvoller, den lokalen relativen Fehler zu betrachten, das heisst den lokalen absoluten Fehler des Logarithmus:

$$\frac{\log y_{k+1} - \log \tilde{y}_{k+1}}{s} = \frac{\log z_1 - s}{s}.$$

Der Absolutbetrag hievon wird als universelle Fehlergrösse eingeführt:

$$\Psi(s) = \left| \frac{\log z_1 - s}{s} \right|. \tag{77}$$

Hier bezeichnet z_1 immer noch die absolut grösste Wurzel von (75), und $\log z_1$ ist derjenige Logarithmuswert, der s am nächsten liegt. $\Psi(s)$ ist eine reelle Funktion der komplexen Variablen s, die für jeden Wert der reduzierten Schrittgrösse s den relativen Fehler für die Integrationsstrecke 1 angibt.

Um nun zu einem Kriterium für die Stabilität zu kommen, fordern wir zunächst, dass $\Psi(0) = 0$ und $\Psi(s)$ klein ist für $|s|$ klein (d.h. für kleines h soll man annähernd die exakte Lösung erhalten). Dies bedingt, dass für alle hinreichend kleinen $|s|$ die bei e^s liegende Wurzel z die absolut grösste ist, das heisst, für $s \to 0$ muss gelten

$$\log z_1(s) - s = o(s) \tag{78}$$

und insbesondere $\log z_1(0) = 0$, also $z_1(0) = 1$, oder

$$A(1) = 0. \tag{79}$$

Weiter ergibt sich aus (78)

$$\left.\frac{d \log z_1}{ds}\right|_{s=0} - 1 = 0. \quad \text{d.h.} \quad \left.\frac{dz_1}{ds}\right|_{s=0} = 1.$$

Aus $A(z_1) - s\,B(z_1) = 0$ folgt aber noch

$$\frac{dA}{dz_1}\frac{dz_1}{ds} - B(z_1) - s\frac{dB}{dz_1}\frac{dz_1}{ds} = 0,$$

für $s = 0$, $z_1 = 1$ also

$$A'(1) - B(1) = 0. \tag{80}$$

(79) *und* (80) *sind lediglich notwendige Bedingungen für die Stabilität einer Methode (sogenannte Verträglichkeitsbedingungen).*

Weil nun ja die Wurzeln einer algebraischen Gleichung stetig von den Koeffizienten abhängen, ist die in der Nähe von e^s liegende Wurzel z von $A(z) - s\,B(z) = 0$ für alle hinreichend kleinen $|s|$ die absolut grösste, wenn dies für $s = 0$ der Fall ist, das heisst wenn $z = 1$ die absolut grösste Wurzel von $A(z) = 0$ und ausserdem einfach ist. Damit haben wir als Bedingung für die Stabilität einer Differenzenformel (52)

$$\frac{A(z)}{z-1} \neq 0 \quad \text{für} \quad |z| \geqq 1. \tag{81}$$

Diese Bedingung garantiert die sogenannte starke Stabilität der Methode.

Beispiele. 1) Das Verfahren von Adams-Bashforth mit $m = 3$ wird durch die Differenzenformel (70) definiert. Es ist

$$A(z) = z^3 - z^2, \quad B(z) = \frac{1}{12}(23\,z^2 - 16\,z + 5)$$

und damit

$$A(1) = 0, \quad A'(1) = 1 = B(1).$$

Ferner wird

$$\frac{A(z)}{z-1} = z^2,$$

was sicher ungleich 0 ist für $|z| \geqq 1$. Die Methode ist also stabil für alle hinreichend kleinen $|s|$. Dasselbe gilt für alle Verfahren von Adams-Bashforth, die nach § 8.7 durch die Polynome (69) charakterisiert sind. Wenn aber s immer stärker negativ gemacht wird, ist früher oder später die in der «Nähe» von e^s liegende Wurzel nicht mehr die absolut grösste, und die Methode wird instabil. Dies geschieht um so schneller (das heisst bereits für kleineres $|s|$), je grösser m ist. Zum Beispiel für $m = 16$ ist die Methode bereits für $s = -0.05$ instabil.

2) Als zweites Beispiel betrachten wir die durch (61), das heisst die Polynome

$$A(z) = z^2 - 4z + 3, \quad B(z) = -2,$$

definierte Phantasiemethode. Für sie ist $A(1) = 0$, $A'(1) = -2 = B(1)$, aber $A(z)/(z-1) = z - 3$ hat eine Wurzel ausserhalb des Einheitskreises; die Methode ist also instabil. Die Lösung verhält sich bei kleinem $|s|$ für grosses k ungefähr wie $y_k = 3^k$, und dies fast unabhängig von der Differentialgleichung.

3) Bei der Sekantenmethode ist

$$A(z) = z^2 - 1, \quad B(z) = 2z,$$
$$A(1) = 0, \quad A'(1) = 2 = B(1).$$

Doch

$$\frac{A(z)}{z-1} = z + 1$$

hat genau auf dem Einheitskreis eine Wurzel. Die Stabilitätsbedingung ist zwar nicht erfüllt, aber es liegt hier ein Grenzfall vor, der genauer untersucht werden muss. Dazu betrachten wir die Differentialgleichung $y' = -y$, $y(0) = 1$, die mit der Sekantenregel numerisch integriert werden soll, wobei die Schrittlänge h positiv reell sei. Dem entspricht eine reduzierte Schrittlänge $s = -h$. Die numerische Lösung hat daher die Gestalt

$$\begin{aligned} y_k &= g_1 z_1^k + g_2 z_2^k \\ &= g_1\left(-h - \sqrt{1+h^2}\right)^k + g_2\left(-h + \sqrt{1+h^2}\right)^k, \end{aligned}$$

wobei g_1 und g_2 noch zu bestimmen sind. Auf Grund der Substitution $h = Sh(\eta)$ erhält man

$$z_1 = -\mathrm{Sh}(\eta) - \mathrm{Ch}(\eta) = -e^\eta, \quad z_2 = -\mathrm{Sh}(\eta) + \mathrm{Ch}(\eta) = e^{-\eta}$$

und somit

$$y_k = g_1(-1)^k e^{\eta k} + g_2 e^{-\eta k}.$$

Zur Bereitstellung des zweiten Anfangswertes y_1 soll zuerst mit $y_0 = 1$ ein Schritt nach Euler ausgeführt werden. Dann gilt

$$y_0 = 1 = g_1 + g_2, \quad y_1 = 1 - h = -g_1 e^\eta + g_2 e^{-\eta},$$

woraus folgt:

$$g_1 = \frac{\mathrm{Ch}(\eta)-1}{2\,\mathrm{Ch}(\eta)}, \quad g_2 = \frac{\mathrm{Ch}(\eta)+1}{2\,\mathrm{Ch}(\eta)}.$$

Nun ist aber für kleine h

$$\frac{\mathrm{Ch}(\eta)-1}{2\,\mathrm{Ch}(\eta)} = \frac{\sqrt{1+h^2}-1}{2\sqrt{1+h^2}} \approx \frac{h^2}{4},$$

$$\frac{\mathrm{Ch}(\eta)+1}{2\,\mathrm{Ch}(\eta)} = \frac{\sqrt{1+h^2}+1}{2\sqrt{1+h^2}} \approx 1-\frac{h^2}{4},$$

und ferner gilt

$$e^{\eta k} = \exp\left(\frac{\eta h k}{\mathrm{Sh}(\eta)}\right) = \exp\left(\frac{\eta}{\mathrm{Sh}(\eta)} x_k\right).$$

Für kleines η ist aber $\eta/\mathrm{Sh}(\eta) \approx 1$, also $e^{\eta k} \approx e^{x_k}$, $e^{-\eta k} \approx e^{-x_k}$, und damit gilt für die numerische Lösung angenähert

$$y_k \approx (-1)^k \frac{h^2}{4} e^{x_k} + \left(1-\frac{h^2}{4}\right) e^{-x_k}.$$

Man sieht, dass sich die Lösung aus einem oszillierenden zunehmenden und einem abnehmenden Term zusammensetzt. Der erste ist zwar klein, doch wenn man nur genügend weit integriert, wird er schliesslich überwiegen, so dass der weitere Verlauf der Integration illusorisch wird (vgl. Fig. 8.11).

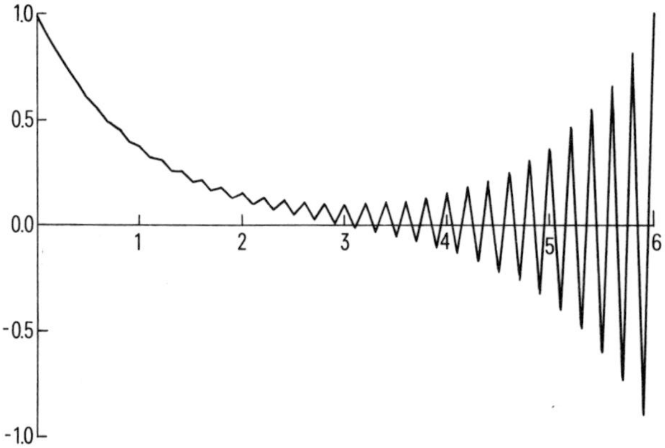

Figur 8.10. *Integration von $y' = -y$, $y(0) = 1$, mit der Sekantenregel und $h = 0.1$.*

Die Stelle x_k, an der zum erstenmal ein negativer y-Wert zu erwarten ist, wird angenähert durch

$$e^{-x_k} = \frac{h}{2}, \quad \text{d.h. } x_k = \ln\frac{2}{h}$$

bestimmt. Der Beginn der Oszillation wird also durch Verkleinerung von h immer weiter hinausgeschoben. Es gilt sogar, dass in jedem endlichen Intervall die numerische Lösung gegen die exakte konvergiert, wenn $h \to 0$ geht, das heisst, die Instabilität kann – sofern man nur ein endliches Intervall betrachtet – durch Verkleinerung von h aufgehoben werden.

Man nennt dieses Verhalten *schwache Instabilität.* Sie ist nach Dahlquist durch folgende zwei Bedingungen charakterisiert:

a) $\dfrac{A(z)}{z-1} \neq 0$ für $|z| > 1$.

b) Die auf dem Einheitskreis liegenden Nullstellen von $A(z)/(z-1)$ sind einfach.

4) Als weiteres Beispiel betrachten wir die Differenzenformel

$$y_k - y_{k-3} = \frac{h}{4}(9\, y'_{k-1} + 3\, y'_{k-3}).$$

Hier ist

$$A(z) = z^3 - 1, \qquad B(z) = \frac{3}{4}(3\, z^2 + 1),$$

$$A(1) = 0, \qquad A'(1) = 3 = B(1),$$

$$\frac{A(z)}{z-1} = z^2 + z + 1.$$

Beide Wurzeln von $A(z)/(z-1)$ liegen auf dem Einheitskreis und sind einfach. Die Methode ist somit schwach instabil.

Beispiel einer Stabilitätsbetrachtung. Für eine ausführlichere Diskussion der Stabilität wählen wir das Verfahren von Adams-Bashforth mit $m = 2$:

$$y_k - y_{k-1} = \frac{h}{2}(3\, y'_{k-1} - y'_{k-2}),$$

das die Fehlerordnung 2 hat. Es ist hier

$$A(z) = z^2 - z, \qquad B(z) = \frac{3}{2} z - \frac{1}{2};$$

die Wurzeln der Gleichung $A(z) - s\, B(z) = 0$ sind also

$$z = \frac{1}{2} + \frac{3}{4} s \pm \sqrt{\left(\frac{1}{2} + \frac{3}{4} s\right)^2 - \frac{s}{2}}, \tag{82}$$

und diese Funktion $z(s)$ hat die Verzweigungspunkte $(-2 \pm 4\sqrt{2}\, i)/9$.

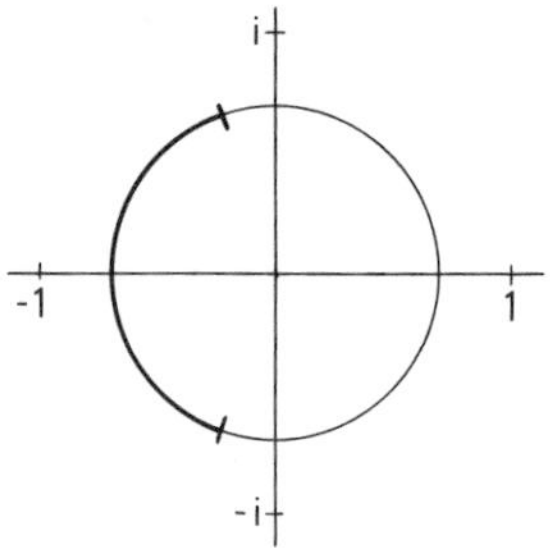

Figur 8.11. *Zur Definition von z(s) in* (82).

Wenn man nun die Riemannsche Fläche dieser Funktion entlang des Kreisbogens $|s| = 2/3$ zwischen den Verzweigungspunkten aufschneidet (s. Fig. 8.12), zeigt sich, dass $z(s)$ in dem zum Wert $z_1(0) = 1$ gehörenden Blatt absolut grösser ist als im andern Blatt, das durch $z_2(0) = 0$ festgelegt ist. (Auf dem Schnitt ist $|z_1(s)| = |z_2(s)|$.) Rechts des Kreisbogens, also insbesondere für $|s| < 2/3$, ist somit die in der Nähe von e^s liegende Wurzel die absolut grössere; sie weicht freilich für grösseres $|s|$ immer stärker von e^s ab. Beim Überschreiten des Kreisbogens wird plötzlich die andere (von e^s stark verschiedene) Wurzel absolut grösser. Das Verfahren wird instabil, sobald $s = h\lambda$ in jenem Gebiet liegt. Allerdings kann man auf einem Weg um den Schnitt herum stetig vom stabilen zum instabilen Bereich gelangen. Der Fehler nimmt dann stetig von kleinsten bis zu riesigen Werten zu. In Tab. 8.4 sind zur Illustration einige Funktionswerte angegeben.

Tab. 8.4. *Einige Werte $z_1(s)$ und $z_2(s)$ der Funktion* (82)

s	$z_1(s)$	$z_2(s)$	e^s
2	3.7321	0.2679	7.3891
0.5	1.5931	0.1569	1.6487
0	1	0	1
−0.5	0.6404	−0.3904	0.6065
−0.66	0.5795	−0.5695	0.5169
−0.68	−0.5932	0.5732	0.5066
−2	−2.4142	0.4142	0.1353
i 2/3	0.7887 + 0.7887 i	0.2113 + 0.2113 i	0.7859 + 0.6184 i

§ 8.9. **Sonderfälle**

A) *Behandlung extrem starker Dämpfung.* Wenn man eine Differentialgleichung wie

$$y' + 10000\, y = e^x - y^2, \qquad y(0) = 0, \tag{83}$$

numerisch integrieren muss, so erfordert der grosse Koeffizient 10000 einen ausserordentlich kleinen Integrationsschritt (etwa 10^{-5}). Um von dieser Beschränkung wegzukommen, betrachten wir allgemein den Fall

$$y' + m\,y = g(x, y), \tag{84}$$

wobei m als grosse positive Konstante, die Funktionswerte von g dagegen als «normal» vorausgesetzt werden.

Wir wollen davon lernen, wie wir $y' = f(x, y)$ nach Euler numerisch integriert haben. Die Formel $y_{k+1} = y_k + h\,y'_k$ kann ja so interpretiert werden, dass man die Differentialgleichung $y' = f_k$, bei der $y'_k = f_k = f(x_k, y_k)$ festgehalten wird, *exakt* von x_k bis x_{k+1} integriert.

Eine entsprechende Methode erhält man für die Differentialgleichung (84), wenn man bei festgehaltenem $g_k = g(x_k, y_k)$ die Gleichung

$$y' + m\,y = g_k \tag{85}$$

exakt von x_k bis x_{k+1} integriert. Die exakte allgemeine Lösung von (85) ist

$$y = c\,e^{-m(x-x_k)} + \frac{g_k}{m}.$$

Mit $y(x_k) = y_k$ ergibt sich $c = y_k - g_k/m$ und damit die Integrationsformel

$$y_{k+1} = y_k\,e^{-mh} + g_k\,\frac{1-e^{-mh}}{m}. \tag{86}$$

Dies ist eine Verallgemeinerung der Eulerschen Formel und geht für $m \to 0$ in diese über.

Im obigen Beispiel (83) erhalten wir mit $h = 0.01$ zunächst

$$e^{-mh} = e^{-100} \approx 4_{10}{-44} \approx 0,$$

$$\frac{1-e^{-mh}}{m} = \frac{1-e^{-100}}{10000} \approx {}_{10}{-4}$$

für die Konstanten in (86) und dann der Reihe nach

$$\begin{array}{lll} x_0 = 0, & y_0 = 0, & g_0 = 1, \\ x_1 = 0.01, & y_1 = {}_{10}{-4}, & g_1 = 1.01005, \\ x_2 = 0.02, & y_2 = 1.01005_{10}{-4}, & g_2 = 1.02020, \\ x_3 = 0.03, & y_3 = 1.02020_{10}{-4}, & \text{usw.} \end{array}$$

Dies ist nicht sehr genau, aber das normale Euler-Verfahren gibt sofort heftige Instabilität, solange nicht $h < 10^{-4}$ ist.

Analog kann das Verfahren von Heun dem Problem angepasst werden: Seine Formeln

$$y_A = y_k + h\,f_k, \qquad y_{k+1} = y_k + \frac{h}{2}(f_k + f_A)$$

bedeuten, dass nach Bestimmung des Prädiktorwertes y_A (nach Euler) die Differentialgleichung

$$y' = f_k + \frac{f_A - f_k}{h}(x - x_k)$$

exakt von x_k bis x_{k+1} integriert wird.

Für die Differentialgleichung (84) lautet daher das Analogon zur Heunschen Methode: Nach Berechnung von

$$y_A = y_k\, e^{-mh} + g_k \frac{1 - e^{-mh}}{m}, \qquad g_A = g(x_{k+1}, y_A) \tag{87}$$

wird die Differentialgleichung

$$y' + m\,y = g_k + \frac{g_A - g_k}{h}(x - x_k)$$

exakt von x_k bis x_{k+1} integriert. Die allgemeine Lösung lautet

$$y = c\, e^{-m(x-x_k)} + \frac{g_k}{m} + \frac{g_A - g_k}{m^2 h}\left(m\,(x - x_k) - 1\right),$$

wobei wegen $y(x_k) = y_k$

$$c = y_k - \frac{g_k}{m} + \frac{g_A - g_k}{m^2\, h}$$

wird. Die Korrekturformel heisst somit

$$\begin{aligned} y_{k+1} &= y_k\, e^{-mh} + g_k \frac{1 - e^{-mh}}{m} + (g_A - g_k)\frac{m\,h - 1 + e^{-mh}}{m^2\, h} \\ &= y_k\, e^{-mh} + g_k \frac{1 - e^{-mh} - m\,h\,e^{-mh}}{m^2\, h} + g_A \frac{m\,h - 1 + e^{-mh}}{m^2\, h} \end{aligned}$$

oder

$$y_{k+1} = y_k\, e^{-mh} + h\,(c_0\, g_k + c_1\, g_A), \tag{88}$$

wobei

$$c_0 = \frac{1 - (1 + m\,h)\, e^{-mh}}{(m\,h)^2}, \qquad c_1 = \frac{e^{-mh} - 1 + m\,h}{(m\,h)^2}. \tag{89}$$

Da für $m\,h \to 0$ sowohl c_0 als auch c_1 gegen $\frac{1}{2}$ streben, erhält man auch hier als Grenzfall wirklich das Verfahren von Heun.

Im Beispiel (83) wird nun mit $h = 0.01$ zunächst

$$c_0 = \frac{1-(1+100)\,e^{-100}}{10000} = {}_{10}{-4},$$

$$c_1 = \frac{e^{-100}-1+100}{10000} = 99_{10}{-4}.$$

Die ersten 10 Integrationsschritte sind in Tab. 8.5 zusammengefasst. Die y_k stimmen bis auf eine Einheit in der letzten angegebenen Dezimalen mit der exakten Lösung überein.

Tab. 8.5. *Integration der Differentialgleichung (83) mit einem speziellen Prädiktor-Korrektor-Verfahren*

k	x_k	y_k	g_k	y_A	g_A
0	0	0	1	$1.000000_{10}{-4}$	1.010050
1	0.01	$1.009950_{10}{-4}$	1.010050	$1.010050_{10}{-4}$	1.020201
2	0.02	$1.020100_{10}{-4}$	1.020201	$1.020201_{10}{-4}$	1.030455
3	0.03	$1.030352_{10}{-4}$	1.030455	$1.030455_{10}{-4}$	1.040811
4	0.04	$1.040707_{10}{-4}$	1.040811	$1.040811_{10}{-4}$	1.051271
5	0.05	$1.051166_{10}{-4}$	1.051271	$1.051271_{10}{-4}$	1.061837
6	0.06	$1.061731_{10}{-4}$	1.061837	$1.061837_{10}{-4}$	1.072508
7	0.07	$1.072401_{10}{-4}$	1.072508	$1.072508_{10}{-4}$	1.083287
8	0.08	$1.083179_{10}{-4}$	1.083287	$1.083287_{10}{-4}$	1.094174
9	0.09	$1.094065_{10}{-4}$	1.094174	$1.094174_{10}{-4}$	1.105171
10	0.10	$1.105061_{10}{-4}$			

B) *Behandlung einer Differentialgleichung der Form*

$$y'' + f(x)\,y = 0, \tag{90}$$

wobei $f(x)$ für alle x sehr gross (positiv) ist und sich nur langsam ändert. Mit numerischer Integration im bisherigen Stil kommt man nicht weit, da pro Längeneinheit etwa $10\sqrt{f(x)}$ Integrationsschritte nötig wären (für 6stellige Genauigkeit). Es wird viel besser eine neue Funktion

$$z(x) = y(x) - i\,\frac{y'(x)}{\sqrt{f(x)}} \tag{91}$$

eingeführt, die als Kurve in der komplexen Zahlebene aufgefasst werden kann, wobei x als Parameter dient. Wenn $y(x)$ die Lösung der Differentialgleichung (90) ist, gilt offenbar

$$\begin{aligned}\frac{dz}{dx} &= y'(x) - i\frac{y''(x)}{\sqrt{f(x)}} + i\frac{y'(x)f'(x)}{2(f(x))^{3/2}}\\ &= y'(x) + i\,y(x)\sqrt{f(x)} + i\frac{y'(x)f'(x)}{2(f(x))^{3/2}},\end{aligned}$$

also wegen $\overline{z(x)} - z(x) = 2\,i\,y'(x)/\sqrt{f(x)}$

$$\frac{dz}{dx} = i\sqrt{f(x)}\,z(x) + \frac{\overline{z(x)} - z(x)}{4}\frac{f'(x)}{f(x)}. \tag{92}$$

Da nach Voraussetzung f'/f klein sein soll, erhält man in erster Annäherung in der Umgebung von $x = x_0$ (mit $t = x - x_0$, $z_0 = z(x_0)$, $f_0 = f(x_0)$)

$$z(x_0 + t) \approx z_0\,e^{i\,t\sqrt{f_0}},$$

das heisst, der Punkt $z(x)$ beschreibt in erster Näherung eine Kreisbahn mit Radius $|z_0|$ und Kreisfrequenz $\sqrt{f_0}$. Eine Verbesserung ergibt sich auf Grund der Approximation

$$\sqrt{f} = \sqrt{f_0} + \frac{t\,f_0'}{2\sqrt{f_0}},$$

wenn man ausserdem in allen Gliedern, in denen z mit kleinen Koeffizienten multipliziert wird, z durch $z_0 \exp(i\sqrt{f_0}\,t)$ ersetzt. Damit geht die Differentialgleichung (92) über in

$$\frac{dz}{dt} = i\sqrt{f_0}\,z + \frac{i\,t\,f_0'}{2\sqrt{f_0}}e^{i\,t\sqrt{f_0}}z_0 + \frac{\bar{z}_0\,e^{-i\,t\sqrt{f_0}} - z_0\,e^{i\,t\sqrt{f_0}}}{4}\frac{f_0'}{f_0}.$$

Diese Differentialgleichung kann nach der Methode der Variation der Konstanten exakt gelöst werden; man erhält

$$\begin{aligned}z(x_0 + t) &= z_0\,e^{i\,t\sqrt{f_0}} + \frac{\bar{z}_0 f_0'}{4 f_0^{3/2}}\sin(t\sqrt{f_0})\\ &+ i\,z_0\frac{f_0'}{4\sqrt{f_0}}t^2\,e^{i\,t\sqrt{f_0}} - z_0\frac{f_0'}{4 f_0}t\,e^{i\,t\sqrt{f_0}}.\end{aligned} \tag{93}$$

Abgesehen von der durch das Sinus-Glied bewirkten periodischen Störung hat man folgende Glieder, die von der harmonischen Schwingung abweichen:

$i\,t^2\dfrac{f_0'}{4\sqrt{f_0}}z$ (Phasenverschiebung infolge tangentialer Beschleunigung),

$-\,t\dfrac{f_0'}{4 f_0}z$ (Abnahme der Amplitude infolge radialer Beschleunigung).

Nun ist aber zur Zeit $t = 2\pi k/\sqrt{f_0}$ (k ganz) offenbar

$$z(x_0+t) = z_0\left(1 + \frac{i f_0'}{4\sqrt{f_0}}\,\frac{4\pi^2 k^2}{f_0} - \frac{f_0'}{4 f_0}\,\frac{2\pi k}{\sqrt{f_0}}\right),$$

das heisst

$$z_k^* = z\left(x_0+\frac{2\pi k}{\sqrt{f_0}}\right) = z_0 + z_0\frac{f_0'}{f_0^{3/2}}\left(i\pi^2 k^2 - \frac{\pi}{2}k\right), \tag{94}$$

so dass die Punkte $z_1^*, z_2^*, z_3^*, \ldots$ die in Fig. 8.12 gezeichneten Positionen einnehmen (z_0 sei reell).

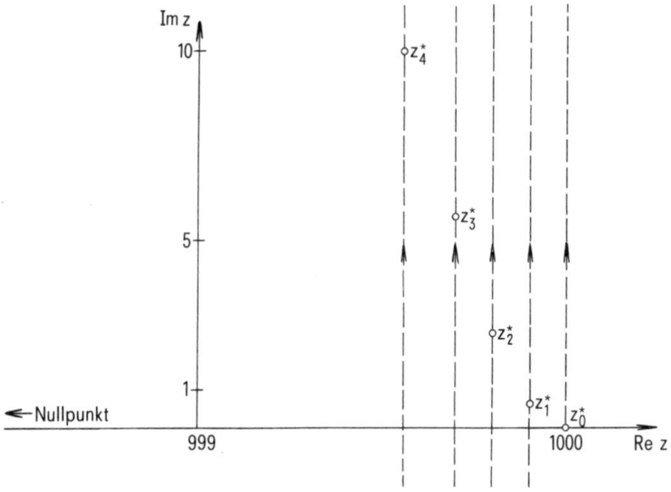

Figur 8.12. *Die Lage der Punkte* z_k^*.

Bestimmung der Durchgänge durch die reelle Achse der z-Ebene: Da in erster Annäherung $dz/dt = i\sqrt{f_0}\, z$ ist und da man zur Zeit $t = 2\pi k/\sqrt{f_0}$ um

$$z_0\frac{i f_0'}{f_0^{3/2}}\pi^2 k^2$$

über die reelle Achse hinausgeschossen ist, finden die Durchgänge in erster Annäherung zu den Zeiten

$$t_k = \frac{2\pi k}{\sqrt{f_0}} - \frac{\pi^2 k^2 f_0'}{f_0^2} \tag{95}$$

statt, und es ist dabei approximativ

$$z_k = z(x_0+t_k) = z_0\left(1 - \frac{\pi}{2}k\frac{f_0'}{f_0^{3/2}}\right). \tag{96}$$

Wenn f' verhältnismässig gross ist, kann man auf diese Weise vielleicht nur gerade von z_0 aus den nächsten Durchgang bei z_1 berechnen und muss dann

$$x_1 = x_0 + \frac{2\pi}{\sqrt{f_0}} - \frac{\pi^2 f_0'}{f_0^2}$$

als neuen Anfangspunkt wählen (also in diesem wieder $f(x_1)$, $f'(x_1)$ berechnen) usw. Ist aber f' sehr klein, kann man auf einen Schlag sehr viele Umläufe ausführen und so beispielsweise von z_0 aus direkt z_{100} und $x_{100} = x_0 + t_{100}$ berechnen.

Nun bedeutet aber ein Durchlauf von $z(x)$ durch die reelle Achse, dass $y'(x) = 0$ ist, dass also ein Maximum der Funktion $y(x)$ vorliegt. Unsere Methode erlaubt also, von einem Maximum der Funktion aus direkt das nächste zu berechnen oder sogar – wenn sich $f(x)$ genügend langsam ändert – nur jedes hundertste Maximum zu bestimmen. In ähnlicher Weise könnte man auch von Nullstelle zu Nullstelle springen (Durchgänge von $z(x)$ durch die imaginäre Achse). Entsprechend der Tatsache, dass immer nur der Durchlauf des Punktes $z(x)$ durch einen Strahl ins Auge gefasst wird, heisst dieses Vorgehen die *stroboskopische Methode*.

Numerisches Beispiel. Bei der Differentialgleichung

$$y'' + (10000 + x)\, y = 0, \quad y(0) = 1, \quad y'(0) = 0,$$

ist am Anfang $x_0 = 0$, $f_0 = 10000$, $f_0' = 1$, $z_0 = 1$ und somit nach (95), (96)

$$z_k = z\left(\frac{2\pi k}{100} - \frac{\pi^2 k^2}{10^8}\right) = 1 - \frac{\pi}{2}\frac{k}{10^6}.$$

Man kann hier gut $k = 100$ wählen und findet

$$x_{100} = 6.282198, \quad z_{100} = 0.999843.$$

Nun fährt man weiter mit $f_{100} = 10006.282$, $f_{100}' = 1$:

$$x_{200} = x_{100} + \frac{200\,\pi}{\sqrt{f_{100}}} - \frac{10^4\,\pi^2}{f_{100}^2} = 12.562425,$$

$$z_{200} = z_{100}\left(1 - \frac{50\,\pi}{f_{100}^{3/2}}\right) = 0.999686.$$

KAPITEL 9

Randwertprobleme bei gewöhnlichen Differentialgleichungen

Zu einer Differentialgleichung n-ter Ordnung, beziehungsweise zu einem System von Differentialgleichungen, deren Ordnungen zusammen n betragen, gehören n *Bedingungen*, um aus der Schar von ∞^n Lösungen eine festzulegen. Beziehen sich diese n Bedingungen auf eine einzige Stelle x_0, so spricht man von einem *Anfangswertproblem*, weil man – von singulären Fällen abgesehen – genügend Information hat, um von x_0 aus zu integrieren.

Beziehen sich jedoch diese n Bedingungen auf mehr als eine Stelle, so hat man an keiner Stelle x genügend Information, um die Integration beginnen zu können. Man spricht dann von einem *Randwertproblem*. Ein typischer Fall ist der, wo für eine Differentialgleichung der Form $y'' = f(x, y, y')$ eine Lösung $y(x)$ im Intervall $a \leqq x \leqq b$ gesucht wird, die an den beiden Randpunkten a und b des Intervalles je einer Bedingung zwischen y und y' genügen muss. Ein Beispiel ist

$$y'' + y = 0, \quad \text{mit} \quad y(a) = 0, \quad y(b) = 1.$$

Ein etwas allgemeinerer Fall ist eine lineare Differentialgleichung $2m$-ter Ordnung

$$\left(a_m(x)y^{(m)}\right)^{(m)} + \left(a_{m-1}(x)y^{(m-1)}\right)^{(m-1)} + \ldots + \left(a_1(x)y'\right)' + a_0(x)y = 0,$$

mit je m Bedingungen zwischen y, y', y'', ..., $y^{(2m-1)}$ an den Stellen a und b.

§ 9.1. **Die Artilleriemethode**

Als Beispiel kann etwa ein biegsamer Stab betrachtet werden, der an einer rotierenden Welle parallel zu derselben fest montiert ist und sich unter dem Einfluss der Rotation von der Welle wegbiegt (vgl. Fig. 9.1).

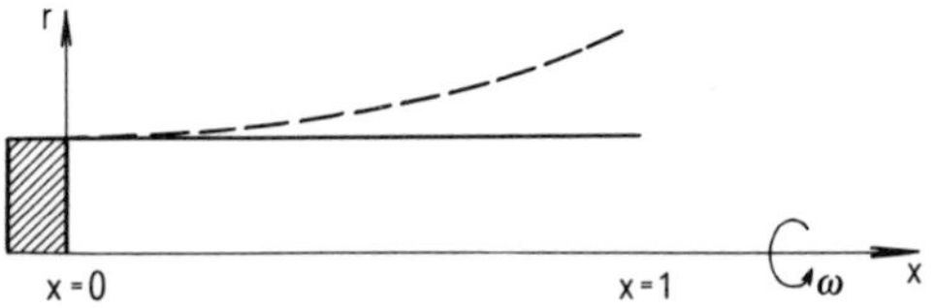

Figur 9.1. *An rotierender Welle befestigter biegsamer Stab, in Ruhelage und bei Rotation (gestrichelt).*

Ist m die Masse des Stabes pro Längeneinheit, JE seine Biegesteifigkeit, ω die

Kreisfrequenz der Wellenrotation, dann lautet die zugehörige Differentialgleichung

$$r^{(4)}(x) = \frac{m\,\omega^2}{JE}\,r(x), \tag{1}$$

und die Randbedingungen sind

$$r(0) = 1, \quad r'(0) = 0, \quad r''(1) = 0, \quad r'''(1) = 0. \tag{2}$$

Man hat weder bei $x = 0$ noch bei $x = 1$ genügend Information, um die Integration zu starten. Es gibt zum Beispiel immer noch ∞^2 Lösungen, die die Randbedingungen links befriedigen.

Die *Artilleriemethode* besteht nun einfach darin, durch systematisches Probieren diejenige der ∞^2 Lösungen zu finden, die auch noch die Randbedingungen bei $x = 1$ erfüllt. Das Verfahren kann sehr mühsam sein, führt aber bei

1) linearen Differentialgleichungen,
2) Differentialgleichungen 2. Ordnung

noch mit erträglichem Aufwand zum Ziel.

a) *Differentialgleichungen 2. Ordnung.* Wenn bei einer Differentialgleichung der Form

$$y'' = f(x, y, y') \tag{3}$$

bei $x = a$ eine Randbedingung vorliegt, so gibt es nur noch eine eindimensionale Lösungsschar, die diese erfüllt. Wir bezeichnen diese Lösungsschar mit $y(t, x)$; alle Funktionen $y(t, x)$ genügen also (3) und der Randbedingung bei $x = a$. Die Randbedingung bei $x = b$ laute

$$R[y(b), y'(b)] = 0. \tag{4}$$

Wenn wir nun alle Lösungen $y(t, x)$ der Schar von a bis b integriert haben, so erhalten wir durch Einsetzen in diese Randbedingung die Gleichung

$$R[y(t, b), y'(t, b)] = 0. \tag{5}$$

Die linke Seite dieser Gleichung ist aber eine Funktion $H(t)$ der Variablen t, deren Nullstellen die gesuchten Lösungen der Schar $y(t, b)$ festlegen.

In der Rechenpraxis geht man so vor, dass man nur einige ausgezeichnete Lösungen der Schar wirklich numerisch von a bis b integriert; durch Einsetzen der zugehörigen Werte $y(b)$ und $y'(b)$ in die Funktion R erhält man einige Punkte der Kurve $z = H(t)$, aus denen man durch Interpolation Nullstellen von $H(t)$ angenähert zu ermitteln versucht.

Beispiel. Zu lösen sei das Randwertproblem

$$y'' + 2y'^3 + 1.5y + 0.5y^2 = 0.05x, \quad y(-5) = -1, \quad y(5) = 0.$$

Alle Lösungen $y(t, x)$, die die Randbedingung links erfüllen, können durch

$$y(t, -5) = -1, \quad y'(t, -5) = t \tag{6}$$

charakterisiert werden; jedem Wert von t entspricht eine andere Lösung durch den Punkt $x = -5, y = -1$. Wenn man sich alle Lösungen dieser Schar von -5 bis 5 integriert denkt, erhält man an der Stelle $x = 5$ die Bedingung

$$H(t) = y(t, 5) = 0,$$

die man also lösen muss.

Nun ist aber die Funktion $y(t, 5)$ nur punktweise konstruierbar; für jeden Funktionswert $y(t, 5)$ ist eine numerische Integration der Differentialgleichung von -5 bis 5 mit den Anfangswerten (6) erforderlich. Man erhält so beispielsweise:

t	$y(t,5)$
0	0.049115
0.25	0.002123
0.5	−0.021683

Das Interpolationspolynom 2. Grades für diese 3 Punkte lautet $0.049115 - 0.23434t + 0.185488t^2$, woraus sich als erste Näherung $t = 0.2653$ ergibt. (Eine zweite Lösung $t = 0.998$ ist unbrauchbar, weil sie nicht im Intervall $0 \leqq t \leqq 0.5$ liegt.) Natürlich ist $t = 0.2653$ noch ungenau, einmal weil die Parabel nur eine Annäherung für $H(t)$ darstellt, und dann weil ja auch die numerische Integration nur eine Approximation ist. Man müsste daher die Integration für weitere t-Werte in der Nähe von 0.2653 und mit kleinerer Schrittweite h wiederholen.

b) *Differentialgleichungen 4. Ordnung.* Wenn wir das Beispiel (1), (2) betrachten, so finden wir, dass ∞^2 Lösungen der Differentialgleichung $r^{(4)}(x) = cr(x)$ die Randbedingungen an der Stelle $x = 0$ erfüllen, nämlich alle Lösungen mit den Anfangsbedingungen

$$r(0) = 1, \quad r'(0) = 0, \quad r''(0) = s, \quad r'''(0) = t.$$

Es hat deshalb diese Lösungsschar die Form $r(s, t, x)$, und insbesondere sind die Randwerte bei $x = 1$,

$$H_1(s, t) = r''(s, t, 1), \quad H_2(s, t) = r'''(s, t, 1),$$

noch Funktionen von s, t.

Diejenige Lösung, die auch noch die Randbedingungen bei $x = 1$ erfüllt, ist durch die Gleichungen $H_1 = H_2 = 0$ bestimmt und entspricht daher demjenigen Punkt der (s, t)-Ebene, der bei der Abbildung

$$H_1 = H_1(s, t), \quad H_2 = H_2(s, t) \tag{7}$$

in den Nullpunkt der (H_1, H_2)-Ebene übergeht. Wenn man 3 Punkte A, B, C dieser Abbildung (durch 3 numerische Integrationen) ermittelt hat, lässt sich auf Grund der in Fig. 9.2 wiedergegebenen Konstruktion bereits eine Näherungslösung $P = (s, t)$ für (7) angeben. Man benützt dabei die Tatsache, dass die Abbildung $(s, t) \to (H_1, H_2)$ lokal affin ist.

Anschliessend werden weitere Integrationen mit s, t in der Nähe des so bestimmten Punktes P ausgeführt, womit man in der Regel rasch zum Ziel gelangt.

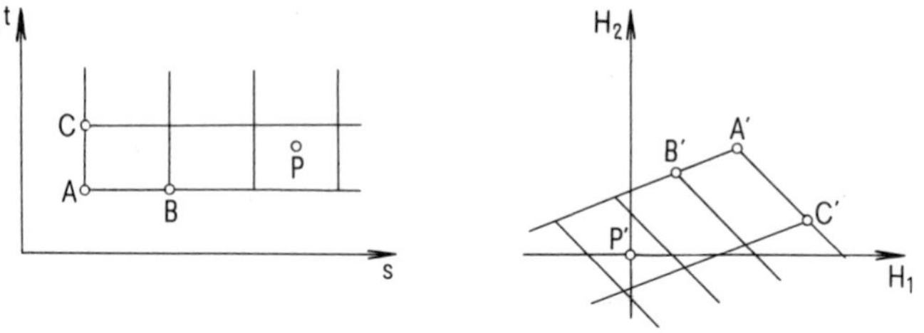

Figur 9.2. *Näherungsweise Bestimmung einer gemeinsamen Nullstelle P der Funktionen $H_1(s, t)$ und $H_2(s, t)$.*

§ 9.2. Lineare Randwertaufgaben

Für lineare Differentialgleichungen kann man nach demselben Prinzip vorgehen. Man findet dann, dass die damit verbundene Abbildung der (s, t)-Ebene auf die (H_1, H_2)-Ebene im obigen Beispiel (1), (2) (dieses ist ja linear) nicht nur lokal, sondern überhaupt eine Affinität ist, sofern auch die Randbedingungen linear sind. Dank dieser Tatsache sind wir in der Lage, wesentlich allgemeinere Fälle behandeln zu können.

Wir betrachten die allgemeine lineare Differentialgleichung n-ter Ordnung mit n Randbedingungen:

$$L\,y(x) = f(x), \tag{8}$$

worin L ein linearer homogener Differentialausdruck n-ter Ordnung ist,

$$L = \sum_{k=0}^{n} a_k(x)\,D^k \qquad \text{mit } D = \frac{d}{dx}, \tag{9}$$

so dass etwa mit $L = x^2D^2+1$ die Differentialgleichung

$$x^2y''+y = f(x)$$

lautet.

Die Randbedingungen sollen ebenfalls linear sein; sie dürfen sich auf beliebig viele Stellen $x_1, \ldots, x_m$ beziehen:

$$R_j[y(x)] = a_j \qquad (j = 1, 2, \ldots, n), \tag{10}$$

wobei jedes R_j eine Linearkombination von y und seinen Ableitungen bis höchstens zur Ordnung $n-1$ an den m Stellen x_j sei, also

$$R_j[y(x)] = \sum_{i=1}^{m} \sum_{k=0}^{n-1} r_{ik}^{(j)}\, y^{(k)}(x_i). \tag{11}$$

Diese Summen können bei wachsendem m sogar in Integrale übergehen, beispielsweise wäre folgende «Randbedingung» denkbar:

$$\int_a^b y(x)dx = 1.$$

Anderseits können wir, da die Differentialgleichung linear ist, die allgemeine Lösung angeben, sie lautet:

$$y(x) = y_0(x) + \sum_{k=1}^{n} t_k y_k(x),$$

wobei y_0 eine partikuläre Lösung der inhomogenen, $y_1, \ldots, y_n$ dagegen n unabhängige Lösungen der homogenen Gleichung sind. Solche n unabhängige Lösungen $y_k(x)$ sind dadurch charakterisiert, dass ihre Wronskische Matrix

$$\mathbf{W}(x) = \{w_{ik}(x) \mid w_{ik}(x) = D^{i-1}\, y_k(x),\ i, k = 1, \ldots, n\}$$

für alle x nichtsingulär ist. Dazu genügt, dass sie für ein x nichtsingulär ist. Man erhält also ein System von unabhängigen Lösungen, wenn man Anfangsbedingungen für die y_k so festlegt, dass $\mathbf{W}(x_0)$ die Einheitsmatrix ist. *Da man diese $n+1$ Funktionen durch numerische Integration bestimmen kann, kann man also in diesem Sonderfall die allgemeine Lösung der Differentialgleichung auch numerisch (in Tabellenform) erhalten.*

Wir setzen nun die so erhaltene allgemeine Lösung in die Randbedingungen (10) ein und erhalten:

$$R_j[y(x)] = R_j[y_0] + \sum_{k=1}^{n} t_k\, R_j[y_k] = a_j \qquad (j = 1, 2, \ldots, n).$$

Damit ergibt sich für die Unbekannten $t_1, t_2, \ldots, t_n$ das lineare Gleichungssystem

$$\sum_{k=0}^{n} t_k\, R_j[y_k] = a_j - R_j[y_0] \qquad (j = 1, 2, \ldots, n). \quad (12)$$

Es ist wohl zu beachten, dass man alle in die Koeffizientenmatrix und die rechte Seite dieses Systems eingehenden Grössen durch numerische Integration bestimmen kann, denn durch zweckmässige Anordnung der numerischen Integration erhält man an jeder Stützstelle sämtliche Ableitungen der integrierten Lösung bis zur $(n-1)$-ten mitgeliefert. Man muss daher nur noch dafür sorgen, dass alle «Randpunkte» $x_1, x_2, \ldots, x_m$ Stützstellen werden.

Beispiel.

$$y'' + xy = 1, \qquad y(0) + y'(0) = 1, \qquad y(1) - y'(1) = 0.$$

Es müssen zunächst eine partikuläre Lösung $y_0(x)$, etwa die mit $y_0(0) = y_0'(0) = 0$, und zwei unabhängige Lösungen $y_1(x)$, $y_2(x)$ der homogenen Differentialgleichung, beispielsweise die mit $y_1(0) = 1$, $y_1'(0) = 0$ bzw. $y_2(0) = 0$,

$y_2'(0) = 1$, berechnet werden durch numerische Integration. Es ergeben sich so die in Fig. 9.3 gezeichneten Funktionen mit den Randwerten

$$\begin{aligned} y_0(1) &= 0.476199, & y_0'(1) &= 0.878403, \\ y_1(1) &= 0.840057, & y_1'(1) &= -0.468088, \\ y_2(1) &= 0.919273, & y_2'(1) &= 0.678265. \end{aligned}$$

(Von den Funktionen resultieren natürlich zunächst nur die Werte (und die Ableitungen) in den Punkten $x_k = x_0 + kh = 1 + 0.1k$; diese wurden in der Figur durch eine Kurve verbunden.)

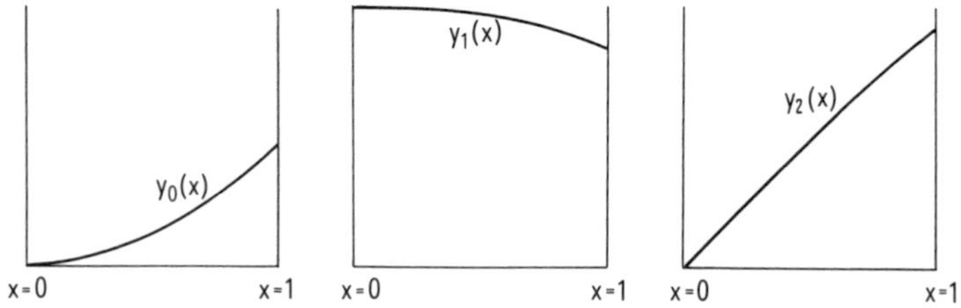

Figur 9.3. *Die Funktionen* $y_0(x)$, $y_1(x)$, $y_2(x)$.

Die Randoperatoren

$$R_1[y(x)] = y(0) + y'(0), \qquad R_2[y(x)] = y(1) - y'(1)$$

nehmen für diese speziellen Lösungen die Werte

$$\begin{aligned} R_1[y_0] &= 0, & R_2[y_0] &= -0.402204, \\ R_1[y_1] &= 1, & R_2[y_1] &= 1.308145, \\ R_1[y_2] &= 1, & R_2[y_2] &= 0.241008 \end{aligned}$$

an, so dass die Gleichungen (12) lauten:

t_1	t_2	
1	1	= 1
1.308145	0.241008	= 0.402204

und die Lösung $t_1 = 0.151055$, $t_2 = 0.848945$ haben. Damit ist

$$y(x) = y_0(x) + 0.151055\, y_1(x) + 0.848945\, y_2(x)$$

die gesuchte Lösung, die also durch die Anfangsbedingungen

$$y(0) = 0.151055, \quad y'(0) = 0.848945$$

bestimmt ist. Man kann durch nochmalige Integration mit diesen Anfangswerten die Richtigkeit der Lösung kontrollieren. In diesem Fall findet man tatsächlich $y(1) = y'(1) = 1.38351$.

Es soll hier allerdings nicht verschwiegen werden, dass die Koeffizientenmatrix $\{R_j[y_k]\}$ des linearen Gleichungssystems (12) für die t_k schlecht konditioniert, ja sogar praktisch singulär sein kann. Das kann an einer ungeschickten Wahl der Partikulärlösung y_0 und der unabhängigen Lösungen y_1, $\ldots, y_n$, aber eventuell auch in der Natur der Sache liegen. Eine geeignete Wahl der y_i beziehungsweise der diese definierenden Anfangsbedingungen kann diesem Übelstand abhelfen. Oft ist es sogar möglich, dadurch die Anzahl der auftretenden Unbekannten t_k überhaupt zu reduzieren.

Im obigen Beispiel kann man etwa für die Partikulärlösung y_0 des inhomogenen Systems die Anfangsbedingungen $y_0(0) = 1$, $y_0'(0) = 0$ vorschreiben, womit die Anfangsbedingung links bereits erfüllt ist. Für sie ist $y_0(1) = 1.31625$, $y_0'(1) = 0.410315$ (vgl. Fig. 9.4).

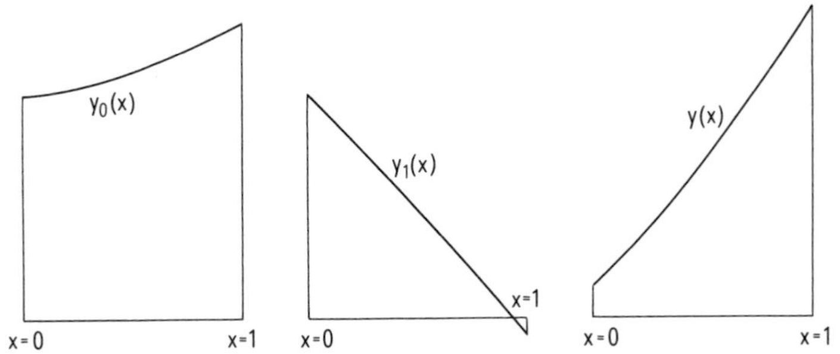

Figur 9.4. *Besser gewählte Funktionen $y_0(x)$, $y_1(x)$ und die Lösung $y(x)$ des Randwertproblems.*

Unterwirft man ferner $y_1(x)$ den Anfangsbedingungen $y_1(0) = 1$, $y_1'(0) = -1$, was zu $y_1(1) = -0.079216$, $y_1'(1) = -1.14635$ führt, so ist $y = y_0 + t_1 y_1$ bereits die einparametrige Schar aller Lösungen, die $y(0) + y'(0) = 1$ erfüllen. In diesem Fall erhält man beim Einsetzen in die andere Randbedingung

$$R_2[y_0] = 0.905940, \quad R_2[y_1] = 1.06713$$

und damit nur eine Gleichung

$$R_2[y_0 + t_1 y_1] = 0.905940 + 1.06713\, t_1 = 0,$$

die die Lösung $t_1 = -0.848945$ hat. Die gesuchte Lösung des Randwertproblems lässt sich nun in der einfacheren Form

$$y(x) = y_0(x) - 0.848945 y_1(x)$$

schreiben. Sie ist rechts in Fig. 9.4 dargestellt.

Nachkorrekturen. Wir betrachten die Aufgabe

$$y'' - y + 1 = 0, \quad y(0) = y(10) = 0. \tag{13}$$

Hier kann die Differentialgleichung exakt gelöst werden, aber die für die Erfüllung der Randbedingungen charakteristischen Schwierigkeiten sind im wesentlichen dieselben.

Die partikuläre Lösung der inhomogenen Gleichung mit $y_0(0) = y_0'(0) = 0$ ist

$$y_0(x) = 1 - \mathrm{Ch}\, x.$$

Ferner sind $y_1(x) = \mathrm{Ch}\, x$ und $y_2(x) = \mathrm{Sh}\, x$ zwei unabhängige Lösungen der homogenen Gleichung, also

$$y(x) = 1 - \mathrm{Ch}\, x + t_1\, \mathrm{Ch}\, x + t_2\, \mathrm{Sh}\, x$$

die allgemeine Lösung.

Wegen $y(0) = 0$ folgt sofort $t_1 = 0$; dann aus $y(10) = 0$

$$1 - \mathrm{Ch}\, 10 + t_2\, \mathrm{Sh}\, 10 = 0$$

oder

$$t_2 = \frac{\mathrm{Ch}\, 10 - 1}{\mathrm{Sh}\, 10} = \mathrm{Th}\, 5 = 0.999909 \qquad \text{(6stellig)}.$$

Somit wäre bei 6stelliger Genauigkeit

$$y(x) = 1 - \mathrm{Ch}\, x + 0.999909\, \mathrm{Sh}\, x$$

die gesuchte Lösung. Ob man nun diese Formel für «alle» x auswertet, oder ob man mit den zugehörigen Anfangsbedingungen $y(0) = 0$, $y_0'(0) = 0.999909$ nochmals von $x = 0$ bis $x = 10$ integriert, der für $x = 10$ erhaltene Endwert $y(10)$ wird beträchtlich von 0 abweichen. Man erhält beispielsweise mit numerischer Integration $y(10) = -0.002254$, was daher kommt, dass $y(x)$ für grosses x sehr stark von $y'(0)$ abhängt.

Um zu einer genaueren Lösung zu kommen, bezeichnen wir die erhaltene Lösung mit $\tilde{y}_0(x)$ und machen den Ansatz

$$y(x) = \tilde{y}_0(x) + \tilde{t}_1\, \mathrm{Ch}\, x + \tilde{t}_2\, \mathrm{Sh}\, x.$$

Wie oben wird $\tilde{t}_1 = 0$, da ja die Randbedingung am linken Rand erfüllt ist; alsdann ist

$$y(10) = \tilde{y}_0(10) + \tilde{t}_2\, \mathrm{Sh}\, 10,$$

also

$$\tilde{t}_2 = -\frac{\tilde{y}_0(10)}{\mathrm{Sh}\, 10} = \frac{0.002254}{11013} \approx 2.047_{10}{-7}.$$

Damit erhält man nun für die Anfangsbedingung bei $x = 0$

$$y'(0) = \tilde{y}'(0) + \tilde{t}_2 = 0.999909 + 2.047_{10}{-7},$$

aber bei 6stelliger Rechnung erhält man wieder $y'(0) = 0.999909$.

Die Randbedingung an der Stelle $x = 10$ ist also von $y_0(x)$ nicht etwa deshalb schlecht erfüllt worden, weil $\tilde{y}_0(x)$ falsch bestimmt worden wäre, sondern weil es innerhalb der 6stelligen Genauigkeit keinen Wert $y'(0)$ gibt, der ein genügend kleines $y(10)$ liefert. Man kann daher in diesem Fall ein besseres $y(x)$ nicht durch numerische Integration erhalten, sondern nur durch Linearkombination (die für jedes x auszuführen ist):

$$y(x) = \tilde{y}_0(x) + 2.047_{10}-7 \,\mathrm{Sh}\, x.$$

Es wird dann etwa

$$\begin{aligned} y(1) &= 0.632014 + 2.047_{10}-7 \times 1.17 &&= 0.632014, \\ &\vdots \\ y(9) &= 0.631187 + 2.047_{10}-7 \times 4051.54 &&= 0.632016, \\ y(10) &= -0.002254 + 2.047_{10}-7 \times 11013 &&= 0.000000. \end{aligned}$$

Es bleibt freilich zu bemerken, dass auch bei diesem Beispiel eine geschicktere Wahl der Partikulärlösungen uns ohne Nachkorrektur zur richtigen Lösung verholfen hätte (was aber nicht immer möglich ist). Setzt man nämlich

$$y_0(x) \equiv 1, \quad y_1(x) = e^x, \quad y_2(x) = e^{-x},$$

so wird für die beiden Randoperatoren $R_1[y] = y(0)$, $R_2[y] = y(10)$ zunächst:

$$\begin{aligned} R_1[y_0] &= 1, \quad R_2[y_0] = 1, \\ R_1[y_1] &= 1, \quad R_2[y_1] = e^{10}, \\ R_1[y_2] &= 1, \quad R_2[y_2] = e^{-10}, \end{aligned}$$

also lauten nun die Gleichungen (12):

$$\begin{aligned} t_1 + t_2 \quad &= -1, \\ e^{10} t_1 + e^{-10} t_2 &= -1. \end{aligned}$$

Ihre Lösung ist $t_1 = -4.53979_{10}-5$, $t_2 = -0.999955$, und damit wird

$$y(x) = 1 - 4.53979_{10}-5\, e^x - 0.999955 e^{-x},$$

welche Funktion beide Randbedingungen bis auf einen Rest von etwa 10^{-6} erfüllt.

§ 9.3. Die Floquetschen Lösungen einer periodischen Differentialgleichung

Eine besondere Art von Randwertproblem ergibt sich im Zusammenhang mit Differentialgleichungen der Form

$$y'' + \phi(x) y = 0, \tag{14}$$

wo $\phi(x)$ eine periodische Funktion mit $\phi(x+2\pi) = \phi(x)$ ist. Die Differentialgleichung braucht deswegen noch keine periodischen Lösungen zu haben, aber sie besitzt immer Lösungen spezieller Art. Wenn nämlich

$$\begin{aligned} y(2\pi) &= k\, y(0), \\ y'(2\pi) &= k\, y'(0), \end{aligned} \tag{15}$$

wo k eine Konstante ist, so gilt für alle x

$$y(x+2\pi) = k\, y(x). \tag{16}$$

(Man nennt dies eine Floquetsche Lösung.) Es ist nämlich $z(x) = y(x+2\pi)$ definiert als Lösung von $z'' + \phi(x+2\pi)z = 0$, mit den Anfangsbedingungen $z(0) = y(2\pi), z'(0) = y'(2\pi)$. Weil somit $z'' + \phi(x)z = 0$, und ausserdem $z(0) = k\, y(0), z'(0) = k\, y'(0)$, folgt aus der Homogenität der Differentialgleichung sofort $z(x) \equiv k\, y(x)$, w.z.b.w.

Um eine Floquetsche Lösung zu erhalten, muss man offenbar eine Lösung der Differentialgleichung finden, die den Randbedingungen (15) genügt. Mit dem Ansatz

$$y = c_1\, y_1(x) + c_2\, y_2(x),$$

wobei y_1, y_2 durch die Anfangsbedingungen

$$\begin{aligned} y_1(0) &= 1, \quad y_1'(0) = 0, \\ y_2(0) &= 0, \quad y_2'(0) = 1, \end{aligned}$$

festgelegt sind, folgt aus (15)

$$\begin{aligned} c_1\, y_1(2\pi) + c_2\, y_2(2\pi) &= k\, y(0) = k\, c_1, \\ c_1\, y_1'(2\pi) + c_2\, y_2'(2\pi) &= k\, y'(0) = k\, c_2. \end{aligned}$$

Somit sind k und $(c_1, c_2)^T$ Eigenwert und zugehöriger Eigenvektor der Matrix

$$\begin{pmatrix} y_1(2\pi) & y_2(2\pi) \\ y_1'(2\pi) & y_2'(2\pi) \end{pmatrix} \tag{17}$$

was uns die Konstruktion von $y(x)$ ermöglicht. Es sei bemerkt, dass die Determinante dieser Matrix 1 ist, denn es ist

$$\frac{d}{dx} \begin{vmatrix} y_1(x) & y_2(x) \\ y_1'(x) & y_2'(x) \end{vmatrix} = 0 \quad \text{und} \quad \begin{vmatrix} y_1(0) & y_2(0) \\ y_1'(0) & y_2'(0) \end{vmatrix} = 1.$$

Das bedeutet, dass das Produkt der 2 Eigenwerte 1 ist; es kann also nur $\lambda = 1$ oder $\lambda = -1$ doppelter Eigenwert sein.

Beispiel. Falls

$$\phi\,(x) = \frac{1}{4} - \frac{1}{8} \cos x, \tag{18}$$

so erhält man für $y_1(x)$ mit $y_1(0) = 1, y_1'(0) = 0$:

$$y_1(2\pi) = -1.07694, \quad y_1'(2\pi) = -0.197774,$$

und für $y_2(x)$ mit $y_2(0) = 0, \quad y_2'(0) = 1$:

$$y_2(2\pi) = -0.808140, \quad y_2'(2\pi) = -1.07694.$$

Eigenwerte und -vektoren der Matrix

$$\begin{pmatrix} -1.07694 & -0.808140 \\ -0.197774 & -1.07694 \end{pmatrix}$$

lauten

$$k_1 = \quad -1.47673, \qquad k_2 = \quad -0.677154,$$

$$\begin{pmatrix} c_1 \\ c_2 \end{pmatrix} = \begin{pmatrix} 1 \\ 0.49470 \end{pmatrix}, \quad \begin{pmatrix} c_1 \\ c_2 \end{pmatrix} = \begin{pmatrix} 1 \\ -0.49470 \end{pmatrix}.$$

Es ist dann also $y = y_1 - 0.4947\, y_2$ eine Floquetsche Lösung. Sie ist in Fig. 9.5 aufgezeichnet; Tab. 9.1 enthält zudem einige Funktionswerte.

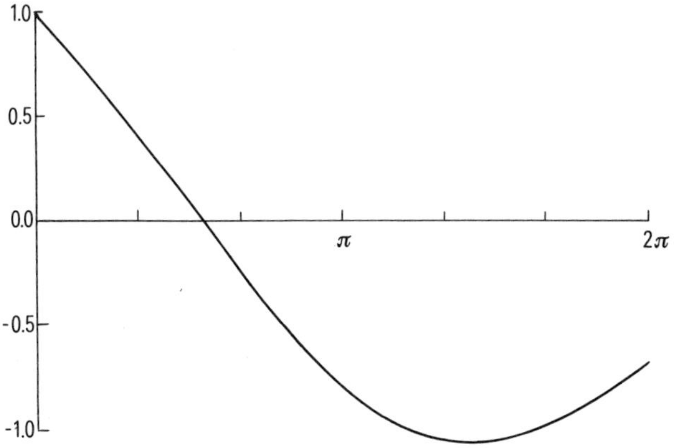

Figur 9.5. *Die Floquetsche Lösung zum Beispiel* (18).

Tab. 9.1. *Werte der Floquetschen Lösung zu* (18)

x	y	y'
0	1	−0.49470
$\pi/3$	0.42192	−0.60207
$2\pi/3$	−0.23189	−0.62015
π	−0.79768	−0.41995
$4\pi/3$	−1.05532	−0.06688
$5\pi/3$	−0.96890	0.20530
2π	−0.67717	0.33499

§ 9.4. **Behandlung von Randwertaufgaben mit Differenzenmethoden**

Wir betrachten als Modell die Aufgabe

$$y'' - y + 1 = 0, \quad y(0) = y(10) = 0, \tag{19}$$

die die Funktion $Y(x) = (e^{10} - e^x)\,(1 - e^{-x})/(e^{10} + 1)$ als exakte Lösung besitzt.

Zur numerischen Lösung wird das Intervall $(0, 10)$ in n gleiche Teilintervalle der Länge $h = 10/n$ eingeteilt. Für jede der so entstandenen Stützstellen $x_k = kh$ wird die Differentialgleichung aufgeschrieben, wobei an die Stelle von $y''(x)$ der angenäherte Ausdruck

$$y''(x) \approx \frac{y(x+h) - 2\,y(x) + y(x-h)}{h^2} \tag{20}$$

tritt. Es resultiert die Gleichung

$$-\frac{1}{h^2}\,y_{k+1} + \left(\frac{2}{h^2} + 1\right) y_k - \frac{1}{h^2}\,y_{k-1} - 1 = 0, \tag{21}$$

die man für $k = 1, 2, \ldots, n-1$ anschreiben kann, womit man, unter Berücksichtigung der Randbedingungen $y(0) = y(10) = 0$, $n-1$ lineare Gleichungen mit ebensovielen Unbekannten erhält.

Beispiele. Für $n = 5$, $h = 2$ lautet das Gleichungssystem (21):

y_1	y_2	y_3	y_4	
1.5	−0.25	0	0	= 1
−0.25	1.5	−0.25	0	= 1
0	−0.25	1.5	−0.25	= 1
0	0	−0.25	1.5	= 1
0.827586207	0.965517241	0.965517241	0.827586207	

Es hat die unten am Tableau angeführte Lösung. Mit $n = 10$, $h = 1$ ergibt sich das System

y_1	y_2	y_3	y_4	y_5	…	
3	−1				…	= 1
−1	3	−1			…	= 1
	−1	3	−1		…	= 1
		−1	3	−1	…	= 1
			−1	3	…	= 1
					…	.
					…	.
					…	.
0.617886179	0.853658537	0.943089431	0.975609756	0.983739837		

Aus Symmetriegründen ist hier $y_9 = y_1$, $y_8 = y_2$, $y_7 = y_3$, $y_6 = y_4$. Mit $n = 1000$, $h = 0.01$ hätte man schliesslich:

y_1	y_2	y_3				
20001	−10000					= 1
−10000	20001	−10000				= 1
	−10000	200001	.			= 1
		.	.	.		.
			.	.	.	.

Solche Gleichungssysteme sind ziemlich leicht zu lösen, weil die Matrix nur längs der Diagonalen besetzt ist. Man kann den Gauss'schen Algorithmus anwenden; der Rechenaufwand entspricht bei $n = 1000$ etwa dem für 18 lineare Gleichungen mit 18 Unbekannten mit ausgefüllter Matrix.

Wie steht es aber mit der *Genauigkeit?* Die Beziehung (20) gilt ja nicht genau. Vielmehr ist

$$\frac{y(x+h)-2y(x)+y(x-h)}{h^2} = y''(x) + \frac{h^2}{12}y^{(4)}(x) + \frac{h^4}{360}y^{(6)}(x) + \dots, \tag{22}$$

so dass wir anstelle der Gleichung

$$y'' + f(x)y = g(x) \tag{23}$$

in erster Annäherung die Differentialgleichung

$$y'' + f(x)y = g(x) - \frac{h^2}{12}y^{(4)}(x)$$

integrieren. Da so das Störungsglied nur $O(h^2)$ verändert wird, ist nach dem Superpositionsprinzip die Lösung um $O(h^2)$ falsch; das Verfahren hat also die Fehlerordnung 2.

Wenn der Fehler bei $h = 1$ noch ungefähr 0.1 beträgt, so ist er also bei $h = 0.1$ noch etwa 10^{-3}, und für $h = 0.01$ könnte man bereits 5stellige Genauigkeit erwarten.

Nun sind aber der Verfeinerung der Einteilung h Grenzen gesetzt; diese erhöht nämlich nicht nur den Rechenaufwand, sondern auch die Empfindlichkeit auf Rundungsfehler. In der Tat, bei $n = 1000$ ($h = 0.01$), wo der Rechenaufwand noch bescheiden ist, besteht der Unterschied zwischen den Differentialgleichungen $y'' - y + 1 = 0$ und $y'' + 1 = 0$ nur darin, dass die Diagonalelemente der Koeffizientenmatrix das erste Mal 20001, das zweite Mal 20000 sind. Wenn aber ein so geringer Unterschied zwischen den Koeffizientenmatrizen die Lösung so stark ändern kann, ist diese zwangsläufig empfindlich auf Rundungsfehler. (Die exakte Lösung von $y'' + 1 = 0$, $y(0) = y(10) = 0$, ist $Y(x) = x(10-x)/2$, so dass z.B. $Y(5) = 12.5$ im Gegensatz zu $Y(5) = 0.986524718\dots$ beim gegebenen Problem.)

Eine Steigerung der Genauigkeit darf also nicht durch übermässige Vergrösserung von n erzwungen werden, sondern nur durch eine *Verfeinerung der Methode.* Man beobachtet nämlich, dass auf Grund der Darstellung (22) der

Fehler der numerischen Lösung der Differentialgleichung (23) durch die geraden Potenzen h^2, h^4, ... allein ausgedrückt werden kann, das heisst als

$$y(x) = Y(x) + c_1(x)h^2 + c_2(x)h^4 + \ldots,$$

wobei $c_1, c_2, \ldots$ nicht näher bestimmte Funktionen von x sind.

Wenn immer die Fehler eines numerischen Prozesses mit abnehmendem h dieses Verhalten zeigen, kann man nach Romberg vorgehen (vgl. § 6.10): Bezeichnet $y_0(x)$ die mit $h = h_0$, $y_1(x)$ die mit $h = h_1 = h_0/2$, allgemein $y_k(x)$ die mit $h = h_k = h_0 2^{-k}$ erhaltene numerische Lösung, so bilde man mit diesen die weiteren Funktionen:

$$y_{0,1}(x) = \frac{4y_1(x) - y_0(x)}{3},$$

$$y_{1,1}(x) = \frac{4y_2(x) - y_1(x)}{3},$$

usw., dann

$$y_{0,2}(x) = \frac{16y_{1,1}(x) - y_{0,1}(x)}{15},$$

usw., allgemein

$$y_{\nu,k}(x) = \frac{4^k y_{\nu+1,k-1} - y_{\nu,k-1}}{4^k - 1}. \tag{24}$$

Natürlich ist $y_{0,1}(x)$ nur an den gemeinsamen Stützstellen von $y_1(x)$ und $y_0(x)$ definiert, ebenso $y_{1,1}(x)$ nur für die gemeinsamen Stützstellen von $y_2(x)$ und $y_1(x)$ usw. Allgemein ist $y_{\nu,k}(x)$ nur für dieselben Stützstellen definiert wie $y_\nu(x)$, das heisst für die Vielfachen von $h_\nu = h_0 2^{-\nu}$.

In unserem Beispiel erhält man zunächst mit $h_0 = 2$ (Einteilung des Intervalls in 5 gleiche Teile) die «Grundlösung» $y_0(x)$:

$$\left\{\begin{array}{l} y_0(2) = 0.827586207 \\ y_0(4) = 0.965517241 \\ y_0(6) = 0.965517241 \\ y_0(8) = 0.827586207 \end{array}\right\}.$$

Weiter mit $h_1 = 1$:

$$\left\{\begin{array}{l} y_1(1) = 0.617886179 \\ y_1(2) = 0.853658537 \\ y_1(3) = 0.943089431 \\ y_1(4) = 0.975609756 \\ y_1(5) = 0.983739837 \\ \quad\cdot \qquad\qquad \cdot \\ \quad\cdot \qquad\qquad \cdot \\ \quad\cdot \qquad\qquad \cdot \\ \qquad \text{symmetrisch} \end{array}\right\}$$

usw. Wenn man nur die Funktionswerte an den Stellen $x = 2$ und $x = 4$ betrachtet, ergeben sich folgende Romberg-Schemata:

$y_\nu(2)$	$y_{\nu,1}(2)$	$y_{\nu,2}(2)$	$y_{\nu,3}(2)$
0.827586207			
	0.862349313		
0.853658537		0.864283902	
	0.864162990		0.864334966
0.861536877		0.864334168	
	0.864323469		
0.863626821			

$y_\nu(4)$	$y_{\nu,1}(4)$	$y_{\nu,2}(4)$	$y_{\nu,3}(4)$
0.965517241			
	0.978973928		
0.975609756		0.979202493	
	0.979188208		0.979206519
0.978293595		0.979206457	
	0.979205316		
0.978977386			

Somit hat man angenähert

$$y(2) = 0.864334966, \qquad y(4) = 0.979206519,$$

was gut mit der exakten Lösung

$$Y(2) = 0.864335413\ldots, \quad Y(4) = 0.979206553\ldots$$

übereinstimmt. Das Vorgehen ist in Fig. 9.6 schematisch dargestellt.

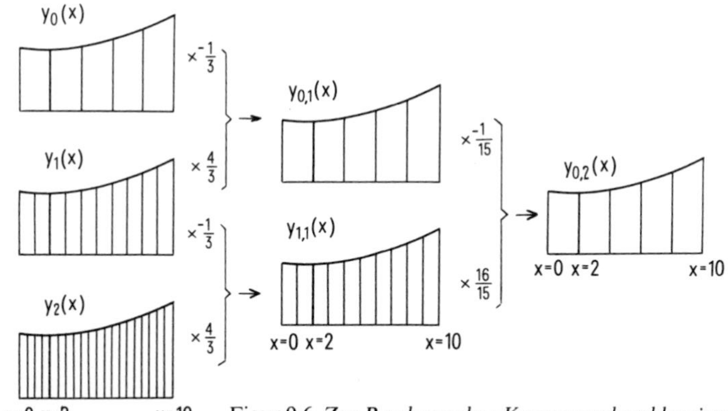

Figur 9.6. *Zur Rombergschen Konvergenzbeschleunigung.*

Bei der Randwertaufgabe (19) ist die Koeffizientenmatrix symmetrisch geworden. Dies entspricht zwar dem selbstadjungierten Charakter des Randwertproblems, ist aber dennoch sozusagen zufällig. Betrachten wir als weiteres Beispiel das Randwertproblem

$$y'' - xy + 1 = 0, \quad y(0) = y'(5) = 0. \tag{25}$$

Hier lautet die diskretisierte Differentialgleichung

$$\frac{y_{k+1} - 2y_k + y_{k-1}}{h^2} - x_k y_k + 1 = 0 \quad (k = 1, 2, \dots, n-1)$$

oder

$$-\frac{1}{h^2} y_{k-1} + \left(\frac{2}{h^2} + kh\right) y_k - \frac{1}{h^2} y_{k+1} - 1 = 0 \quad (k = 1, \dots, n-1). \tag{26}$$

Dazu kommt die Gleichung

$$y_n' = \frac{y_{n+1} - y_{n-1}}{2h} = 0$$

für die Randbedingung bei $x = 5$; aus dieser ergibt sich $y_{n+1} = y_{n-1}$. Man schreibt daher die Differenzengleichung (26) auch noch für $k = n$ an und ersetzt darin y_{n+1} durch y_{n-1}:

$$-\frac{2}{h^2} y_{n-1} + \left(\frac{2}{h^2} + nh\right) y_n - 1 = 0. \tag{27}$$

Das ergibt mit (26) zusammen n Gleichungen für die Unbekannten $y_1, \dots, y_n$.

Dieses Gleichungssystem lautet beispielsweise für $n = 5$, also $h = 1$:

y_1	y_2	y_3	y_4	y_5	
3	−1				= 1
−1	4	−1			= 1
	−1	5	−1		= 1
		−1	6	−1	= 1
			−2	7	= 1

Die Koeffizientenmatrix ist hier nicht symmetrisch, aber man kann Symmetrie herstellen, indem man die letzte Gleichung durch 2 dividiert; sie lautet dann

$$-y_4 + 3.5\, y_5 = 0.5.$$

Dies ist aber keine allgemein brauchbare Methode, um eine Matrix symmetrisch zu machen, wenn sie auch bei Tridiagonalmatrizen immer hilft. Wir werden im folgenden § 9.5 eine Methode behandeln, die – soweit es für das Problem überhaupt zu erwarten ist – die Symmetrie allgemein herstellt.

§ 9.5. Die Energiemethode zur Diskretisation kontinuierlicher Probleme

Die in § 9.4 diskutierte Randwertaufgabe (25):

$$y'' - xy + 1 = 0, \quad y(0) = y'(5) = 0$$

ist gleichzeitig Lösung der Extremalaufgabe:

$$\frac{1}{2}\int_0^5 y'^2\,dx + \frac{1}{2}\int_0^5 x\,y^2\,dx - \int_0^5 y\,dx = \text{Extremum} \tag{28}$$

unter der Nebenbedingung $y(0) = 0$. In der Tat erhält man bei Behandlung dieser Extremalaufgabe mit den Mitteln der Variationsrechnung sofort wieder die ursprüngliche Randwertaufgabe. Es ist hier aber besser, auf die Variationsrechnung zu verzichten und das Extremalproblem direkt zu diskretisieren.

Wenn das Intervall $0 \leq x \leq 5$ in n Intervalle gleicher Länge h unterteilt ist, wird zunächst

$$\int_0^5 (y'(x))^2\,dx \quad \text{durch} \quad h\sum_{k=1}^{n}\left[y'\left(kh - \frac{h}{2}\right)\right]^2$$

approximiert; $y'(kh - h/2)$ selbst kann angenähert als

$$\frac{y(kh) - y(kh - h)}{h}$$

dargestellt werden, so dass man also

$$\frac{1}{2}\int_0^5 (y'(x))^2\,dx \quad \text{durch} \quad \frac{1}{2h}\sum_{k=1}^{n}(y_k - y_{k-1})^2$$

diskretisiert. Die Integrale

$$\frac{1}{2}\int_0^5 x\,y^2\,dx \quad \text{und} \quad \int_0^5 y\,dx$$

werden nach der Trapezregel behandelt, so dass man insgesamt erhält

$$\frac{1}{2h}\sum_{k=1}^{n}(y_k - y_{k-1})^2 + \frac{h}{2}\left[\frac{x_0 y_0^2}{2} + \sum_{k=1}^{n-1} x_k y_k^2 + \frac{x_n y_n^2}{2}\right]$$
$$- h\left[\frac{y_0}{2} + \sum_{k=1}^{n-1} y_k + \frac{y_n}{2}\right] = \text{Extremum.}$$

Nach Berücksichtigung von $y_0 = 0$ und nach Division durch h folgt

$$\frac{1}{2}\sum_{k=1}^{n-1} y_k^2\left(\frac{2}{h^2}+x_k\right)+\frac{1}{2}y_n^2\left(\frac{1}{h^2}+\frac{x_n}{2}\right)-\sum_{k=2}^{n}\frac{y_k y_{k-1}}{h^2}-\sum_{k=1}^{n-1} y_k-\frac{1}{2}y_n = \text{Extremum.}$$

Nun ist bekanntlich die Extremalaufgabe für eine quadratische Funktion $\frac{1}{2}\sum\sum a_{ik}x_i x_k + \sum b_i x_i$ äquivalent mit der Auflösung eines linearen Gleichungssystems $\sum_{k=1}^{n} a_{ik}x_k + b_i = 0$ (vgl. § 3.7). Im vorliegenden Fall lautet dieses System

$$\begin{array}{cccccc|c|c}
y_1 & y_2 & \cdots & & & y_n & 1 & \\
\hline
\frac{2}{h^2}+x_1 & -\frac{1}{h^2} & & & & & -1 & =0 \\
-\frac{1}{h^2} & \frac{2}{h^2}+x_2 & -\frac{1}{h^2} & & & & -1 & =0 \\
\cdot & \cdot & \cdot & & & & \cdot & \cdot \\
& \cdot & \cdot & \cdot & & & \cdot & \cdot \\
& & \cdot & \cdot & \cdot & & \cdot & \cdot \\
& & & -\frac{1}{h^2}\ \cdots & \frac{2}{h^2}+x_{n-1} & -\frac{1}{h^2} & -1 & =0 \\
& & & & -\frac{1}{h^2} & \frac{1}{h^2}+\frac{x_n}{2} & -\frac{1}{2} & =0
\end{array} \qquad (29)$$

Man beachte insbesondere, dass hier die Koeffizientenmatrix – als Matrix einer quadratischen Form – von selbst symmetrisch geworden ist.

Beispiel. Ein Balken mit Biegesteifigkeit JE werde auf einen elastischen Untergrund (mit der Federkonstanten k pro Längeneinheit) gelegt und mit dem Gewicht $p(x)$ pro Längeneinheit belastet (s. Fig. 9.7). Gesucht ist die Durchbiegung $y(x)$.

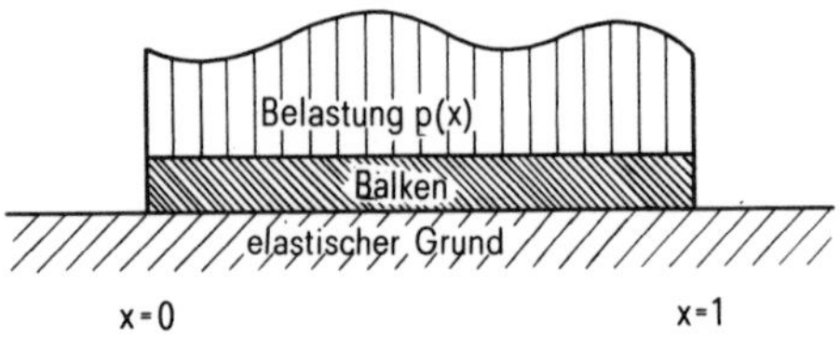

Figur 9.7. *Belasteter Balken auf elastischem Grund.*

Wir betrachten die Energien:

1) Biegeenergie des Balkens: $\frac{1}{2}\int_0^1 JE\, y''^2\, dx.$

2) Formänderungsenergie des Untergrundes: $\frac{1}{2}\int_0^1 k y^2\, dx.$

3) Virtuelle Arbeit der äusseren Kräfte: $\int_0^1 p(x) y\, dx.$

Somit gilt für die Durchbiegung:

$$\frac{1}{2}\int_0^1 (JE y''^2 + k y^2) dx + \int_0^1 p\, y\, dx = \text{Extremum},$$

woraus man mit Hilfe der Variationsrechnung die Differentialgleichung

$$(JE y'')'' + k y + p = 0$$

mit den Randbedingungen $y''(0) = y'''(0) = y''(1) = y'''(1) = 0$ herleitet. Wenn man diese Differentialgleichung mit Differenzenmethoden zu lösen versucht, gelangt man zu einem linearen Gleichungssystem mit nicht-symmetrischer Koeffizientenmatrix. Um das zu vermeiden, approximiert man bereits die Energie mit Hilfe von Differenzenmethoden durch eine quadratische Funktion und bestimmt dann deren Minimum:

Es sei speziell $JE \equiv 1$, $k \equiv 1$. (Die Aufgabe wäre dann allerdings exakt lösbar.) Der Balken werde in 5 Teilintervalle der Länge $h = 0.2$ eingeteilt und die Durchbiegungen an den Teilpunkten seien mit y_0, y_1, y_2, y_3, y_4, y_5 bezeichnet. Zunächst ist

$$y_k'' \approx \frac{y_{k+1} - 2y_k + y_{k-1}}{h^2} = 25 y_{k-1} - 50 y_k + 25 y_{k+1},$$

aber für $k = 0$ und $k = 5$ braucht man andere Ausdrücke, die y_{-1} und y_6 vermeiden:

$$y_0'' \approx \frac{2y_0 - 5y_1 + 4y_2 - y_3}{h^2} = 50 y_0 - 125 y_1 + 100 y_2 - 25 y_3,$$

$$y_5'' \approx \frac{2y_5 - 5y_4 + 4y_3 - y_2}{h^2} = 50 y_5 - 125 y_4 + 100 y_3 - 25 y_2.$$

Berechnet man die Integrale mittels der Trapezregel, so ergibt sich:

$$\frac{1}{2}\int_0^1 y''^2\,dx \approx \frac{h}{2}\sum_{k=1}^{4}(25\,y_{k+1} - 50\,y_k + 25\,y_{k-1})^2$$

$$+\frac{h}{4}(50\,y_0 - 125\,y_1 + 100\,y_2 - 25\,y_3)^2 + \frac{h}{4}(50\,y_5 - 125\,y_4 + 100\,y_3 - 25\,y_2)^2,$$

$$\frac{1}{2}\int_0^1 y^2\,dx \approx \frac{h}{2}\left[\frac{1}{2}y_0^2 + y_1^2 + y_2^2 + y_3^2 + y_4^2 + \frac{1}{2}y_5^2\right],$$

$$\int_0^1 p\,y\,dx \approx h\left[\frac{1}{2}p_0\,y_0 + \sum_{k=1}^{4}p_k\,y_k + \frac{1}{2}p_5\,y_5\right].$$

Nach Weglassen des gemeinsamen Faktors h ist die Summe dieser Ausdrücke die zum Gleichungssystem

y_0	y_1	y_2	y_3	y_4	y_5	1	
1875.5	−4375	3125	−625			$p_0/2$	= 0
−4375	10938.5	−8750	2187.5			p_1	= 0
3125	−8750	9063.5	−5000	2187.5	−625	p_2	= 0
−625	2187.5	−5000	9063.5	−8750	3125	p_3	= 0
		2187.5	−8750	10938.5	−4375	p_4	= 0
		−625	3125	−4375	1875.5	$p_5/2$	= 0

gehörige quadratische Funktion $F(y)$. Die Lösung dieses Systems liefert daher das Minimum von F und damit (annähernd) die gesuchten Durchbiegungen.

KAPITEL 10

Elliptische partielle Differentialgleichungen, Relaxationsmethoden

Die klassischen Musterbeispiele für partielle Differentialgleichungen sind:

a) *Dirichlet-Problem* (elliptischer Fall):

$$\frac{\partial^2 u}{\partial x^2}+\frac{\partial^2 u}{\partial y^2}=f(x,y) \quad \text{im Bereich B der } (x,y)\text{-Ebene,} \tag{1}$$

u (oder $\partial u/\partial n$ beim sogenannten Neumann-Problem) gegeben auf dem Rand von B.

b) *Wärmeleitproblem* (parabolischer Fall):

$$\frac{\partial u}{\partial t}=\frac{\partial^2 u}{\partial x^2} \quad \text{für} \quad a \leqq x \leqq b, \quad t>0, \tag{2}$$

$u(x,t)$ gegeben für $t=0$ und *alle* x,
u oder $\partial u/\partial x$ gegeben für $x=a$, $x=b$ und *alle* t.

c) *Wellengleichung* (hyperbolischer Fall):

$$\frac{\partial^2 u}{\partial t^2}=\frac{\partial^2 u}{\partial x^2} \quad \text{für} \quad a \leqq x \leqq b, \quad t>0, \tag{3}$$

u *und* $\partial u/\partial t$ gegeben für $t=0$ und *alle* x,
u *oder* $\partial u/\partial x$ gegeben für $x=a$, $x=b$ und *alle* t.

Die Aufgabe a), die wir jetzt lösen wollen (wenigstens numerisch), umfasst auch das Potentialproblem.

§ 10.1. **Diskretisation des Dirichlet-Problems**

Wird über das Gebiet B ein quadratisches Gitter mit Maschenweite h gelegt,

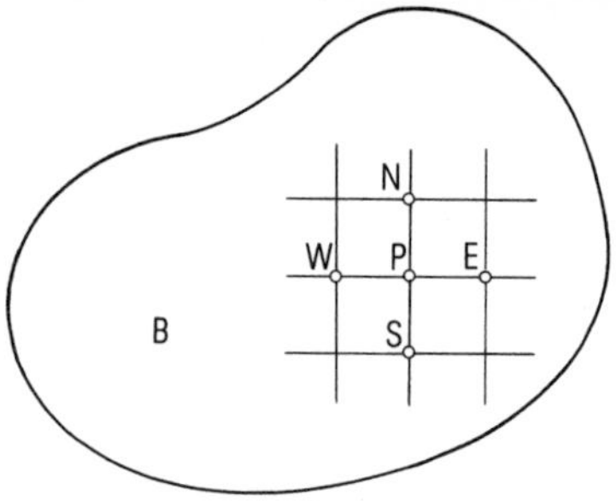

Figur 10.1. *Diskretisation beim Dirichlet-Problem.*

so kann man in jedem innern Punkt P von B (vgl. Fig. 10.1) die zweiten partiellen Ableitungen durch Differenzenquotienten approximieren:

$$\frac{\partial^2 u}{\partial x^2} = \frac{u(x+h, y) - 2u(x, y) + u(x-h, y)}{h^2} + O(h^2),$$

$$\frac{\partial^2 u}{\partial y^2} = \frac{u(x, y+h) - 2u(x, y) + u(x, y-h)}{h^2} + O(h^2).$$

Somit wird die Differentialgleichung im Punkte (x, y) angenähert durch

$$\frac{u(x+h, y) + u(x-h, y) + u(x, y+h) + u(x, y-h) - 4u(x, y)}{h^2} - f(x, y) = 0. \tag{4}$$

Indem man für jeden Gitterpunkt diese Gleichung formuliert, erhält man ein System von linearen Gleichungen, deren Unbekannte die Stützwerte $u(x, y)$ für alle Gitterpunkte sind.

Allerdings entsteht hier eine gewisse Schwierigkeit am Rand von B. Um diese zu vermeiden, nehmen wir vorläufig an, der Rand von B setze sich aus Gitterstrecken zusammen, und es sei u auf dem Rand gegeben, wie etwa in Fig. 10.2.

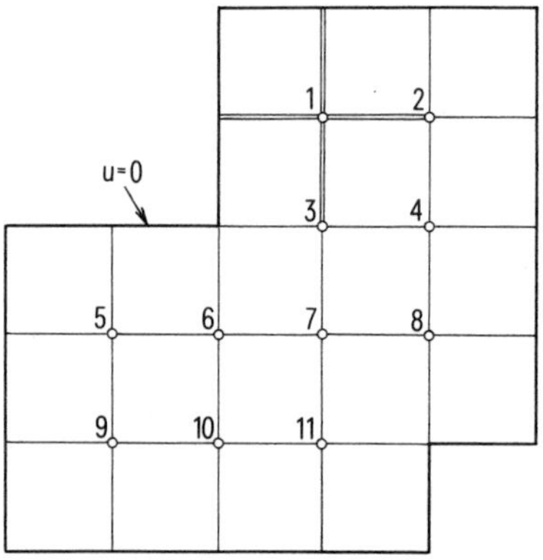

Figur 10.2. *Dirichlet-Problem mit aus Gitterstrecken bestehendem Rand.*

Dann ist also u in jedem der 11 inneren Gitterpunkte unbekannt. In jedem dieser 11 Punkte wird nun die Gleichung (4) aufgestellt. Wenn am Rande $u = 0$ vorgeschrieben ist, und $u_1, u_2, u_3, \ldots$ die unbekannten Funktionswerte in den Punkten 1, 2, 3, ... bezeichnen, gilt etwa für den Punkt 1 zunächst:

$$\begin{aligned} u(x, y) &= u_1, \\ u(x+h, y) &= u_2, \\ u(x-h, y) &= 0 \quad \text{(gegebener Randwert)}, \\ u(x, y+h) &= 0 \quad \text{(gegebener Randwert)}, \\ u(x, y-h) &= u_3, \end{aligned}$$

also die Gleichung

$$u_2 + u_3 - 4u_1 = h^2 f_1$$

(worin $f_k = f(x, y)$ im Punkt Nr. k). Insgesamt erhält man (nach Vorzeichenumkehr):

u_1	u_2	u_3	u_4	u_5	u_6	u_7	u_8	u_9	u_{10}	u_{11}	1		
4	−1	−1									$h^2 f_1$	= 0	
−1	4		−1								$h^2 f_2$	= 0	
−1		4	−1			−1					$h^2 f_3$	= 0	
	−1	−1	4				−1				$h^2 f_4$	= 0	
				4	−1			−1			$h^2 f_5$	= 0	
				−1	4	−1			−1		$h^2 f_6$	= 0	(5)
		−1			−1	4	−1			−1	$h^2 f_7$	= 0	
			−1			−1	4				$h^2 f_8$	= 0	
				−1				4	−1		$h^2 f_9$	= 0	
					−1			−1	4	−1	$h^2 f_{10}$	= 0	
						−1			−1	4	$h^2 f_{11}$	= 0	

Da die Koeffizientenmatrix symmetrisch und, wie man leicht feststellt, positiv definit ist, kann man das Gleichungssystem nach Cholesky lösen, wobei die Bandgestalt noch gewisse Erleichterungen gestattet. Entscheidend ist und bleibt jedoch, dass die Anzahl der Gleichungen und Unbekannten gleich der Anzahl Gitterpunkte im Innern des Gebietes ist; man hat es also mit umfangreichen Gleichungssystemen zu tun, die grosse Rechenzeiten erfordern. Würde man im obigen Beispiel die Maschenweite h des Gitters halbieren, so hätte man schon $n = 61$ innere Gitterpunkte, allgemein nach p-Teilung $n = 20\,p^2 - 10\,p + 1$. Dieses starke Anwachsen von n wird uns noch beschäftigen.

Zunächst aber sollen

a) allgemeinere Ränder,

b) allgemeinere Randbedingungen

behandelt werden. Wir finden folgendes:

a) Zu einem Rand, der nicht durch die Gitterpunkte läuft, gibt es innere Punkte (x, y), deren Nachbarpunkte $(x \pm h, y)$, $(x, y \pm h)$ zum Teil jenseits des Randes liegen. Man muss dann die Schnittpunkte der Gitterlinien mit dem Gebietrand benützen (s. Fig. 10.3).

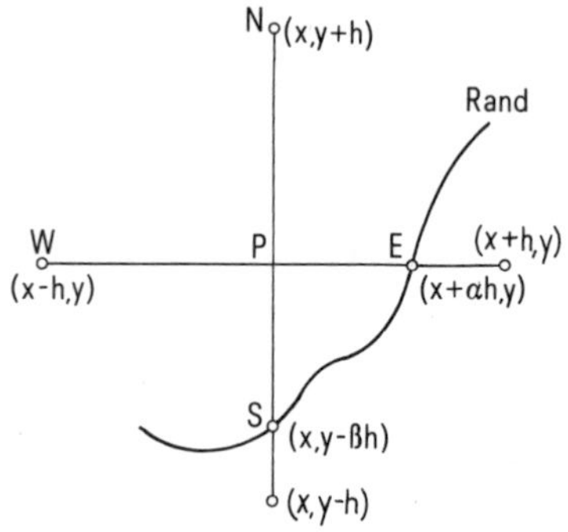

Figur 10.3. *Diskretisation bei krummlinigem Rand.*

Es wird dabei angenähert

$$\frac{1}{2}\frac{\partial^2 u}{\partial x^2}\bigg|_P \approx \frac{1}{h^2}\left\{\frac{u(x-h, y)}{1+\alpha} - \frac{u(x, y)}{\alpha} + \frac{u(x+\alpha h, y)}{\alpha(1+\alpha)}\right\},$$

$$\frac{1}{2}\frac{\partial^2 u}{\partial y^2}\bigg|_P \approx \frac{1}{h^2}\left\{\frac{u(x, y+h)}{1+\beta} - \frac{u(x, y)}{\beta} + \frac{u(x, y-\beta h)}{\beta(1+\beta)}\right\},$$

so dass die Gleichung für den Punkt P lautet:

$$\frac{2}{h^2}\left\{\frac{u_W}{1+\alpha} + \frac{u_N}{1+\beta} + \frac{u_E}{\alpha(1+\alpha)} + \frac{u_S}{\beta(1+\beta)} - \left(\frac{1}{\alpha} + \frac{1}{\beta}\right) u_P\right\} - f_P = 0. \qquad (6)$$

b) Bei einer Randbedingung $\dfrac{\partial u}{\partial n} = 0$ muss man die Randwerte ebenfalls als Unbekannte einführen und für jede derselben eine weitere Gleichung aufstellen.

Um beispielsweise das in Fig. 10.4 dargestellte Problem

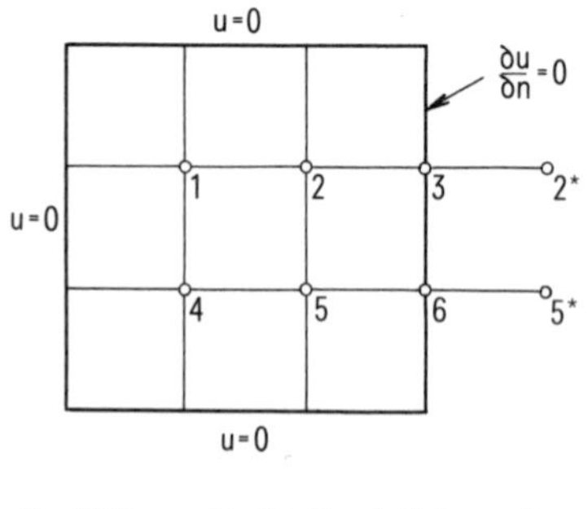

Figur 10.4. *Einführung virtueller Gitterpunkte bei Randstücken mit vorgegebener Normalableitung.*

zu lösen, kann man zwei virtuelle Gitterpunkte 2* und 5* einführen; es ist dann

$$\left.\frac{\partial^2 u}{\partial x^2}+\frac{\partial^2 u}{\partial y^2}\right|_3 = -\frac{4u_3-u_2-u_6-u_{2*}}{h^2},$$

anderseits $u_{2*} = u_2$ wegen $\partial u/\partial n = 0$ in Punkt 3; somit lautet die Gleichung für diesen Punkt:

$$4u_3-2u_2-u_6+h^2 f_3 = 0.$$

Insgesamt erhält man:

u_1	u_2	u_3	u_4	u_5	u_6	1
4	−1		−1			$h^2 f_1$
−1	4	−1		−1		$h^2 f_2$
	−2	4			−1	$h^2 f_3$
−1			4	−1		$h^2 f_4$
	−1		−1	4	−1	$h^2 f_5$
		−1		−2	4	$h^2 f_6$

Nun geht aber sowohl beim Fall a) als auch bei b) die Symmetrie verloren, was ein grosser Nachteil ist, da symmetrische Gleichungssysteme unverhältnismässig viel leichter lösbar sind.

Man kann aber auch bei komplizierten Rändern und Randbedingungen die Symmetrie des Gleichungssystems erzwingen, indem man die Diskretisation mit Hilfe der *Energiemethode* durchführt. Für das Beispiel von Fig. 10.4 bedeutet dies folgendes:

$$\frac{\partial^2 u}{\partial x^2}+\frac{\partial^2 u}{\partial y^2} = f(x, y)$$

ist die Eulersche Gleichung für das Variationsproblem

$$\delta \int\!\!\int \left[\frac{1}{2}\left(\frac{\partial u}{\partial x}\right)^2+\frac{1}{2}\left(\frac{\partial u}{\partial y}\right)^2+uf\right] dx dy = 0 \qquad (7)$$

mit der Randbedingung $u = 0$ an 3 der 4 Quadratseiten. In einem Quadrat, zum Beispiel dem mit den Eckpunkten 1, 2, 4, 5 ist angenähert

$$\int\!\!\int \left(\frac{\partial u}{\partial x}\right)^2 dx dy = h^2 \left\{\frac{1}{2}\left(\frac{u_2-u_1}{h}\right)^2+\frac{1}{2}\left(\frac{u_5-u_4}{h}\right)^2\right\},$$

$$\int\!\!\int uf\, dx dy = \frac{h^2}{4}\left\{u_1 f_1 + u_2 f_2 + u_5 f_5 + u_4 f_4\right\}.$$

Unter Berücksichtigung der Randbedingungen gilt also insgesamt:

$$\iint\left[\frac{1}{2}\left(\frac{\partial u}{\partial x}\right)^2+\frac{1}{2}\left(\frac{\partial u}{\partial y}\right)^2+uf\right]dxdy$$

$$= \frac{1}{4}u_1^2+\frac{1}{4}u_1^2+\frac{1}{4}u_1^2+\frac{1}{4}(u_1-u_2)^2+\frac{1}{4}u_2^2+\frac{1}{4}u_2^2+\frac{1}{4}(u_2-u_3)^2+\frac{1}{4}u_3^2+\frac{1}{4}u_1^2+\frac{1}{4}u_4^2$$

$$+\frac{1}{4}(u_1-u_4)^2+\frac{1}{4}(u_1-u_4)^2+\frac{1}{4}(u_1-u_2)^2+\frac{1}{4}(u_4-u_5)^2+\frac{1}{4}(u_2-u_5)^2+\frac{1}{4}(u_2-u_5)^2$$

$$+\frac{1}{4}(u_2-u_3)^2+\frac{1}{4}(u_5-u_6)^2+\frac{1}{4}(u_3-u_6)^2+\frac{1}{4}u_4^2+\frac{1}{4}u_4^2+\frac{1}{4}u_4^2+\frac{1}{4}(u_4-u_5)^2+\frac{1}{4}u_5^2$$

$$+\frac{1}{4}u_5^2+\frac{1}{4}(u_5-u_6)^2+\frac{1}{4}u_6^2+h^2\left[u_1f_1+u_2f_2+\frac{1}{2}u_3f_3+u_4f_4+u_5f_5+\frac{1}{2}u_6f_6\right]$$

$$= 2u_1^2-u_1u_2-u_1u_4+2u_2^2-u_2u_3-u_2u_5+u_3^2-\frac{1}{2}u_3u_6+2u_4^2-u_4u_5+2u_5^2-u_5u_6$$

$$+u_6^2+h^2\left[u_1f_1+u_2f_2+\frac{1}{2}u_3f_3+u_4f_4+u_5f_5+\frac{1}{2}u_6f_6\right]$$

$$= \frac{1}{2}(\boldsymbol{u}, \boldsymbol{A}\boldsymbol{u})+(\boldsymbol{u}, \boldsymbol{b}) = Q(\boldsymbol{u}),$$

wobei

$$\boldsymbol{A} = \begin{pmatrix} 4 & -1 & 0 & -1 & 0 & 0 \\ -1 & 4 & -1 & 0 & -1 & 0 \\ 0 & -1 & 2 & 0 & 0 & -\frac{1}{2} \\ -1 & 0 & 0 & 4 & -1 & 0 \\ 0 & -1 & 0 & -1 & 4 & -1 \\ 0 & 0 & -\frac{1}{2} & 0 & -1 & 2 \end{pmatrix}, \quad \boldsymbol{b} = h^2\begin{pmatrix} f_1 \\ f_2 \\ f_3/2 \\ f_4 \\ f_5 \\ f_6/2 \end{pmatrix}. \qquad (8)$$

Das Minimum dieser Funktion $Q(\boldsymbol{u})$ wird erreicht, wenn $\boldsymbol{A}\boldsymbol{u}+\boldsymbol{b} = \boldsymbol{0}$ ist; man hat also dieses lineare System zu lösen. Die Matrix $\boldsymbol{A}$ ist symmetrisch, aber auch positiv definit, letzteres weil $(\boldsymbol{u}, \boldsymbol{A}\boldsymbol{u})$ eine Summe von reinen Quadraten ist, die nur 0 sein kann, wenn $\boldsymbol{u} = \boldsymbol{0}$ ist[1].

[1] Die konsequente Weiterentwicklung der beschriebenen Idee führt auf die heute viel benützte Methode der finiten Elemente. (Anm. d. Hrsg.)

§ 10.2. Das Operatorprinzip

Wenn man im ersten Beispiel von § 10.1, das in Fig. 10.2 dargestellt ist, die Maschenweite auf den zehnten Teil reduziert (dadurch wird die Lösung 100mal genauer), wird die Anzahl der inneren Gitterpunkte 1901. Die Koeffizientenmatrix des Gleichungssystems enthält dann 3613801 Koeffizienten, die nicht mehr in einem normalen Schnellspeicher gespeichert werden können. Da die meisten dieser Koeffizienten 0 sind, kann man das auch vermeiden, indem man die Matrix nicht durch seine n^2 Koeffizienten definiert, sondern durch eine *Rechenvorschrift*, die zu einem beliebigen Vektor $\mathbf{v}$ den Vektor $\mathbf{A}\mathbf{v}$ berechnet.

Natürlich ist diese Darstellungsart nur sinnvoll, wenn fast alle Matrixelemente 0 sind oder sonst ein einfaches Bildungsgesetz vorliegt. (Andernfalls wäre die besagte Rechenvorschrift so umfangreich, dass das zugehörige Programm nicht gespeichert werden könnte.)

Beispiel einer solchen Rechenvorschrift:

```
procedure op(n, x)res:(ax);
   value n;
   integer n; array x, ax;
   begin
      integer j;
         ax[1]: = 2×x[1]−x[2];
         ax[n]: = 2×x[n]−x[n−1];
      for j: = 2 step 1 until n−1 do
         ax[j]: = 2×x[j]−x[j−1]−x[j+1];
   end op;
```

Diese Prozedur verkörpert offenbar die Matrix

$$\mathbf{A} = \begin{bmatrix} 2 & -1 & & & \\ -1 & 2 & -1 & & 0 \\ & -1 & 2 & -1 & \\ & 0 & & \ddots & -1 \\ & & & -1 & 2 \end{bmatrix}$$

Allerdings bleibt eine Frage noch unbeantwortet, nämlich: Wie löse ich ein lineares Gleichungssystem $\mathbf{A}\mathbf{x}+\mathbf{b} = \mathbf{0}$, wenn ich allein den Vektor $\mathbf{b}$ und eine Rechenvorschrift wie obige Prozedur *op* zur Verfügung habe? Weder Gauss-Elimination noch das Cholesky-Verfahren können in diesem Fall angewendet werden, weil bei diesen **array** $a[1:n, 1:n]$ explizit gebraucht wird. Wir werden daher für diesen Fall neue Verfahren entwickeln müssen.

Beim Dirichlet-Problem ist die Matrix $\mathbf{A}$ durch den Differenzenoperator in (4), den man am besten durch Fig. 10.5 darstellt,

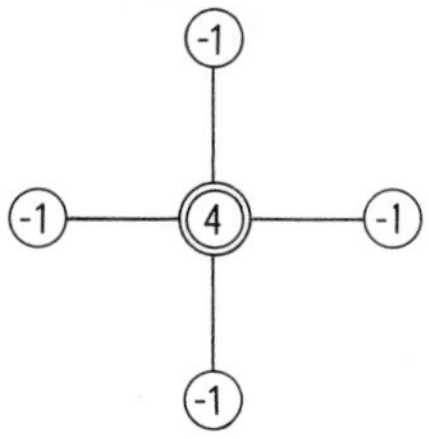

Figur 10.5. *Der Differenzoperator des Dirichlet-Problems.*

und die Form des Gebietes bestimmt. Dieser Operator bedeutet, dass, wenn man die Komponenten eines Vektors $\boldsymbol{x}$ als *Feld* in der Form des Gebietes G anordnet:

$$\begin{array}{cccc} & & x_1 & x_2 \\ & & x_3 & x_4 \\ x_5 & x_6 & x_7 & x_8 \\ x_9 & x_{10} & x_{11} & , \end{array} \tag{9}$$

irgendeine Komponente von $\boldsymbol{Ax}$ dadurch erhalten wird, dass man den Differenzenoperator auf das Feld legt (den Doppelkreis auf diejenige Komponente x_k, die der gesuchten Komponente $(\boldsymbol{Ax})_k$ entspricht), die Operatorkoeffizienten mit den darunterliegenden x-Werten multipliziert und dann alles addiert, also zum Beispiel:

$$(\boldsymbol{Ax})_6 = 4x_6 - x_5 - x_{10} - x_7.$$

Unter Umständen werden verschiedene Komponenten von $\boldsymbol{Ax}$ durch verschiedene Operatoren berechnet. Beispielsweise beim Gebiet in Fig. 10.6 mit dem freien Rand rechts gilt für die inneren Punkte der Operator von Fig. 10.5, für die Punkte auf dem Rand rechts dagegen der von Fig. 10.7.

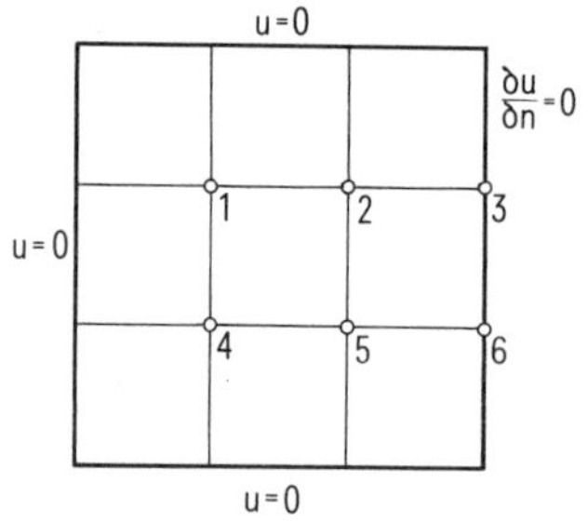

Figur 10.6. *Gebiet mit freiem Rand rechts.*

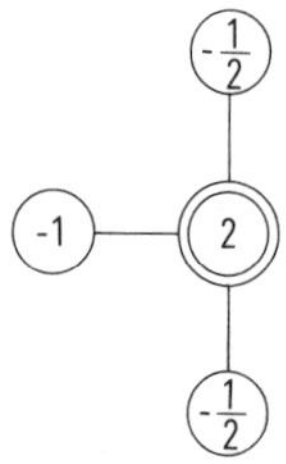

Figur 10.7. *Differenzenoperator für Punkte auf freiem Rand.*

Dieselben Operatoren gelten auch bei halber Maschenweite (vgl. Fig. 10.8).

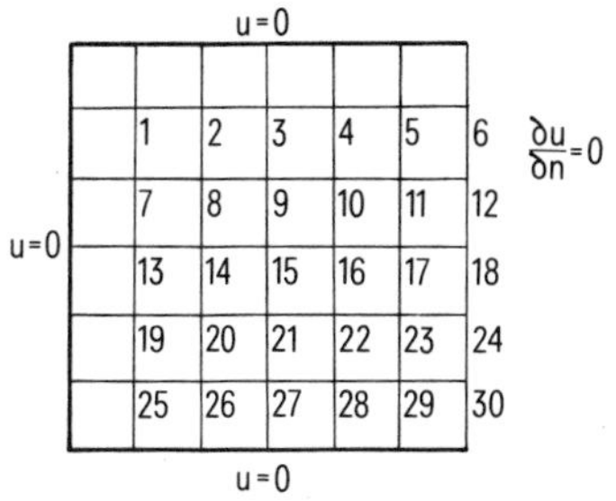

Figur 10.8. *Halbierung der Maschenweite beim Gebiet aus Figur 10.6.*

Nun ist es allerdings nicht ganz einfach, der Maschine die Form des Gebietes und die Differenzenoperatoren zu beschreiben. Das Gebiet kann man beispielsweise so beschreiben, dass man zu jedem innern Punkt die 4 Nachbarpunkte *N*, *E*, *S*, *W*, sowie die Art des Operators angibt (diese sind numeriert). Das obige Gebiet in Fig. 10.6 mit 6 Gitterpunkten und 10 Randpunkten (mit vorgegebenen Funktionswerten) ist demnach charakterisiert durch **array** $v[1:6, 0:4]$ mit folgender Bedeutung:

$v[k, 0]$ zeigt an, welcher Operator im Punkt k gilt:

Operator 1:	4	-1	-1	-1	-1
Operator 2:	2	$-\frac{1}{2}$	0	$-\frac{1}{2}$	-1

(Diese Zahlen werden z.B. als **array** *dop* $[1:2, 0:4]$ gespeichert.)

$v[k, j]$ ($j = 1, 2, 3, 4$) bezeichnet die Nachbarn des Punktes k in der Reihenfolge N, E, S, W. (0 bedeutet nicht-existenter Punkt.)

v enthält demnach folgende Werte:

$k \backslash j$	0	1	2	3	4
1	1	0	2	4	0
2	1	0	3	5	1
3	2	0	0	6	2
4	1	1	5	0	0
5	1	2	6	0	4
6	2	3	0	0	5

Durch diese Angaben ist das Gleichungssystem eindeutig festgelegt; man erhält, wenn $x[0] = 0$ vorausgesetzt wird, folgendes Programm (das allerdings nicht besonders rationell ist):

```
procedure op(n, x, ax);
   value n;
   integer n; array x, ax;
   begin
      integer j, k, vk0; real s;
      for k := 1 step 1 until n do
      begin
         vk0 := v[k,0];
         s := dop[vk0,0] × x[k];
         for j := 1, 2, 3, 4 do
            s := s + x[v[k,j]] × dop[vk0,j];
         ax[k] := s
      end
   end op;
```

Bei einer einfachen Form des Gebietes, etwa beim obigen Quadrat mit freiem rechtem Rand, das nun aber allgemeiner durch ein Netz der Maschenweite $h = 1/n$ überdeckt sein soll, kommt man indessen gut ohne die **array** v und *dop* aus, indem man eine Hilfsprozedur *hp* einführt, die der einmaligen Anwendung eines Differenzenoperators entspricht (wieder sei $x[0] := 0$):

```
procedure op (n, x) res:(ax);
   value n;
   integer n;   array x, ax;
   begin
      procedure hp (k, optyp, n, e, s, w);
         value k, optyp, n, e, s, w;
         integer k, optyp, n, e, s, w;
         ax[k] := if optyp = 1 then
                        4 × x[k] − x[n] − x[e] − x[s] − x[w]
                     else
                        2 × x[k] − (x[n] + x[s])/2 − x[w];
         comment end hp;
      integer j, k, l;
      hp(1, 1, 0, 2, n+1, 0);
      for j := 2 step 1 until n−1 do hp(j, 1, 0, j+1, j+n, j−1);
      hp(n, 2, 0, 0, 2×n, n−1);
      for l := 2×n step n until n×(n−2) do
      begin
         k := l − n + 1;
         hp(k, 1, k−n, k+1, k+n, 0);
         for j := k + 1 step 1 until l−1 do
            hp(j, 1, j−n, j+1, j+n, j−1);
         hp(l, 2, l−n, 0, l+n, l−1);
      end l;
```

```
    k := (n − 2) × n + 1;
    hp(k, 1, k − n, k + 1, 0, 0);
    for j := k + 1 step 1 until (n − 1) × n − 1 do
        hp(j, 1, j − n, j + 1, 0, j − 1);
    k := (n − 1) × n;
    hp(k, 2, k − n, 0, 0, k − 1);
end op;
```

§ 10.3. Das allgemeine Prinzip der Relaxation

Ein lineares Gleichungssystem $\boldsymbol{Ax} + \boldsymbol{b} = \mathbf{0}$ mit symmetrischer und positiv definiter Koeffizientenmatrix ist nach § 3.7 äquivalent mit dem Minimumproblem für die quadratische Funktion

$$F(\boldsymbol{x}) = \frac{1}{2}(\boldsymbol{x}, \boldsymbol{Ax}) + (\boldsymbol{b}, \boldsymbol{x}). \tag{10}$$

Man kann es nun tatsächlich lösen, indem man systematisch nach dem Minimum der Funktion F im $\boldsymbol{x}$-Raum sucht. Das allgemeine Prinzip solcher Methoden, die man als *Relaxationsmethoden* bezeichnet, kann wie folgt beschrieben werden:

Man wählt im $\boldsymbol{x}$-Raum einen Anfangspunkt $\boldsymbol{x}_0$, ferner eine Relaxationsrichtung $\boldsymbol{h}_0$, und bewegt sich dann von $\boldsymbol{x}_0$ in der Richtung $\boldsymbol{h}_0$ ein gewisses Stück weit. Man gelangt so zu einem Punkt $\boldsymbol{x}_1$, wählt hier wieder eine Relaxationsrichtung $\boldsymbol{h}_1$ usw. (vgl. Fig. 10.9).

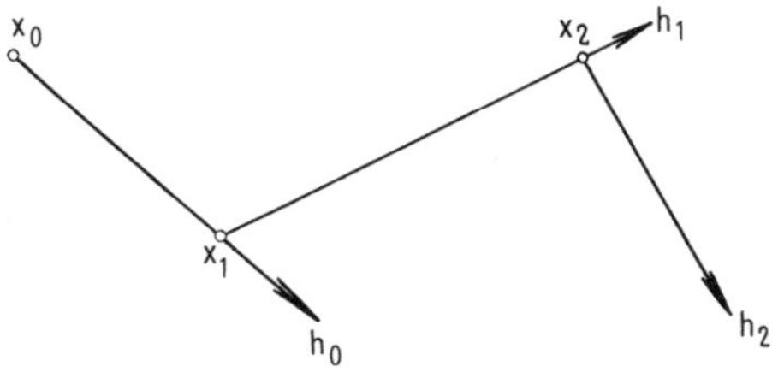

Figur 10.9. *Relaxationsmethoden.*

Natürlich wählt man die Relaxationsrichtungen und auch die Strecken, die man in diesen Richtungen geht, so, dass dabei $F(\boldsymbol{x})$ dauernd abnimmt. Auf diese Weise hofft man, dass die Folge $x_0, x_1, x_2, \ldots$ gegen den Minimalpunkt, das heisst gegen die Lösung des linearen Gleichungssystems strebt.

Für die praktische Durchführung benötigt man den Gradienten der Funktion F. Es ist

$$\frac{\partial F}{\partial x_j} = \frac{1}{2}\sum_{i=1}^{n} a_{ij}\, x_i + \frac{1}{2}\sum_{k=1}^{n} a_{jk}\, x_k + b_j = \sum_{k=1}^{n} a_{jk}\, x_k + b_j,$$

also

$$\operatorname{grad} F = \boldsymbol{A}\boldsymbol{x} + \boldsymbol{b} = \boldsymbol{r}. \tag{11}$$

Die Komponenten von grad F sind also gerade die Fehlbeträge (Residuen), die man beim Einsetzen des betreffenden $\boldsymbol{x}$ in die Gleichungen erhält. Der Residuenvektor $\boldsymbol{r}$ gibt somit nicht nur an, wie gut $\boldsymbol{x}$ die Gleichungen erfüllt, sondern auch, in welcher Richtung F abnimmt. Wichtig ist, dass die Rechenvorschrift zur Berechnung von $\boldsymbol{A}\boldsymbol{x}$ aus $\boldsymbol{x}$ ausreicht, um diesen Gradienten zu berechnen, dass man also für ein Relaxationsverfahren die Matrix $\boldsymbol{A}$ nicht explizit braucht.

Wenn man sich von $\boldsymbol{x}$ aus in der Relaxationsrichtung $\boldsymbol{h}$ bewegt, also die Punkte $\boldsymbol{x}_t = \boldsymbol{x} + t\boldsymbol{h}$ durchläuft, so gilt für die quadratische Funktion $F(\boldsymbol{x}_t)$ in Abhängigkeit von t:

$$F(\boldsymbol{x}_t) = F(\boldsymbol{x} + t\boldsymbol{h}) = \frac{1}{2}(\boldsymbol{x} + t\boldsymbol{h}, \boldsymbol{A}(\boldsymbol{x} + t\boldsymbol{h})) + (\boldsymbol{b}, \boldsymbol{x} + t\boldsymbol{h})$$

$$= F(\boldsymbol{x}) + \frac{t}{2}(\boldsymbol{h}, \boldsymbol{A}\boldsymbol{x}) + \frac{t}{2}(\boldsymbol{x}, \boldsymbol{A}\boldsymbol{h}) + \frac{t^2}{2}(\boldsymbol{h}, \boldsymbol{A}\boldsymbol{h}) + t(\boldsymbol{b}, \boldsymbol{h}),$$

wegen $(\boldsymbol{h}, \boldsymbol{A}\boldsymbol{x}) = (\boldsymbol{x}, \boldsymbol{A}\boldsymbol{h})$ also

$$F(\boldsymbol{x}_t) = F(\boldsymbol{x}) + t(\boldsymbol{h}, \boldsymbol{r}) + \frac{t^2}{2}(\boldsymbol{h}, \boldsymbol{A}\boldsymbol{h}). \tag{12}$$

Dies ist infolge $(\boldsymbol{h}, \boldsymbol{A}\boldsymbol{h}) > 0$ ein quadratisches Polynom in t, dessen einziges Minimum bei

$$t_M = -\frac{(\boldsymbol{h}, \boldsymbol{r})}{(\boldsymbol{h}, \boldsymbol{A}\boldsymbol{h})} \tag{13}$$

liegt, wo (mit $\boldsymbol{x}_M = \boldsymbol{x}_{t_M}$)

$$F(\boldsymbol{x}_M) = F(\boldsymbol{x}) - \frac{1}{2}\frac{(\boldsymbol{h}, \boldsymbol{r})^2}{(\boldsymbol{h}, \boldsymbol{A}\boldsymbol{h})} \tag{14}$$

gilt. Tatsächlich liegt $F(\boldsymbol{x}_t)$ im ganzen Intervall $(0, 2t_M)$ unterhalb $F(\boldsymbol{x})$, so dass man t nur irgendwo in diesem Intervall wählen muss, um «tiefer» hinunter zu kommen (s. Fig. 10.10).

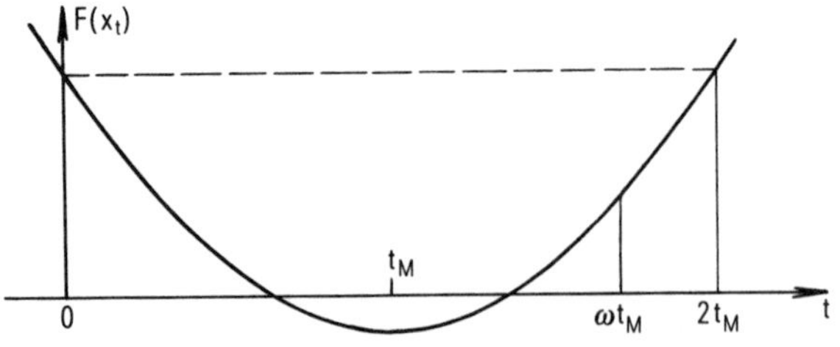

Figur 10.10. $F(\boldsymbol{x}_t)$ *als Funktion von* t.

Das Residuum $\boldsymbol{r}_t$ an der Stelle $\boldsymbol{x}_t$ ist ebenfalls eine Funktion von t:

$$\boldsymbol{r}_t = \boldsymbol{A}\boldsymbol{x}_t + \boldsymbol{b} = \boldsymbol{A}(\boldsymbol{x} + t\boldsymbol{h}) + \boldsymbol{b} = \boldsymbol{r} + t\boldsymbol{A}\boldsymbol{h}. \tag{15}$$

Wegen

$$(\boldsymbol{h}, \boldsymbol{r}_t) = (\boldsymbol{h}, \boldsymbol{r}) + t(\boldsymbol{h}, \boldsymbol{A}\boldsymbol{h}) = (t - t_M)(\boldsymbol{h}, \boldsymbol{A}\boldsymbol{h})$$

ist der Minimalpunkt $\boldsymbol{x}_M$ dadurch charakterisiert, dass dort das neue Residuum $\boldsymbol{r}_M$ auf der Relaxationsrichtung senkrecht steht.

Die verschiedenen Relaxationsmethoden (Gauss-Seidel, stärkster Abstieg, konjugierte Gradienten usw.) unterscheiden sich nur durch die Wahl der Relaxationsrichtung $\boldsymbol{h}_k$ (im k-ten Schritt) und die Wahl von t in der Formel $\boldsymbol{x}_{k+1} = \boldsymbol{x}_k + t\boldsymbol{h}_k$ für den neuen Punkt.

Man würde sicher vermuten, dass das beste Relaxationsverfahren darin besteht, dass man in jedem Punkt $\boldsymbol{x}_k$ den negativen Gradienten $-\boldsymbol{r}_k$ als Relaxationsrichtung wählt (optimale Richtung) und in dieser Richtung bis zum Minimalpunkt $\boldsymbol{x}_M$ (optimaler Punkt) geht, das heisst die Rekursionsformel

$$\boldsymbol{x}_{k+1} = \boldsymbol{x}_k - \frac{(\boldsymbol{r}_k, \boldsymbol{r}_k)}{(\boldsymbol{r}_k, \boldsymbol{A}\boldsymbol{r}_k)}\boldsymbol{r}_k \quad (\text{wo} \quad \boldsymbol{r}_k = \boldsymbol{A}\boldsymbol{x}_k + \boldsymbol{b}) \tag{16}$$

benützt. Tatsächlich ist aber dieses *Verfahren des stärksten Abstiegs* ziemlich schlecht.

§ 10.4. **Das Verfahren von Gauss-Seidel, Überrelaxation**

Beim Verfahren von Gauss-Seidel, das gelegentlich auch auf nicht-symmetrische Gleichungssysteme angewendet wird, beginnt man mit einem passenden Näherungsvektor $\boldsymbol{x} = (x_1, x_2, \ldots, x_n)^T$. Alsdann werden die n Unbekannten nacheinander (zum Beispiel in der Reihenfolge $x_1, x_2, \ldots, x_n, x_1, x_2, \ldots, x_n, x_1, \ldots$) immer wieder verbessert, und zwar *wird x_j unter Festhaltung der übrigen Unbekannten so verändert, dass die j-te Gleichung erfüllt wird.*

Beispiel. Beim Lösen des Gleichungssystems

	x_1	x_2	x_3	1
0 =	5	−2	−1	−3
0 =	2	5	−1	−2
0 =	1	1	5	−1

ergibt sich auf diese Weise für x_1, x_2, x_3 der Reihe nach (wenn man mit $\boldsymbol{x} = \boldsymbol{0}$ beginnt):

x_1	x_2	x_3
0	0	0
0.6000	0.1600	0.0480
0.6736	0.1402	0.0372
0.6635	0.1420	0.0389
0.6646	0.1419	0.0387
0.6645	0.1419	0.0387

Dieses bei positiv definiter Koeffizientenmatrix immer konvergente Verfahren lässt sich unter die allgemeinen Relaxationsmethoden einordnen: Wenn die Unbekannte x_j so verbessert wird, dass die j-te Gleichung erfüllt ist, so wird ja

$$x_j' = -\frac{b_j + \sum\limits_{k \neq j} a_{jk} x_k}{a_{jj}}, \quad x_k' = x_k \quad \text{für} \quad k \neq j. \tag{17}$$

Es ist dann

$$x_j' - x_j = -\frac{b_j + \sum\limits_{k=1}^{n} a_{jk} x_k}{a_{jj}} = -\frac{r_j}{a_{jj}},$$

also

$$\boldsymbol{x}' - \boldsymbol{x} = t\,\boldsymbol{e}_j \quad \text{mit} \quad t = -\frac{r_j}{a_{jj}} = -\frac{(\boldsymbol{r}, \boldsymbol{e}_j)}{(\boldsymbol{e}_j, \boldsymbol{A}\boldsymbol{e}_j)}. \tag{18}$$

Ein Schritt des Gauss-Seidel-Verfahrens entspricht also einem Relaxationsschritt mit $\boldsymbol{h} = \boldsymbol{e}_j$ und $t = t_M$. Das Verfahren als Ganzes besteht darin, dass man nacheinander die Relaxationsrichtungen $\boldsymbol{e}_1, \boldsymbol{e}_2, \ldots, \boldsymbol{e}_n, \boldsymbol{e}_1, \boldsymbol{e}_2, \ldots, \boldsymbol{e}_n, \ldots$ wählt und in der betreffenden Richtung immer bis zum Minimalpunkt geht.

Die Rechenpraxis zeigt jedoch, dass das Verfahren von Gauss-Seidel in vielen Fällen ausserordentlich langsam konvergiert. Die Konvergenz lässt sich nun aber dadurch verbessern, dass man in der jeweiligen Relaxationsrichtung nicht nur bis zum Minimalpunkt $\boldsymbol{x}_M = \boldsymbol{x} + t_M\,\boldsymbol{h}$ geht, sondern um einen bestimmten Prozentsatz darüber hinaus. Das Überschiessen über die Stelle t_M hinaus wird durch einen *Überrelaxationsfaktor* ω bestimmt, das heisst man wählt einen festen Faktor $\omega\,(> 1)$ und geht dann in jedem Relaxationsschritt bis zur Stelle $t = \omega\, t_M$ (vgl. Fig. 10.10). Die Rechenvorschrift lautet damit im k-ten Schritt, wenn $k \equiv j \pmod{n}$:

$$x_j' = x_j - \omega \frac{r_j}{a_{jj}}, \quad x_i' = x_i \quad \text{für} \quad i \neq j. \tag{19}$$

Für dieses Verfahren, das mit $\omega = 1$ das Gauss-Seidel-Verfahren als Spezialfall enthält, gilt

Satz 10.1. *Falls* $\boldsymbol{A}$ *symmetrisch und positiv definit ist, so konvergiert das Überrelaxationsverfahren für jedes feste* ω *mit* $0 < \omega < 2$ *gegen die Lösung des Gleichungssystems* $\boldsymbol{A}\boldsymbol{x} + \boldsymbol{b} = \boldsymbol{0}$.

Beweis. Für den k-ten Schritt gilt, wenn $k \equiv j \pmod{n}$:

$$\boldsymbol{x}_{k+1} = \boldsymbol{x}_k - \omega \frac{r_j}{a_{jj}} \boldsymbol{e}_j. \tag{20}$$

Also ist

$$F(\boldsymbol{x}_{k+1}) = \frac{1}{2}(\boldsymbol{x}_k, \boldsymbol{A}\boldsymbol{x}_k) - \frac{\omega r_j}{a_{jj}}(\boldsymbol{e}_j, \boldsymbol{A}\boldsymbol{x}_k) + \frac{\omega^2 r_j^2}{2a_{jj}^2}(\boldsymbol{e}_j, \boldsymbol{A}\boldsymbol{e}_j)$$

$$+ (\boldsymbol{b}, \boldsymbol{x}_k) - \frac{\omega r_j}{a_{jj}}(\boldsymbol{b}, \boldsymbol{e}_j).$$

Wegen $\boldsymbol{A}\boldsymbol{x}_k + \boldsymbol{b} = \boldsymbol{r}_k, (\boldsymbol{e}_j, \boldsymbol{A}\boldsymbol{e}_j) = a_{jj}$ wird damit

$$F(\boldsymbol{x}_{k+1}) = F(\boldsymbol{x}_k) - \left(\omega - \frac{\omega^2}{2}\right)\frac{r_j^2}{a_{jj}}. \tag{21}$$

Für $0 < \omega < 2$ und $a_{jj} > 0$ nimmt die Zahlfolge $F_k = F(\boldsymbol{x}_k)$ monoton ab und ist damit konvergent, da F nicht unter das (in Satz 3.6 garantierte) Minimum sinken kann. Somit gilt $\lim (F_{k+1} - F_k) = 0$, also auch

$$\lim_{k \to \infty} r_j = 0.$$

Hier bedeutet $j = j(k)$ nach wie vor die Nummer der Gleichung, die im k-ten Schritt bearbeitet wird; sie ist definiert durch $j \equiv k \pmod{n}$ und $1 \leqq j \leqq n$.

Man kann aber nicht ohne weiteres auf

$$\lim_{k \to \infty} \boldsymbol{r}_k = \boldsymbol{0}$$

schliessen; man weiss zunächst nur, dass

$$\lim_{k \to \infty} r_{k,j(k)} = 0.$$

($r_{k,i}$ bezeichnet dabei die i-te Komponente des Residuenvektors $\boldsymbol{r}_k$ im k-ten Schritt; insbesondere ist $r_{k,j} = r_j$ für $j = j(k)$.) Es ist somit

$$|r_{k,j(k)}| < \varepsilon \quad \text{für} \quad k > M(\varepsilon).$$

Wegen (20) gilt auch

$$\lim_{k \to \infty} (\boldsymbol{x}_{k+1} - \boldsymbol{x}_k) = \boldsymbol{0},$$

also

$$\boldsymbol{r}_{k+1} - \boldsymbol{r}_k = \boldsymbol{A}(\boldsymbol{x}_{k+1} - \boldsymbol{x}_k) \to \boldsymbol{0} \quad \text{für} \quad k \to \infty.$$

Demnach gilt für jedes einzelne i:

$$|r_{k+p,i} - r_{k,i}| < p\varepsilon \quad (p = 1, \ldots, n) \text{ wenn } k > N(\varepsilon).$$

Wenn k ein Vielfaches von n ist, $k > N(\varepsilon)$, $k > M(\varepsilon)$, so ist insbesondere

$$\begin{array}{lll} |r_{k+1,1} - r_{k,1}| < \varepsilon, & |r_{k+1,1}| < \varepsilon & \Rightarrow \; |r_{k,1}| < 2\varepsilon, \\ |r_{k+2,2} - r_{k,2}| < 2\varepsilon & |r_{k+2,2}| < \varepsilon & \Rightarrow \; |r_{k,2}| < 3\varepsilon, \\ \vdots & \vdots & \vdots \\ |r_{k+n,n} - r_{k,n}| < n\varepsilon & |r_{k+n,n}| < \varepsilon & \Rightarrow \; |r_{k,n}| < (n+1)\varepsilon. \end{array}$$

Also ist $\| \boldsymbol{r}_k \| < n^2 \varepsilon$ und dies für beliebig kleines ε, wenn nur k gross genug gemacht wird. Aus $\boldsymbol{r}_k \to \boldsymbol{0}$ folgt schliesslich, dass $\boldsymbol{x}_k$ gegen die Lösung des Gleichungssystems strebt; w. z. b. w.

Der Beweis sagt gar nichts über die *Konvergenzgeschwindigkeit* aus; tatsächlich zeigt es sich, dass diese für ein gewisses ω zwischen 1 und 2 optimal ist. Bei schlecht konditionierten Matrizen (vgl. § 10.7) liegt das Optimum sehr nahe bei 2. Leider ist das optimale ω meist nicht a priori bekannt, sondern muss experimentell ermittelt werden.

Für das Beispiel

$$\begin{aligned} 137\,x - 100\,y &= 11 \\ -100\,x + 73\,y &= -8 \end{aligned}$$

(exakte Lösung: $x = 3$, $y = 4$) werden in Abhängigkeit von ω folgende Anzahlen von Durchläufen benötigt, um 6stellige Genauigkeit zu erzielen (1 Durchlauf $= n$ Einzelschritte, d. h. jede Variable wird *einmal* korrigiert):

ω	Durchläufe	ω	Durchläufe
1	150000	1.98	1000
1.5	50000	1.9802	800
1.8	16000	1.99	1600
1.9	8000	1.995	3500
1.95	4000	1.999	14000
1.97	1500	1.9999	150000

Das optimale ω beträgt 1.9802, wo 800 Durchläufe notwendig sind.

Programmierungstechnik. Da man in jedem Schritt nur eine Komponente von $\boldsymbol{r}$ benötigt, muss die Prozedur *op* etwas modifiziert werden. Es sei

```
real procedure axj (n, j, x);
   value n, j;
   integer n, j; array x;
   begin
      ⋮
   end;
```

eine Prozedur, die die j-te Komponente von $\boldsymbol{A}\boldsymbol{x}$ berechnet, und $d[j]$ das j-te Diagonalelement der Matrix $\boldsymbol{A}$. Dann kann man wie folgt programmieren:

```
    for j := 1 step 1 until n do x[j] := 0;
reen:
    s := 0;
    for j := 1 step 1 until n do
    begin
        rj := b[j] + axj(n, j, x);
        s := s + rj × rj;
        x[j] := x[j] - omega × rj/d[j];
    end;
    if s > eps then goto reen;
```

§ 10.5. Das Verfahren der konjugierten Gradienten

Das bereits als unzweckmässig abgeschriebene Verfahren des stärksten Abstiegs kann in überraschender Weise verbessert werden, indem man nach der Ankunft im Minimalpunkt $\boldsymbol{x}_k$ (von $\boldsymbol{x}_{k-1}$ her auf der Geraden $\boldsymbol{x}_{k-1} + t\,\boldsymbol{h}_{k-1}$) nicht einfach das Minimum längs dem von $\boldsymbol{x}_k$ ausgehenden Gradienten $\boldsymbol{r}_k$ sucht, sondern das Minimum in der ganzen Ebene E_k, die von den durch den Punkt $\boldsymbol{x}_k$ laufenden Vektoren $-\boldsymbol{r}_k$ und $\boldsymbol{h}_{k-1}$ aufgespannt wird (s. Fig. 10.11).

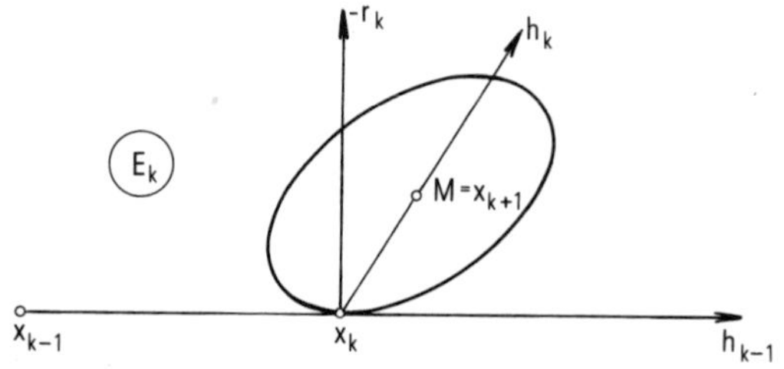

Figur 10.11. *Wahl der neuen Relaxationsrichtung* $\boldsymbol{h}_k$ *konjugiert zu* $\boldsymbol{h}_{k-1}$.

Betrachten wir die Schnittkurven dieser Ebene E_k mit den Niveauflächen $F = \text{const}$, so können wir erkennen, dass dies konzentrische Ellipsen sind, von denen eine in $\boldsymbol{x}_k$ den Vektor $\boldsymbol{h}_{k-1}$ berührt und deren gemeinsamer Mittelpunkt M das gesuchte Minimum von F auf E_k liefert. Um zu diesem Mittelpunkt zu gelangen, wählt man in $\boldsymbol{x}_k$ die neue Relaxationsrichtung in der Ebene E_k und konjugiert zu $\boldsymbol{h}_{k-1}$ (denn diese konjugierte Richtung läuft durch M):

$$\boldsymbol{h}_k = -\boldsymbol{r}_k + \varepsilon_{k-1}\,\boldsymbol{h}_{k-1} \quad (k \neq 0), \tag{22}$$

$$(\boldsymbol{h}_k, \boldsymbol{A}\boldsymbol{h}_{k-1}) = 0. \tag{23}$$

Durch Einsetzen von (22) in (23) erhält man

$$\varepsilon_{k-1} = \frac{(\boldsymbol{r}_k, \boldsymbol{A}\boldsymbol{h}_{k-1})}{(\boldsymbol{h}_{k-1}, \boldsymbol{A}\boldsymbol{h}_{k-1})}, \tag{24}$$

womit die Relaxationsrichtung (22) bestimmt ist. In dieser Richtung $\boldsymbol{h}_k$ geht man bis zum Minimalpunkt, der zwangsläufig der Ellipsenmittelpunkt ist, setzt also

$$\boldsymbol{x}_{k+1} = \boldsymbol{x}_k + \lambda_k \boldsymbol{h}_k, \tag{25}$$

wobei nach (13)

$$\lambda_k = -\frac{(\boldsymbol{h}_k, \boldsymbol{r}_k)}{(\boldsymbol{h}_k, \boldsymbol{A}\boldsymbol{h}_k)}. \tag{26}$$

Damit wäre ein Schritt vollendet, man muss jetzt nur noch im neuen Punkt $\boldsymbol{x}_{k+1}$ das Residuum $\boldsymbol{r}_{k+1}$ bestimmen. Hierzu erhält man aus (25):

$$\boldsymbol{A}\boldsymbol{x}_{k+1} + \boldsymbol{b} = \boldsymbol{A}\boldsymbol{x}_k + \boldsymbol{b} + \lambda_k \boldsymbol{A}\boldsymbol{h}_k$$

oder

$$\boldsymbol{r}_{k+1} = \boldsymbol{r}_k + \lambda_k \boldsymbol{A}\boldsymbol{h}_k. \tag{27}$$

Weil der Punkt $\boldsymbol{x}_{k+1}$ das Minimum der Funktion $F(\boldsymbol{x})$ in der Ebene E_k liefert, muss der Gradient an dieser Stelle, also $\boldsymbol{r}_{k+1}$, zu E_k senkrecht stehen:

$$(\boldsymbol{r}_{k+1}, \boldsymbol{r}_k) = (\boldsymbol{r}_{k+1}, \boldsymbol{h}_k) = (\boldsymbol{r}_{k+1}, \boldsymbol{h}_{k-1}) = 0. \tag{28}$$

Auf Grund dieser Orthogonalität können die Formeln (24) und (26) noch etwas vereinfacht werden. Mit (22) ergibt sich zunächst

$$(\boldsymbol{r}_k, \boldsymbol{h}_k) = -\|\boldsymbol{r}_k\|^2 + \varepsilon_{k-1}(\boldsymbol{r}_k, \boldsymbol{h}_{k-1}) = -\|\boldsymbol{r}_k\|^2. \tag{29}$$

Wir erhalten also anstelle von (26):

$$\lambda_k = \frac{\|\boldsymbol{r}_k\|^2}{(\boldsymbol{h}_k, \boldsymbol{A}\boldsymbol{h}_k)}. \tag{30}$$

Sodann folgt aus (27) und (28):

$$\lambda_{k-1}(\boldsymbol{r}_k, \boldsymbol{A}\boldsymbol{h}_{k-1}) = (\boldsymbol{r}_k, \lambda_{k-1}\boldsymbol{A}\boldsymbol{h}_{k-1}) = (\boldsymbol{r}_k, \boldsymbol{r}_k - \boldsymbol{r}_{k-1}) = \|\boldsymbol{r}_k\|^2;$$

da aber nach (24), (26) und (29)

$$\varepsilon_{k-1} = \frac{\lambda_{k-1}(\boldsymbol{r}_k, \boldsymbol{A}\boldsymbol{h}_{k-1})}{\|\boldsymbol{r}_{k-1}\|^2}$$

ist, wird schliesslich

$$\varepsilon_{k-1} = \frac{\|\boldsymbol{r}_k\|^2}{\|\boldsymbol{r}_{k-1}\|^2}. \tag{31}$$

Wie die neuen Formeln (30), (31) zeigen, sind sämtliche Koeffizienten λ_k, ε_k zwangsläufig *positiv*.

Der gesamte Rechenprozess wird mit einem beliebigen Vektor $\boldsymbol{x}_0$ begonnen, für den man $\boldsymbol{r}_0 = \boldsymbol{A}\boldsymbol{x}_0 + \boldsymbol{b}$ berechnet und $\boldsymbol{h}_0 = -\boldsymbol{r}_0$ als erste Relaxationsrichtung wählt. Alsdann verläuft dieses *Verfahren der konjugierten Gradienten* nach folgender Vorschrift:

for *k* := *0* **step** *1* **until** *m* **do**
begin
  if k ≠ *0* **then begin comment** *hier Formeln (31), (22) auswerten* **end**;
  comment *Ah_k berechnen;*
  comment *nacheinander Formeln (30), (25), (27) auswerten;*
end;

Wie man sieht, werden hier nur die Produkte $\boldsymbol{A}\boldsymbol{x}_0$, $\boldsymbol{A}\boldsymbol{h}_k$ $(k = 0, 1, \ldots)$ benötigt; man kann also das Operatorprinzip anwenden.

Spezielle Eigenschaften des Verfahrens der konjugierten Gradienten. Die wichtigste Eigenschaft dieses von E. Stiefel und M. Hestenes[1] gefundenen Rechenprozesses ist:

$$(\boldsymbol{r}_i, \boldsymbol{r}_j) = 0, \quad (\boldsymbol{h}_i, \boldsymbol{A}\boldsymbol{h}_j) = 0 \quad \text{für } i \neq j, \tag{32}$$

das heisst die Residuen sind orthogonal und die Relaxationsrichtungen sind konjugiert.

Beweis durch vollständige Induktion: Man nimmt an, dass (32) für $i, j \leqq k$ richtig ist. Es wird ferner vorausgesetzt, dass $\boldsymbol{r}_0, \ldots, \boldsymbol{r}_k \neq \boldsymbol{0}$.

Für $i, j \leqq k = 1$ ist (32) erfüllt, denn es ist $(\boldsymbol{r}_0, \boldsymbol{r}_1) = 0$ nach (28), $(\boldsymbol{h}_1, \boldsymbol{A}\boldsymbol{h}_0) = 0$ nach (23). Zu zeigen ist also, dass die Induktionsvoraussetzung impliziert

$$(\boldsymbol{r}_{k+1}, \boldsymbol{r}_j) = 0 \quad (j = 0, \ldots, k), \tag{33}$$

$$(\boldsymbol{h}_{k+1}, \boldsymbol{A}\boldsymbol{h}_j) = 0 \quad (j = 0, \ldots, k). \tag{34}$$

Für $j = k$ folgt (33) direkt aus (28), (34) aus (23). Im Fall $j < k$ nehmen wir (27), (22) und die Induktionsvoraussetzung zu Hilfe:

$$\begin{aligned}(\boldsymbol{r}_{k+1}, \boldsymbol{r}_j) &= (\boldsymbol{r}_k, \boldsymbol{r}_j) + \lambda_k (\boldsymbol{A}\boldsymbol{h}_k, \boldsymbol{r}_j)\\ &= 0 + \lambda_k (\boldsymbol{A}\boldsymbol{h}_k, -\boldsymbol{h}_j + \varepsilon_{j-1} \boldsymbol{h}_{j-1})\\ &= -\lambda_k (\boldsymbol{A}\boldsymbol{h}_k, \boldsymbol{h}_j) + \lambda_k \varepsilon_{j-1} (\boldsymbol{A}\boldsymbol{h}_k, \boldsymbol{h}_{j-1}) = 0\end{aligned}$$

(für $j = 0$ fehlt das Glied mit $\boldsymbol{h}_{j-1}$). Damit ist (33) bewiesen. Weiter folgt nun aus (22) und der Voraussetzung:

$$(\boldsymbol{h}_{k+1}, \boldsymbol{A}\boldsymbol{h}_j) = -(\boldsymbol{r}_{k+1}, \boldsymbol{A}\boldsymbol{h}_j) + \varepsilon_k (\boldsymbol{h}_k, \boldsymbol{A}\boldsymbol{h}_j) = -(\boldsymbol{r}_{k+1}, \boldsymbol{A}\boldsymbol{h}_j).$$

Wegen $\boldsymbol{r}_j \neq \boldsymbol{0}$ ist $\lambda_j \neq 0$, also nach (27) und (33)

$$\boldsymbol{A}\boldsymbol{h}_j = \frac{1}{\lambda_j}(\boldsymbol{r}_{j+1} - \boldsymbol{r}_j),$$

$$(\boldsymbol{h}_{k+1}, \boldsymbol{A}\boldsymbol{h}_j) = (\boldsymbol{r}_{k+1}, \boldsymbol{r}_{j+1} - \boldsymbol{r}_j)\frac{1}{\lambda_j} = 0; \text{ w. z. b. w.}$$

---

[1] HESTENES M. R., STIEFEL E.: Methods of conjugate gradients for solving linear systems, *J. Res. Nat. Bur. Standards* **49**, 409–436 (1952). Vgl. auch ENGELI M., GINSBURG TH., RUTISHAUSER H., STIEFEL E.: *Refined Iterative Methods for Computation of the Solution and the Eigenvalues of Self-Adjoint Boundary Value Problems,* Mitt. Inst. f. angew. Math. ETH Zürich, Nr. 8, Birkhäuser Verlag, Basel 1959.

Es geschieht somit folgendes: $\boldsymbol{r}_0, \boldsymbol{r}_1, \ldots, \boldsymbol{r}_k$ sind gegenseitig orthogonal, und entweder ist $\boldsymbol{r}_{k+1} = \boldsymbol{0}$ oder $\boldsymbol{r}_{k+1}$ ist ebenfalls senkrecht zu $\boldsymbol{r}_0, \ldots, \boldsymbol{r}_k$. Spätestens für $k+1 = n$ muss aber der erste Fall eintreten, das heisst, es ist spätestens $\boldsymbol{r}_n = \boldsymbol{0}$ und damit $\boldsymbol{x}_n$ die gesuchte Lösung.

Das Verfahren der konjugierten Gradienten liefert also (theoretisch) nach spätestens n Schritten die Lösung des Gleichungssystems als $\boldsymbol{x}_n$. Es ist demnach einerseits ein Relaxationsverfahren, das mit jedem Schritt die Funktion F verkleinert, anderseits wird aber die Lösung wie bei den Eliminationsverfahren in endlich vielen Schritten erreicht (jedoch ohne dass man die Matrix $\boldsymbol{A}$ als solche braucht). Dies bedeutet, dass die sogenannten iterativen Verfahren und die direkten Verfahren nicht disjunkte Mengen sind.

Nun wird allerdings diese interessante Eigenschaft durch die Rundungsfehler erheblich gestört. Die inneren Produkte $(\boldsymbol{r}_i, \boldsymbol{r}_j)$ werden praktisch nicht genau 0, insbesondere wenn i und j weit auseinander liegen. Als Folge davon wird $\boldsymbol{r}_n \neq \boldsymbol{0}$, ja unter Umständen nicht einmal sehr klein. Wenn dies geschieht, soll man einfach unbekümmert weiterrechnen.

Beispiel. Wir lösen wieder das einfache Gleichungssystem

$$\begin{aligned} 137\,x - 100\,y - 11 &= 0 \\ -100\,x + 73\,y + 8 &= 0 \end{aligned}$$

und starten dazu im Punkt $\boldsymbol{x}_0 = (0, 0)^T$, für den $\boldsymbol{r}_0 = (-11, 8)^T$, $\|\boldsymbol{r}_0\|^2 = 185$ ist. Weiter wird:

$$\begin{aligned}
&\boldsymbol{h}_0 = (11, -8)^T, \quad \boldsymbol{A}\boldsymbol{h}_0 = (2307, -1684)^T, \\
&(\boldsymbol{h}_0, \boldsymbol{A}\boldsymbol{h}_0) = 38849, \quad \lambda_0 = 0.004762027, \\
&\boldsymbol{x}_1 = (0.05238230, -0.03809622)^T, \\
&\boldsymbol{r}_1 = (-0.01400400, -0.01925300)^T, \\
&\|\boldsymbol{r}_1\|^2 = 0.0005667900, \quad \varepsilon_0 = 0.000003063730, \\
&\boldsymbol{h}_1 = (0.01403770, 0.01922849)^T, \\
&\boldsymbol{A}\boldsymbol{h}_1 = (0.0003160, -0.000090)^T, \\
&(\boldsymbol{h}_1, \boldsymbol{A}\boldsymbol{h}_1) = 0.000002705349, \quad \lambda_1 = 209.5072, \\
&\boldsymbol{x}_2 = (2.993382, 3.990411)^T, \\
&\boldsymbol{r}_2 = (0.05220028, -0.03810865)^T.
\end{aligned}$$

Bei der Berechnung von $\boldsymbol{r}_1$ und $\boldsymbol{A}\boldsymbol{h}_1$ trat starke Auslöschung auf. $\boldsymbol{r}_2$ sollte gleich $\boldsymbol{0}$ sein, doch es ist sogar $\|\boldsymbol{r}_2\| > \|\boldsymbol{r}_1\|$. Wir fahren deshalb weiter:

$$\begin{aligned}
&\|\boldsymbol{r}_2\|^2 = 0.004177138, \quad \varepsilon_1 = 7.369816, \\
&\boldsymbol{h}_2 = (0.05125500, 0.1798191)^T \\
&\boldsymbol{A}\boldsymbol{h}_2 = (-10.95998, 8.001295)^T \\
&(\boldsymbol{h}_2, \boldsymbol{A}\boldsymbol{h}_2) = 0.8770320, \quad \lambda_2 = 0.004762811, \\
&\boldsymbol{x}_3 = (2.993626, 3.991267)^T, \\
&\boldsymbol{r}_3 = (-3_{10^{-8}}, {}_{10^{-8}})^T.
\end{aligned}$$

Auf den ersten Blick scheint $\boldsymbol{x}_3$ nicht besser als $\boldsymbol{x}_2$ zu sein. Tatsächlich ist aber $\boldsymbol{x}_3$ wenigstens in der Sohle des Grabens, den die Funktion $F(\boldsymbol{x})$ im dreidimensionalen Raum bildet. $F(\boldsymbol{x}_3)$ liegt nur ungefähr $2.8_{10}-7$ über dem Minimalwert, $F(\boldsymbol{x}_2)$ dagegen um $2_{10}-5$. Auch ist $\boldsymbol{r}_3$ auffallend viel kürzer als $\boldsymbol{r}_2$.

§ 10.6. **Anwendung auf ein komplizierteres Problem**

Es sei die Durchbiegung $u(x, y)$ einer quadratischen Platte zu berechnen, die an allen vier Seiten eingespannt ist. Für diese Durchbiegung gilt, wenn $p(x, y)$ die Belastung der Platte im Punkt (x, y) bezeichnet:

$$\Delta^2 u = p(x, y) \quad \text{im Innern,} \tag{35}$$

$$u = 0, \quad \frac{\partial u}{\partial n} = 0 \quad \text{am Rande.} \tag{36}$$

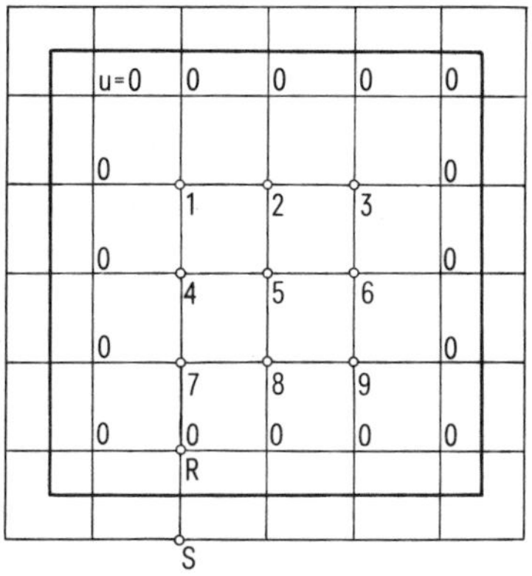

Figur 10.12. *Diskretisation beim Problem der eingespannten Platte.*

Wir verwenden die Randbedingungen so, dass wir ein duales Netz legen, das heisst ein Netz, bei dem der Rand des Quadrates nicht den Maschen entlang läuft, sondern diese halbiert (s. Fig. 10.12). Dann bedeutet $u = 0$ am Rande $u(R)+u(S) = 0$, $\partial u/\partial n$ hingegen $u(R)-u(S) = 0$, so dass wir u in allen dem Rand benachbarten Gitterpunkten gleich 0 zu setzen haben. Es bleiben somit nur 9 innere Punkte, in welchen die Differentialgleichung (35) anzusetzen ist. Der Laplace-Operator

$$\Delta = \frac{\partial^2}{\partial x^2} + \frac{\partial^2}{\partial y^2}$$

wird im Gitter ja durch den mit $1/h^2$ multiplizierten Operator aus Fig. 10.5 approximiert. Für den biharmonischen Operator

$$\Delta^2 = \frac{\partial^4}{\partial x^4} + 2\,\frac{\partial^4}{\partial x^2 \partial y^2} + \frac{\partial^4}{\partial y^4}$$

ist jener zweimal anzuwenden. Dazu wählen wir im u-Feld um den Wert u_p herum folgende Bezeichnungen:

$$\begin{matrix} & & u_{NN} & & \\ & u_{NW} & u_N & u_{NE} & \\ u_{WW} & u_W & u_P & u_E & u_{EE} \\ & u_{SW} & u_S & u_{SE} & \\ & & u_{SS} & & \end{matrix}$$

Im Δu-Feld hat man dann in den Punkten N, W, P, E, S die Werte (abgesehen vom Faktor $1/h^2$):

$$\begin{matrix} & 4u_N-u_P-u_{NW}-u_{NN}-u_{NE} & \\ 4u_W-u_P-u_{SW}-u_{WW}-u_{NW} & 4u_P-u_W-u_N-u_E-u_S & 4u_E-u_P-u_{NE}-u_{EE}-u_{SE} \\ & 4u_S-u_P-u_{SE}-u_{SS}-u_{SW} & \end{matrix}$$

Folglich ist angenähert in P

$$\Delta^2 u \approx \frac{1}{h^4}(20u_P-8u_N-8u_W-8u_E-8u_S+2u_{NW}+2u_{NE}+2u_{SW}+2u_{SE}+u_{NN}$$
$$+u_{WW}+u_{EE}+u_{SS}),$$

das heisst, es ist $h^4\Delta^2$ im Gitter durch den Operator in Fig. 10.13 zu ersetzen.

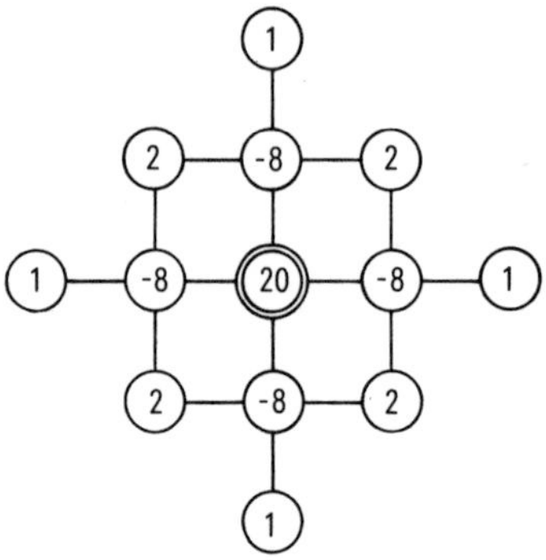

Figur 10.13. *Differenzenoperator beim Platten-Problem.*

(Man hätte dieses Resultat auch einfacher erhalten können, nämlich durch Anwenden des Operators aus Fig. 10.5 auf sich.)

Damit erhält man für unser Problem das Gleichungssystem (p_k ist die Belastung im Punkt k):

u_1	u_2	u_3	u_4	u_5	u_6	u_7	u_8	u_9	1		
20	−8	1	−8	2	0	1	0	0	$-h^4p_1$	= 0	
−8	20	−8	2	−8	2	0	1	0	$-h^4p_2$	= 0	
1	−8	20	0	2	−8	0	0	1	$-h^4p_3$	= 0	
−8	2	0	20	−8	1	−8	2	0	$-h^4p_4$	= 0	
2	−8	2	−8	20	−8	2	−8	2	$-h^4p_5$	= 0	(37)
0	2	−8	1	−8	20	0	2	−8	$-h^4p_6$	= 0	
1	0	0	−8	2	0	20	−8	1	$-h^4p_7$	= 0	
0	1	0	2	−8	2	−8	20	−8	$-h^4p_8$	= 0	
0	0	1	0	2	−8	1	−8	20	$-h^4p_9$	= 0	

Die Matrix ist hier ziemlich ausgefüllt, doch wenn das Gitter verfeinert wird, nehmen die Nullen überhand. Im allgemeinen Fall hat die Matrix die Gestalt

$$\begin{pmatrix} \boldsymbol{A} & \boldsymbol{B} & \boldsymbol{I} & & & & & 0 \\ \boldsymbol{B} & \boldsymbol{A} & \boldsymbol{B} & \boldsymbol{I} & & & & \\ \boldsymbol{I} & \boldsymbol{B} & \boldsymbol{A} & \boldsymbol{B} & \boldsymbol{I} & & & \\ & \boldsymbol{I} & \boldsymbol{B} & \boldsymbol{A} & \boldsymbol{B} & \boldsymbol{I} & & \\ & & \cdot & \cdot & \cdot & \cdot & \cdot & \\ & & & \cdot & \cdot & \cdot & \cdot & \cdot \\ & 0 & & & \cdot & \cdot & \cdot & \cdot & \cdot \end{pmatrix} \tag{38}$$

mit

$$\boldsymbol{A} = \begin{pmatrix} 20 & -8 & 1 & & & & 0 \\ -8 & 20 & -8 & 1 & & & \\ 1 & -8 & 20 & -8 & 1 & & \\ & 1 & -8 & 20 & -8 & 1 & \\ & & \cdot & \cdot & \cdot & \cdot & \cdot \\ & & & \cdot & \cdot & \cdot & \cdot & \cdot \\ & 0 & & & \cdot & \cdot & \cdot & \cdot & \cdot \end{pmatrix}, \tag{39}$$

$$\boldsymbol{B} = \begin{pmatrix} -8 & 2 & & & & 0 \\ 2 & -8 & 2 & & & \\ & 2 & -8 & 2 & & \\ & & 2 & -8 & 2 & \\ & & & \cdot & \cdot & \cdot \\ & & & & \cdot & \cdot & \cdot \\ & 0 & & & & \cdot & \cdot & \cdot \end{pmatrix}. \tag{40}$$

Man schreibt aber auch hier die Gleichungen besser nicht auf, sondern gibt für jeden Punkt den Operatortyp und die Nachbarn an:

	Op.	N	E	S	W	NN	NE	EE	SE	SS	SW	WW	NW
Punkt 1	1	0	2	4	0	0	0	3	5	7	0	0	0
Punkt 2	1	0	3	5	1	0	0	0	6	8	4	0	0
⋮	⋮	⋮											
Punkt 9	1	6	0	0	8	3	0	0	0	0	0	7	5
Oper. 1	20	−8	−8	−8	−8	1	2	1	2	1	2	1	2

(Die letzte Zeile des Tableaus enthält die Operatordefinition.) Bei grossen Gittern ist dies eine bedeutende Einsparung an Daten. Natürlich würde es genügen, die unmittelbaren Nachbarn N, E, S, W anzugeben, aber man würde dann beim Rechnen zuviel Zeit mit dem Absuchen dieser Liste verlieren.

Wenn die Platte nicht überall eingespannt ist, wird es wesentlich komplizierter. Man findet die gesuchte Durchbiegung u allgemein als Lösung des folgenden Minimumproblems:

$$\frac{1}{2}\int_Q (\Delta u)^2\,dx\,dy + (1-\mu)\iint_Q \left[\left(\frac{\partial^2 u}{\partial x\,\partial y}\right)^2 - \frac{\partial^2 u}{\partial x^2}\frac{\partial^2 u}{\partial y^2}\right] dx\,dy \tag{41}$$

$$-12\,\frac{1-\mu^2}{E\,d^3}\int_Q u\,p\,dx\,dy = \text{minimal}.$$

Das Integral

$$\int_Q (u_{xy}^2 - u_{xx}u_{yy})\,dx\,dy$$

kann dabei in das Linienintegral

$$I_2 = \oint_{\partial Q} u_y\,du_x = \oint_{\partial Q} u_y(u_{xx}dx + u_{xy}dy) \tag{42}$$

(erstreckt über den Rand ∂Q des Gebietes) umgewandelt werden. Bei Einspannung des ganzen Randes fällt dieser Beitrag weg, da dann dort $u_x = u_y = 0$ ist.

Wir behandeln nun speziell eine Platte, die links eingespannt ist, rechts aufliegt und unten und oben frei ist (s. Fig. 10.14).

Zum Integral

$$I_1 = \frac{1}{2}\int_Q (\Delta u)^2\,dx\,dy \tag{43}$$

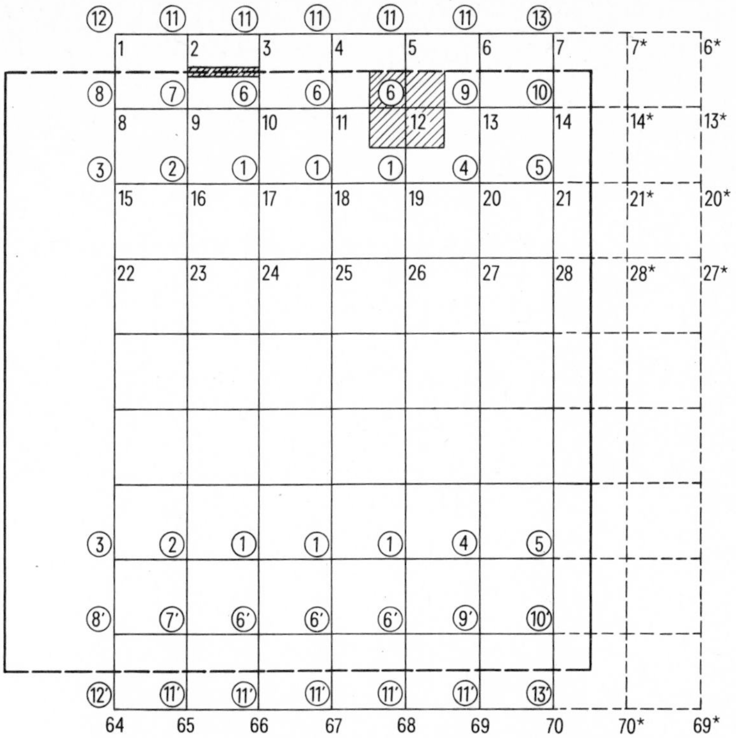

Figur 10.14. *Diskretisation bei einem speziellen Platten-Problem.*

liefern das Quadrat mit Mittelpunkt 12 und die umliegenden Quadrate folgende Beiträge:

$$\frac{1}{2} h^2 (\Delta u)^2 \bigg|_{12} \approx \frac{1}{2h^2} (4u_{12} - u_5 - u_{11} - u_{13} - u_{19})^2,$$

$$\frac{1}{2} h^2 (\Delta u)^2 \bigg|_{11} \approx \frac{1}{2h^2} (4u_{11} - u_4 - u_{10} - u_{12} - u_{18})^2,$$

$$\frac{1}{2} h^2 (\Delta u)^2 \bigg|_{13} \approx \frac{1}{2h^2} (4u_{13} - u_6 - u_{12} - u_{14} - u_{20})^2,$$

$$\frac{1}{2} h^2 (\Delta u)^2 \bigg|_{19} \approx \frac{1}{2h^2} (4u_{19} - u_{12} - u_{18} - u_{20} - u_{26})^2.$$

Das sind die einzigen Quadrate, in denen der Wert u_{12} vorkommt. (Um den Punkt 5 herum gibt es kein Quadrat, weil dieser Punkt ausserhalb der Platte liegt.) Es ist daher

$$\frac{\partial I_1}{\partial u_{12}} \approx \frac{1}{h^2} (19 u_{12} - 4u_5 - 8u_{11} - 8u_{13} - 8u_{19} + u_4 + u_6 + u_{10} + u_{14} + 2u_{18} + 2u_{20} + u_{26}). \tag{44}$$

Entsprechend für u_{19} (in diesem Fall tragen die Quadrate mit den Mittelpunkten 12, 18, 19, 20, 26 bei):

$$\frac{\partial I_1}{\partial u_{19}} \approx \frac{1}{h^2} (20 u_{19} - 8 u_{12} - 8 u_{18} - 8 u_{20} - 8 u_{26} + u_5 + 2 u_{11} + 2 u_{13} + u_{17} + u_{21} + 2 u_{25} + 2 u_{27} + u_{33}) . \tag{45}$$

u_5 kommt hingegen einzig im Beitrag des Quadrates mit Mittelpunkt 12 vor:

$$\frac{\partial I_1}{\partial u_5} \approx \frac{1}{h^2} (-4 u_{12} + u_5 + u_{11} + u_{13} + u_{19}). \tag{46}$$

In der obersten Punktreihe (ausgenommen in den Punkten 1 und 7) gilt daher der Operator links in Fig. 10.15, in der zweitobersten Reihe auf Grund von (44) jener rechts in dieser Figur (Ausnahmen: 8, 9, 13, 14). Im Innern braucht man nach (45) den normalen diskreten biharmonischen Operator aus Fig. 10.13.

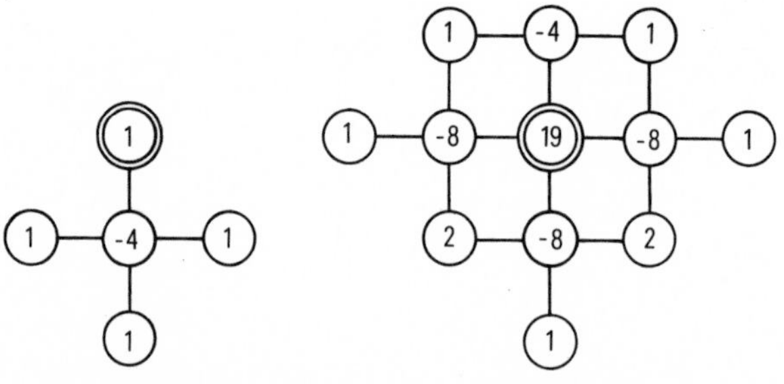

Figur 10.15. *Operatoren für die zwei obersten Punktreihen.*

Dieselben Operatoren würden auch am linken und rechten Rand gelten. Man muss nur beachten, dass $u = 0$ ist links der Reihe 1–64 und dass die u-Werte in der Reihe 7*–70* denen in der Reihe 7–70 entgegengesetzt gleich sind. (Entsprechendes gilt auch für die Reihe 6*–69*.) So findet man für die Punkte 15, 16, 20, 21 die in Fig. 10.16 gezeichneten Operatoren (wie immer bis auf den Faktor $1/h^2$).

Nun ist aber noch eine Nachbehandlung erforderlich, um das Glied $(1-\mu) I_2$ zu berücksichtigen. Da auf den vertikalen Rändern $u \equiv 0$, also $u_y = 0$ ist, bleiben von I_2 nur die Teilintegrale über den oberen Rand Γ_1 und den unteren Rand Γ_2 übrig:

$$\begin{aligned} I_2 &= - \int_{\Gamma_1} u_y u_{xx} \, dx + \int_{\Gamma_2} u_y u_{xx} \, dx \\ &= - u_y u_x |_{\partial \Gamma_1} + \int_{\Gamma_1} u_{xy} u_x \, dx + u_x u_y |_{\partial \Gamma_2} - \int_{\Gamma_2} u_{xy} u_x \, dx \\ &= \frac{1}{2} \frac{\partial}{\partial y} \int_{\Gamma_1} u_x^2 \, dx - \frac{1}{2} \frac{\partial}{\partial y} \int_{\Gamma_2} u_x^2 \, dx . \end{aligned}$$

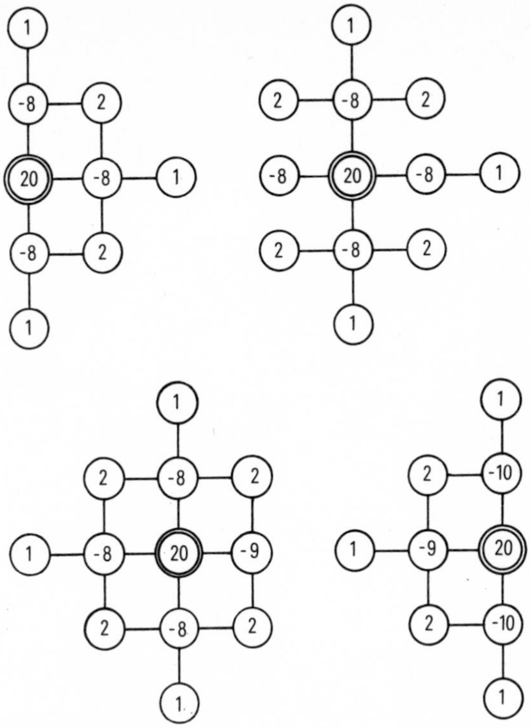

Figur 10.16. *Operatoren für den linken und den rechten Rand.*

Nun ist etwa für das schraffierte Randstück in Fig. 10.14:

$$\frac{\partial}{\partial y}\int u_x^2\,dx = \frac{1}{h}\left[\int_2^3 u_x^2\,dx - \int_9^{10} u_x^2\,dx\right] \approx \frac{1}{h^2}\left[(u_3-u_2)^2-(u_{10}-u_9)^2\right].$$

Insgesamt ergibt sich also:

$$\begin{aligned} I_2 \approx \frac{1}{2h^2}\Big[\, & u_1^2+(u_2-u_1)^2+(u_4-u_3)^2+(u_5-u_4)^2+(u_6-u_5)^2 \\ & +(u_7-u_6)^2+\frac{1}{2}(u_{7*}-u_7)^2-u_8^2-(u_9-u_8)^2-(u_{10}-u_9)^2 \\ & -(u_{11}-u_{10})^2-(u_{12}-u_{11})^2-(u_{13}-u_{12})^2-(u_{14}-u_{13})^2 \\ & -\frac{1}{2}(u_{14*}-u_{14})^2\Big] + \text{ebensolche Beiträge von } \Gamma_2, \end{aligned}$$

wobei $u_{7*} = -u_7, u_{14*} = -u_{14}$. Weiter wird:

$$h^2 \frac{\partial I_2}{\partial u_1} \approx 2u_1 - u_2, \quad h^2 \frac{\partial I_2}{\partial u_2} \approx -u_1 + 2u_2 - u_3, \ldots,$$

$$h^2 \frac{\partial I_2}{\partial u_6} \approx -u_5 + 2u_6 - u_7, \quad h^2 \frac{\partial I_2}{\partial u_7} \approx 3u_7 - u_6,$$

$$h^2 \frac{\partial I_2}{\partial u_8} \approx -2u_8 + u_9, \quad h^2 \frac{\partial I_2}{\partial u_9} \approx u_8 - 2u_9 + u_{10}, \ldots,$$

$$h^2 \frac{\partial I_2}{\partial u_{13}} \approx u_{12} - 2u_{13} + u_{14}, \quad h^2 \frac{\partial I_2}{\partial u_{14}} \approx -3u_{14} + u_{13}.$$

Wenn wir etwa $\mu = 0.167$ annehmen, so haben wir also in (41) den Term $0.833\, I_2$ in Rechnung zu stellen. Er erfordert, dass (46) und (44) ergänzt werden durch

$$0.833 \frac{\partial I_2}{\partial u_5} \approx -0.833\, u_4 + 1.666\, u_5 - 0.833\, u_6,$$

$$0.833 \frac{\partial I_2}{\partial u_{12}} \approx 0.833\, u_{11} - 1.666\, u_{12} + 0.833\, u_{13}.$$

Um diese Beiträge sind die Operatoren am oberen Rand zu korrigieren. Ihre neue Form geht aus Fig. 10.17 hervor: oben links ist der Operator für den Punkt 1 gezeichnet, oben rechts der für die Punkte 2–6, unten links derjenige für Punkt 7 und rechts der für 10, 11, 12.

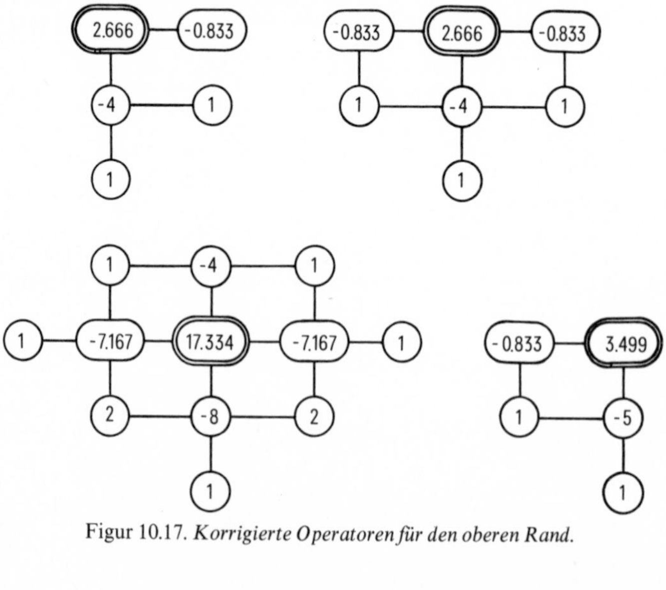

Figur 10.17. *Korrigierte Operatoren für den oberen Rand.*

Die Operatoren zu den Punkten 8, 9, 13, 14 können leicht analog bestimmt werden. Die Operatoren für die Punkte am unteren Rand erhält man natürlich direkt durch Spiegelung. Zur Übersicht enthält Tab. 10.1 eine Gesamtliste der 13 wesentlich verschiedenen in diesem Problem auftretenden Operatoren (bis auf den Faktor l/h^2). In Fig. 10.14 geben die eingekreisten Zahlen sodann an, welcher Operator zu welchen Gitterpunkten gehört. Die Nummern 6′, 7′, …, 13′ bezeichnen dabei die in Nord-Süd-Richtung gespiegelten Operatoren 6, 7, …, 13.

Tab. 10.1. *Gesamtliste der Operatoren eines speziellen Plattenproblems*

Op.	*P*	*N*	*E*	*S*	*W*	*NN*	*NE*	*EE*	*SE*	*SS*	*SW*	*WW*	*NW*
1	20	−8	−8	−8	−8	1	2	1	2	1	2	1	2
2	20	−8	−8	−8	−8	1	2	1	2	1	2	0	2
3	20	−8	−8	−8	0	1	2	1	2	1	0	0	0
4	20	−8	−9	−8	−8	1	2	0	2	1	2	1	2
5	28	−10	0	−10	−9	1	0	0	0	1	2	1	2
6	17.334	−4	−7.167	−8	−7.167	0	1	1	2	1	2	1	1
7	17.334	−4	−7.167	−8	−7.167	0	1	1	2	1	2	0	1
8	17.334	−4	−7.167	−8	0	0	1	1	2	1	0	0	0
9	17.334	−4	−8.167	−8	−7.167	0	1	0	2	1	2	1	1
10	24.501	−5	0	−10	−8.167	0	0	0	0	1	2	1	1
11	2.666	0	−0.833	−4	−0.833	0	0	0	1	1	1	0	0
12	2.666	0	−0.833	−4	0	0	0	0	1	1	0	0	0
13	3.499	0	0	−5	−0.833	0	0	0	0	1	1	0	0

In der Gesamtenergie (41) steckt schliesslich noch der Term

$$I_3 = -12\,\frac{1-\mu^2}{E\,d^3}\int\limits_Q p(x,y)\,u(x,y)\,dx\,dy, \tag{47}$$

wo $p(x,y)$ die Belastung bedeutet. Da wir die übrigen Terme (willkürlich) mit h^2 multipliziert haben, müssen wir es auch hier tun und finden

$$h^2 I_3 \approx -\gamma \sum_{k=1}^{70} p_k u_k \quad \text{mit} \quad \gamma = \frac{12(1-\mu^2)}{E\,d^3}\,h^4.$$

Differentiation liefert

$$h^2 \frac{\partial I_3}{\partial u_k} \approx -\gamma\, p_k.$$

Diese Werte $-\gamma p_k$ $(k = 1, \ldots, 70)$ bilden den Vektor $\boldsymbol{b}$ des Gleichungssystems, während die Operatoren die Matrix $\boldsymbol{A}$ definieren. Man beachte aber, dass $p_1, \ldots, p_7, p_{64}, \ldots, p_{70}$ alle gleich 0 sein müssen.

§ 10.7. **Etwas über Normen und die Kondition einer Matrix**

Normen sind Verallgemeinerungen des Absolutbetragbegriffes auf Vektoren und Matrizen. Sie dienen unter anderem dazu, Vektoren und Matrizen bei Iterationsprozessen abzuschätzen.

Wir betrachten hier nur *Vektornormen* der Form

$$\|\boldsymbol{x}\|_p = \sqrt[p]{\sum_{i=1}^{n} |x_i|^p} \tag{48}$$

mit $p \geqq 1$, sogenannte *Hölder-Normen.* Speziell heisst diese Norm im Fall

$p = 1$: *Betragsnorm,*
$p = 2$: *Euklidische Norm,*
$p = \infty$: *Maximumnorm.*

$p = \infty$ ist ein Grenzfall, bei dem (48) in

$$\|\boldsymbol{x}\|_\infty = \max_{1 \leqq i \leqq n} |x_i| \tag{49}$$

übergeht.

In allen diesen Fällen gilt

$$\begin{aligned} &\|\boldsymbol{x}\| > 0 \quad \text{für} \quad \boldsymbol{x} \neq \boldsymbol{0}, \\ &\|k\boldsymbol{x}\| = |k|\,\|\boldsymbol{x}\| \quad (k \text{ beliebiger Skalar}), \\ &\|\boldsymbol{x} + \boldsymbol{y}\| \leqq \|\boldsymbol{x}\| + \|\boldsymbol{y}\|. \end{aligned} \tag{50}$$

Die Mengen $\{\boldsymbol{x} \mid \|\boldsymbol{x}\|_p \leqq 1\}$ haben im $\mathfrak{R}^n$ folgende geometrische Bedeutung:

$p = 1$: Hyperoktaeder,
$p = 2$: Hyperkugel,
$p = \infty$: Hyperwürfel.

Matrixnormen könnte man unabhängig definieren. Wir wollen uns aber auf abgeleitete Matrixnormen beschränken: Es ist

$$\|\boldsymbol{A}\|_p = \max_{\boldsymbol{x} \neq \boldsymbol{0}} \frac{\|\boldsymbol{A}\boldsymbol{x}\|_p}{\|\boldsymbol{x}\|_p} \tag{51}$$

die aus der Vektornorm $\|\ \|_p$ *abgeleitete Matrixnorm.*

Die charakteristischen Eigenschaften der Vektornormen werden auf die abgeleitete Matrixnorm vererbt:

$$\begin{aligned} &\| \boldsymbol{A} \| > 0, \quad \| \boldsymbol{A} \| = 0 \quad \text{nur für } \boldsymbol{A} = \boldsymbol{0}, \\ &\| k\boldsymbol{A} \| = |k| \, \| \boldsymbol{A} \| \quad (k \text{ beliebiger Skalar}), \\ &\| \boldsymbol{A} + \boldsymbol{B} \| \leqq \| \boldsymbol{A} \| + \| \boldsymbol{B} \|, \end{aligned} \tag{52}$$

aber ausserdem gilt

$$\| \boldsymbol{AB} \| \leqq \| \boldsymbol{A} \| \, \| \boldsymbol{B} \|, \tag{53}$$

denn es ist

$$\frac{\| \boldsymbol{ABx} \|}{\| \boldsymbol{x} \|} = \frac{\| \boldsymbol{A}(\boldsymbol{Bx}) \|}{\| \boldsymbol{Bx} \|} \frac{\| \boldsymbol{Bx} \|}{\| \boldsymbol{x} \|} \leqq \left(\max_{\boldsymbol{y} \neq \boldsymbol{0}} \frac{\| \boldsymbol{Ay} \|}{\| \boldsymbol{y} \|} \right) \left(\max_{\boldsymbol{x} \neq \boldsymbol{0}} \frac{\| \boldsymbol{Bx} \|}{\| \boldsymbol{x} \|} \right).$$

Gewöhnlich steht das Zeichen $<$, weil die beiden Maxima in der Regel nicht gleichzeitig angenommen werden.

In den drei Fällen $p = 1, 2, \infty$ kann man $\| \boldsymbol{A} \|_p$ direkt berechnen:

Fall p = 2:

$$\| \boldsymbol{Ax} \|_2^2 = (\boldsymbol{Ax}, \boldsymbol{Ax}) = (\boldsymbol{x}, \boldsymbol{A}^T\boldsymbol{Ax}),$$

also

$$\frac{\| \boldsymbol{Ax} \|_2^2}{\| \boldsymbol{x} \|_2^2} = \max_{\boldsymbol{x} \neq \boldsymbol{0}} \frac{(\boldsymbol{x}, \boldsymbol{A}^T\boldsymbol{Ax})}{(\boldsymbol{x}, \boldsymbol{x})}, \tag{54}$$

und dies ist der maximale Rayleigh-Quotient von $\boldsymbol{A}^T\boldsymbol{A}$. Nun weiss man aber, dass der maximale Rayleigh-Quotient einer symmetrischen Matrix gleich dem grössten Eigenwert dieser Matrix ist[1]. Weil $\boldsymbol{A}^T\boldsymbol{A}$ positiv definit ist, gilt also

$$\| \boldsymbol{A} \|_2 = \sqrt{\lambda_{\max}(\boldsymbol{A}^T\boldsymbol{A})}. \tag{55}$$

Wegen

$$\lambda_{\max}(\boldsymbol{A}^T\boldsymbol{A}) \leqq \operatorname{Spur}(\boldsymbol{A}^T\boldsymbol{A}) = \sum_{i=1}^{n} \sum_{j=1}^{n} |a_{ij}|^2,$$

folgt ferner die Abschätzung

$$\| \boldsymbol{A} \|_2 \leqq \sqrt{\sum_{i=1}^{n} \sum_{j=1}^{n} |a_{ij}|^2}. \tag{56}$$

Die Schranke rechts ist die sogenannte *Schur-Norm* von $\boldsymbol{A}$.

Fall p = 1:

$$\begin{aligned} \| \boldsymbol{Ax} \|_1 &= \sum_{i=1}^{n} \Big| \sum_{j=1}^{n} a_{ij} x_j \Big| \leqq \sum_i \sum_j |a_{ij}| \, |x_j| = \sum_j |x_j| \sum_i |a_{ij}| \\ &\leqq \Big(\max_j \sum_i |a_{ij}| \Big) \sum_j |x_j| = \| \boldsymbol{x} \|_1 \max_j \sum_i |a_{ij}|. \end{aligned}$$

---

[1] Siehe etwa Schwarz H. R., Rutishauser H., Stiefel E.: *Numerik symmetrischer Matrizen*, Teubner Verlag, Stuttgart 1968, Satz 4.3. (Anm. d. Hrsg.)

Diese Schranke wird tatsächlich erreicht, nämlich für

$$x_i = 0 \quad (i \neq j), \quad x_j = 1,$$

wenn die j-te Kolonne die grösste Summe liefert. Es ist also

$$\| \boldsymbol{A} \|_1 = \max_{1 \leqq j \leqq n} \sum_{i=1}^{n} |a_{ij}|, \tag{57}$$

das heisst, $\| \boldsymbol{A} \|_1$ *ist gleich der maximalen Kolonnenbetragssumme.*

Fall $p = \infty$:

$$\| \boldsymbol{A}\boldsymbol{x} \|_\infty = \max_i |\sum_j a_{ij}\, x_j| \leqq \max_i \sum_j |a_{ij}|\, |x_j|$$

$$\leqq \left(\max_j |x_j|\right)\left(\max_i \sum_j |a_{ij}|\right) = \|\boldsymbol{x}\|_\infty \max_i \sum_j |a_{ij}|.$$

Da auch hier die Schranke erreicht wird, wenn alle x_j den Betrag 1 und das passende Vorzeichen haben, findet man:

$$\| \boldsymbol{A} \|_\infty = \max_{1 \leqq i \leqq n} \sum_{j=1}^{n} |a_{ij}|, \tag{58}$$

das heisst, $\| \boldsymbol{A} \|_\infty$ *ist gleich der maximalen Zeilenbetragssumme.*

Beispiel. Für die Matrix

$$\boldsymbol{A} = \begin{pmatrix} 1 & 10 \\ 0 & 1 \end{pmatrix}$$

wird $\| \boldsymbol{A} \|_1 = \| \boldsymbol{A} \|_\infty = 11$. Ferner ist

$$\boldsymbol{A}^T\boldsymbol{A} = \begin{pmatrix} 1 & 10 \\ 10 & 101 \end{pmatrix}, \quad \lambda_{\max}(\boldsymbol{A}^T\boldsymbol{A}) = 51 + 10\sqrt{26} = 101.990195,$$

$$\| \boldsymbol{A} \|_2 = \sqrt{\lambda_{\max}} = 5 + \sqrt{26} = 10.0990195.$$

Schon die Abschätzung (56) mit der Schur-Norm ergibt hier eine gute Schranke, nämlich $\sqrt{102} = 10.099505$.

Die *Konditionszahl* spielt eine grosse Rolle für die Auflösung von linearen Gleichungssystemen. Wir lassen uns von folgender Idee leiten: Die Lösung $\boldsymbol{x}$ des Systems $\boldsymbol{A}\boldsymbol{x} + \boldsymbol{b} = \boldsymbol{0}$ kann offenbar nicht genauer bestimmt werden, als es die Ungenauigkeit der Berechnung von $\boldsymbol{A}\boldsymbol{x}$ in der Nähe der Lösung zulässt.

Wenn die Elemente der Matrix $\boldsymbol{A}$ in allen Zeilen ungefähr gleiche Grössenordnungen haben, kann man als grobe Annäherung annehmen, dass die Berechnung von $\boldsymbol{A}\boldsymbol{x}$ und damit auch diejenige von $\boldsymbol{r} = \boldsymbol{A}\boldsymbol{x} + \boldsymbol{b}$ um ein $\delta \boldsymbol{r}$ der Grössenordnung

$$\| \delta \boldsymbol{r} \|_2 \approx \Theta \, \| \boldsymbol{A} \|_2 \, \| \boldsymbol{x} \|_2$$

verfälscht sei, wobei Θ eine Einheit der letzten Stelle der Mantisse der Maschine bedeutet (vgl. auch Anhang, § A3.4). Wenn aber $\boldsymbol{r}$ nicht genauer als mit einem solchen Fehler $\delta\boldsymbol{r}$ bestimmt werden kann, so lässt sich auch $\boldsymbol{x} = \boldsymbol{A}^{-1}(\boldsymbol{r} - \boldsymbol{b})$ nicht genauer als mit einem Fehler $\delta\boldsymbol{x} = \boldsymbol{A}^{-1}\,\delta\boldsymbol{r}$ berechnen, das heisst, es ist grob:

$$\|\delta\boldsymbol{x}\|_2 \approx \|\boldsymbol{A}^{-1}\|_2\,\|\delta\boldsymbol{r}\|_2 \approx \Theta\,\|\boldsymbol{A}^{-1}\|_2\,\|\boldsymbol{A}\|_2\,\|\boldsymbol{x}\|_2. \tag{59}$$

Wenn wir

$$K = \|\boldsymbol{A}\|_2\,\|\boldsymbol{A}^{-1}\|_2 \tag{60}$$

als Konditionszahl von $\boldsymbol{A}$ einführen, folgt

$$\|\delta\boldsymbol{x}\|_2 \approx \Theta\,K\,\|\boldsymbol{x}\|_2. \tag{61}$$

Demnach muss man unter diesen Umständen einen relativen Fehler $\Theta\,K$, also eine Ungenauigkeit von zirka K Einheiten der letzten Mantissenstelle des Vektors $\boldsymbol{x}$ in Kauf nehmen.

Wenn $\boldsymbol{A}$ symmetrisch und positiv definit ist, hat man

$$\lambda_{\max}(\boldsymbol{A}^T\boldsymbol{A}) = \lambda_{\max}(\boldsymbol{A}^2) = (\lambda_{\max}(\boldsymbol{A}))^2,$$

also $\|\boldsymbol{A}\|_2 = \lambda_{\max}(\boldsymbol{A})$, ebenso $\|\boldsymbol{A}^{-1}\|_2 = 1/\lambda_{\min}(\boldsymbol{A})$ und damit

$$K = \frac{\lambda_{\max}(\boldsymbol{A})}{\lambda_{\min}(\boldsymbol{A})}. \tag{62}$$

Man beachte: *Alle Iterationsverfahren zur Lösung von* $\boldsymbol{Ax} + \boldsymbol{b} = \boldsymbol{0}$ *konvergieren um so schlechter, je grösser K ist.*

Beispiele. 1) Die Matrix

$$A = \begin{bmatrix} 137 & -100 \\ -100 & 73 \end{bmatrix}$$

hat die Eigenwerte $\lambda_1 \approx 210$, $\lambda_2 \approx 1/210$, also ist $K \approx 44100$. Wenn wir in § 10.5 mit dem Verfahren der konjugierten Gradienten bei 7stelliger Rechnung anstelle von (3, 4) das Resultat (2.993626, 3.991267) erhalten haben, so können wir sehr zufrieden sein; man konnte auf keinen Fall etwas Besseres erwarten.

2) Für die Matrix der Latteninterpolation

$$\begin{bmatrix} 2 & 1 & & & & 0 \\ 1 & 4 & 1 & & & \\ & 1 & 4 & 1 & & \\ & & \ddots & \ddots & \ddots & \\ & & & 1 & 4 & 1 \\ 0 & & & & 1 & 2 \end{bmatrix}$$

ist, wie wir in § 6.8 gesehen haben, $\lambda_{\min} > 1$, $\lambda_{\max} < 6$, also $K < 6$, das heisst, die Kondition ist (unabhängig von der Ordnung) immer gut.

3) Bei der Einheitsmatrix $\boldsymbol{I}$ hat man $\lambda_{\min} = \lambda_{\max} = 1$, $K = 1$, was die bestmögliche Kondition ist.

4) Für die Matrix

$$\begin{bmatrix} 2 & -1 & & & & 0 \\ -1 & 2 & -1 & & & \\ & -1 & 2 & -1 & & \\ & & \ddots & \ddots & \ddots & \\ & & & -1 & 2 & -1 \\ 0 & & & & -1 & 2 \end{bmatrix}$$

der Ordnung n gilt[2]:

$$\lambda_{\max} = 4\cos^2\frac{\pi}{2n+2}, \quad \lambda_{\min} = 4\sin^2\frac{\pi}{2n+2}, \quad K = \operatorname{ctg}^2\frac{\pi}{2n+2}.$$

Für grosses n ergibt sich angenähert $K \approx 4\,n^2/\pi^2$. Dies ist eine mittelmässig schlechte Kondition. Ungefähr dasselbe gilt für die Matrix beim Dirichlet-Problem zu einem Gebiet, das mit einem $n \times n$-Gitter überdeckt und diskretisiert wird.

5) Bei der Matrix

$$\begin{bmatrix} 37 & 5 & 12 & 2 \\ & 62 & 58 & -1 \\ & & 66 & 17 \\ \text{sym.} & & & 30 \end{bmatrix}$$

ist $\lambda_{\max} \approx 125$, $\lambda_{\min} \approx 6.59_{10}{-6}$, $K \approx 19_{10}6$; sie ist also ausserordentlich schlecht konditioniert.

6) Die Matrix zum Plattenproblem von Fig. 10.14 hat die Eigenwerte $\lambda_{\max} \approx 62$, $\lambda_{\min} \approx 0.04$, das heisst, es ist $K \approx 1550$, was zu einem Genauigkeitsverlust von 3–4 Stellen führt.

7) Für die unsymmetrische Matrix

$$\boldsymbol{A} = \begin{bmatrix} 1 & 10 & & & & 0 \\ & 1 & 10 & & & \\ & & 1 & 10 & & \\ & & & \ddots & \ddots & \\ & & & & 1 & 10 \\ 0 & & & & & 1 \end{bmatrix}$$

[2] Siehe Zurmühl R.: *Matrizen*, 4. Aufl., Springer Verlag, Berlin 1964, S. 229 f. (Anm. d. Hrsg.)

der Ordnung n ergibt sich zunächst grob geschätzt[3] $\lambda_{\max}(\boldsymbol{A}^T\boldsymbol{A}) \approx 121$. Zudem ist

$$\boldsymbol{A}^{-1} = \begin{pmatrix} 1 & -10 & 100 & -1000 & 10000 & \dots & (-10)^{n-1} \\ & 1 & -10 & 100 & -1000 & \dots & (-10)^{n-2} \\ & & 1 & -10 & 100 & \dots & (-10)^{n-3} \\ & & & & \ddots & & \\ & 0 & & & & & 1 \end{pmatrix}$$

also $\lambda_{\max}(\boldsymbol{A}^{-T}\boldsymbol{A}^{-1}) \approx 1.01 \times 10^{2n-2}$. Somit ist $K \approx 1.1 \times 10^n$, obwohl hier alle Eigenwerte von $\boldsymbol{A}$ gleich 1 sind.

[3] Hier wird benützt, dass jede Matrixnorm, also insbesondere (58), eine obere Schranke für die Beträge der Eigenwerte ist. Dies folgt sofort aus (51), (52) und der Definition der Eigenwerte. (Anm. d. Hrsg.)

KAPITEL 11

Parabolische und hyperbolische partielle Differentialgleichungen

§ 11.1. Eindimensionale Wärmeleitprobleme

Wir betrachten die Temperaturverteilung $y(x, t)$ in einem homogenen Stab der Länge L, der an einem Ende ($x = L$) auf der Temperatur 0 festgehalten wird, während diese am anderen Ende ($x = 0$) als Funktion $b(t)$ der Zeit vorgeschrieben ist. Die Wärmeleitfähigkeit des Stabes sei $f(x)$, die Anfangstemperatur sei als $a(x)$ gegeben, und es finde eine interne Wärmeerzeugung $g(x, t)$ statt (vgl. Fig. 11.1).

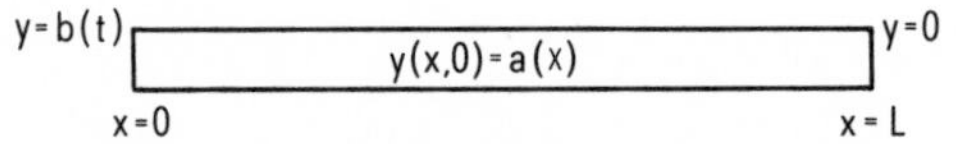

Figur 11.1 *Anfangs- und Randbedingungen bei einem Wärmeleitproblem im Stab.*

Dann genügt $y(x, t)$ der Differentialgleichung

$$\frac{\partial y}{\partial t} = f(x)\frac{\partial^2 y}{\partial x^2} + g(x, t) \qquad (0 \leqq x \leqq L, \quad t \geqq 0) \quad (1)$$

mit den Anfangs- und Randbedingungen

$$y(x, 0) = a(x), \qquad y(0, t) = b(t), \qquad y(L, t) \equiv 0. \qquad (2)$$

Zur Lösung des Problems wird zunächst einmal das Intervall $0 \leqq x \leqq L$ in n gleiche Teile der Länge h unterteilt, und es werden folgende Bezeichnungen eingeführt:

$x_k = k\,h$ (Stützstellen),

$y_k(t) = y(x_k, t)$ (Temperatur an der Stelle x_k als Funktion der Zeit),

$a_k = a(x_k)$ (Anfangstemperatur an der Stelle x_k),

$f_k = f(x_k)$ (Wärmeleitfähigkeit an der Stelle x_k),

$g_k(t) = g(x_k, t)$ (Wärmeerzeugung an der Stelle x_k in Funktion der Zeit).

Nun ist in erster Annäherung ja

$$\frac{\partial^2 y}{\partial x^2} \approx \frac{y(x+h, t) - 2y(x, t) + y(x-h, t)}{h^2},$$

womit sich durch Einsetzen in die Differentialgleichung die in der Raumkoordinate diskretisierte Beziehung

$$\frac{dy_k}{dt} = f_k \frac{y_{k+1}(t) - 2y_k(t) + y_{k-1}(t)}{h^2} + g_k(t) \qquad (k = 1, \ldots, n-1) \tag{3}$$

ergibt. Da $y_0(t) = b(t)$ und $y_n(t) \equiv 0$ gegebene Funktionen sind, stellt (3) ein System von $n-1$ gewöhnlichen Differentialgleichungen erster Ordnung für die unbekannten Funktionen $y_1(t), \ldots, y_{n-1}(t)$ dar, das die Temperaturveränderungen an den Stützstellen des Stabes angenähert beschreibt.

Dieses System ist sogar linear und hat eine konstante Koeffizientenmatrix

$$\boldsymbol{A} = -\frac{1}{h^2} \begin{bmatrix} 2f_1 & -f_1 & & & & 0 \\ -f_2 & 2f_2 & -f_2 & & & \\ & -f_3 & 2f_3 & -f_3 & & \\ & & \ddots & \ddots & \ddots & \\ & & & -f_{n-2} & 2f_{n-2} & -f_{n-2} \\ 0 & & & & -f_{n-1} & 2f_{n-1} \end{bmatrix}. \tag{4}$$

Als Störglieder hat man die Funktionen $g_k(t)$, und die Anfangsbedingungen sind $y_k(0) = a_k \quad (k = 1, \ldots, n-1)$. In der Vektorschreibweise:

$$\frac{d\boldsymbol{y}}{dt} = \boldsymbol{A}\boldsymbol{y} + \boldsymbol{g}(t) \qquad \text{mit } \boldsymbol{y}(0) = \boldsymbol{a}, \tag{5}$$

wobei die gegebenen Randwerte $y_0(t)$, $y_n(t)$ zu $\boldsymbol{g}(t)$ geschlagen worden sind.

Falls der Stab statt dessen an einem Ende (z.B. bei $x = L$) wärmeisoliert ist, hat man die Randbedingung $\partial y/\partial x = 0$ für $x = L$ und alle t. Diese Bedingung wird bei der Diskretisation so realisiert, dass man zunächst $y_{n+1} = y_{n-1}$ setzt, worauf sich im Punkt $x = x_n$ für die 2. Ableitung die Näherung

$$\left.\frac{\partial^2 y}{\partial x^2}\right|_{x = x_n} \approx \frac{2y_{n-1} - 2y_n}{h^2}$$

und damit folgende Differentialgleichung für die nun unbekannte Funktion $y_n(t)$ ergibt:

$$\frac{dy_n}{dt} = f_n \frac{2y_{n-1}(t) - 2y_n(t)}{h^2} + g_n(t). \tag{6}$$

Auch bei diesem Problem hat das Differentialgleichungssystem also die Form (5), nur ist $\boldsymbol{A}$ jetzt die n-reihige Matrix

$$\boldsymbol{A} = -\frac{1}{h^2} \begin{bmatrix} 2f_1 & -f_1 & & & \\ -f_2 & 2f_2 & -f_2 & & \\ & \ddots & \ddots & \ddots & \\ & & -f_{n-1} & 2f_{n-1} & -f_{n-1} \\ & & & -2f_n & 2f_n \end{bmatrix}. \tag{7}$$

Ein solches Differentialgleichungssystem kann aber (in beiden Fällen) leicht mit den bereits behandelten Methoden (Euler, Runge-Kutta, Trapezregel usw.) numerisch integriert werden.

a) *Numerische Integration nach Euler.* Der Integrationsschritt von $t = t_l$ nach $t+\tau = t_{l+1}$ lautet für das System (3):

$$\boldsymbol{y}(t_{l+1}) = \boldsymbol{y}(t_l)+\tau\,\boldsymbol{A}\boldsymbol{y}(t_l)+\tau\,\boldsymbol{g}(t_l) \tag{8}$$

oder, wenn $y_{l,k}$ die k-te Komponente des Vektors $\boldsymbol{y}(t_l)$ bezeichnet,

$$y_{l+1,k} = y_{l,k}-\frac{\tau f_k}{h^2}(-y_{l,k-1}+2\,y_{l,k}-y_{l,k+1})+\tau\,g_{l,k}$$

($k = 1, 2, \dots, n-1$, evtl. n), wobei für $y_{l,0}$, $y_{l,n}$ die gegebenen Randwerte einzusetzen sind. Mit dieser expliziten Rekursionsformel kann man alle Grössen $y_{l+1,k}$ direkt aus den $y_{l,k}$ berechnen und damit einen *Zeitschritt* (Integrationsschritt bezüglich der Variablen t) ausführen.

b) *Integration mit der Trapezregel.* Es ist erstaunlich, wie lange man für die numerische Integration der Wärmeleitgleichung an der Eulerschen Methode festgehalten hat, währenddem man keine Mühe gescheut hat, die numerische Integration gewöhnlicher Differentialgleichungen zu verbessern. Erst nach 1950 findet man auch die Trapezregel unter der Bezeichnung «implizite Rekursionsformel». Auf das System (5) angewendet, lautet sie

$$\boldsymbol{y}(t_{l+1})-\boldsymbol{y}(t_l) = \frac{\tau}{2}\left(\boldsymbol{A}\boldsymbol{y}(t_{l+1})+\boldsymbol{A}\boldsymbol{y}(t_l)+\boldsymbol{g}(t_{l+1})+\boldsymbol{g}(t_l)\right),$$

womit sich für die Komponenten des unbekannten Vektors $\boldsymbol{y}(t_{l+1})$ das Gleichungssystem

$$\left(\boldsymbol{I}-\frac{\tau}{2}\boldsymbol{A}\right)\boldsymbol{y}(t_{l+1}) = \left(\boldsymbol{I}+\frac{\tau}{2}\boldsymbol{A}\right)\boldsymbol{y}(t_l)+\frac{\tau}{2}\boldsymbol{g}(t_{l+1})+\frac{\tau}{2}\boldsymbol{g}(t_l) \tag{9}$$

ergibt. Diese Gleichungen heissen (komponentenweise ausgeschrieben) die «impliziten Rekursionsformeln», weil man damit die $y_{l+1,k}$ nicht mehr direkt berechnen kann, sondern bei jedem Zeitschritt ein lineares Gleichungssystem lösen muss. Der damit verbundene Nachteil ist aber wenigstens beim eindimensionalen Wärmeleitproblem nicht schwerwiegend, denn:

1) Die Matrix $\boldsymbol{A}$ ist tridiagonal[1].
2) Die Eigenwerte der Matrix $\boldsymbol{A}$ sind negativ reell, so dass $\boldsymbol{I}-\frac{1}{2}\tau\boldsymbol{A}$ niemals singulär ist.

Man beachte: *Man soll nicht* $\left(\boldsymbol{I}-\frac{1}{2}\tau\boldsymbol{A}\right)^{-1}$ *berechnen, um auf diese Weise*

[1] Ausserdem ist die Koeffizientenmatrix bei festem τ konstant. Es genügt, ihre Dreieckszerlegung einmal zu berechnen, dann ist bei jedem Schritt nur noch Vor- und Rückwärtseinsetzen nötig. (Anm. d. Hrsg.)

eine explizite Formel zu erhalten. Dies würde nämlich den Rechen- und Speicheraufwand vergrössern.

§ 11.2. Stabilität der numerischen Lösung

Es soll zunächst dargelegt werden, dass wir uns für die Stabilitätsbetrachtung auf die homogene Gleichung

$$\boldsymbol{z}' = \boldsymbol{A}\boldsymbol{z}, \qquad \boldsymbol{z}(0) = \boldsymbol{a} \tag{10}$$

beschränken können. Wenn wir annehmen, $\boldsymbol{g}(t)$ variiere nicht zu schnell, so können wir dies berücksichtigen, indem wir in (5) $\boldsymbol{g}(t)$ durch $\boldsymbol{g}_0 + t\,\boldsymbol{g}_1$ ersetzen:

$$\boldsymbol{y}' = \boldsymbol{A}\boldsymbol{y} + \boldsymbol{g}_0 + t\,\boldsymbol{g}_1 \quad \text{mit} \quad \boldsymbol{y}(0) = \boldsymbol{a}.$$

Integrieren wir nun zunächst die Systeme

$$\boldsymbol{u}' = \boldsymbol{A}\boldsymbol{u} + \boldsymbol{g}_0 + t\boldsymbol{g}_1, \qquad \boldsymbol{u}(0) = -\boldsymbol{A}^{-1}\boldsymbol{g}_0 - \boldsymbol{A}^{-2}\boldsymbol{g}_1,$$

$$\boldsymbol{v}' = \boldsymbol{A}\boldsymbol{v}, \qquad \boldsymbol{v}(0) = \boldsymbol{a} + \boldsymbol{A}^{-1}\boldsymbol{g}_0 + \boldsymbol{A}^{-2}\boldsymbol{g}_1,$$

so wird wegen $\boldsymbol{u}(0) + \boldsymbol{v}(0) = \boldsymbol{a}$ gerade $\boldsymbol{u} + \boldsymbol{v} = \boldsymbol{y}$. Wie man leicht verifiziert, ist aber

$$\boldsymbol{u} = -\boldsymbol{A}^{-1}\boldsymbol{g}_0 - \boldsymbol{A}^{-2}\boldsymbol{g}_1 - t\boldsymbol{A}^{-1}\boldsymbol{g}_1,$$

das heisst, $\boldsymbol{u}$ ist in t linear und wird daher von der Trapezregel exakt integriert. Der ganze Fehler der diskretisierten Lösung entfällt damit auf $\boldsymbol{v}$, das eine Lösung der homogenen Gleichung ist.

Wie früher in § 8.5 wird eine Lösung des homogenen Systems (10) komponentenweise beurteilt: Zu jedem Eigenwert λ der Matrix $\boldsymbol{A}$ gehört eine Komponente $\boldsymbol{v}_\lambda(t)$, die sich theoretisch wie $e^{\lambda t}\,\boldsymbol{v}_\lambda(0)$ verhalten sollte, wobei $\boldsymbol{v}_\lambda(0)$ vom Anfangswert $\boldsymbol{z}(0) = \boldsymbol{a}$ abhängt. Die Lösung des Systems entsteht durch Superposition aller dieser Komponenten:

$$\boldsymbol{z}(t) = \sum_\lambda \boldsymbol{v}_\lambda(t) = \sum_\lambda e^{\lambda t}\,\boldsymbol{v}_\lambda(0) \tag{11}$$

Nun sind beim eindimensionalen Wärmeleitproblem, wo $\boldsymbol{A}$ je nach den Randbedingungen zum Beispiel die Gestalt (4) oder (7) hat, alle Eigenwerte reell, negativ und einfach[1], genauer:

$$0 > \lambda > -4\,M/h^2, \quad \text{wobei} \quad M = \max_{0 \leq k \leq n} f_k. \tag{12}$$

---

[1] Eine tridiagonale Matrix, bei der alle Elemente der zwei Nebendiagonalen positiv sind, hat reelle und einfache Eigenwerte. Zunächst lässt sich nämlich eine solche Matrix durch eine Ähnlichkeitstransformation mit einer Diagonalmatrix symmetrisieren. Dass eine symmetrische solche Matrix einfache Eigenwerte hat, folgt dann aus Satz 4.9 in Schwarz H.R., Rutishauser H., Stiefel E.: *Numerik symmetrischer Matrizen*, Teubner Verlag, Stuttgart 1968. (Anm. d. Hrsg.)

Es sind daher alle Komponenten der exakten Lösung von (5) gedämpft, so dass man dafür sorgen muss, dass auch die numerisch berechnete Lösung gedämpft ist.

a) Für das *Euler-Verfahren* (8) verhält sich die zum Eigenwert λ gehörende Komponente der Lösung bei Integration mit Zeitschritt τ wie

$$\boldsymbol{v}(t_{l+1}) = (1+\tau\,\lambda)\,\boldsymbol{v}(t_l),$$

das heisst, es wird

$$\boldsymbol{v}(t_l) = (1+\tau\,\lambda)^l\,\boldsymbol{v}(0), \tag{13}$$

und dies ist genau dann gedämpft, wenn $|1+\tau\lambda| < 1$. Dies bedingt $1+\tau\lambda > -1$ für alle λ, nach (12) genügt also $1-4\,\tau\,M/h^2 \geqq -1$ oder

$$\tau \leqq \frac{h^2}{2M}. \tag{14}$$

Es ist aber zu beachten, dass das lediglich die auf Grund der Stabilitätsforderung maximal zulässige Schrittweite ist, die noch keine grosse Genauigkeit ergibt.

Wir demonstrieren die Notwendigkeit dieser Einschränkung an einem einfachen Beispiel:

$$\begin{aligned} &\frac{\partial y}{\partial t} = \frac{\partial^2 y}{\partial x^2} \qquad (0 \leqq x \leqq 1,\ \ t \geqq 0), \\ &y(x,0) \equiv 0, \qquad y(0,t) = 10^6\,t, \qquad \frac{\partial y}{\partial x}(1,t) \equiv 0. \end{aligned} \tag{15}$$

(Hier ist $f(x) \equiv 1$, also $M = 1$.) Es wird einmal mit $h = 0.2$, $\tau = 0.01$ integriert, in welchem Falle $h^2/2M = 0.02$ und somit die Bedingung (14) erfüllt ist. Dann wird τ festgehalten, aber h halbiert, wodurch (14) verletzt wird. Die Ergebnisse (bei Rechnung mit festem Komma) sind in den Tabellen 11.1 und 11.2 zusammengestellt.

Tab. 11.1. *Integration von (15) nach Euler; stabiler Fall:* $\tau = 0.01$, $h^2/2M = 0.02$

$t \backslash x$	0	0.2	0.4	0.6	0.8	1.0
0	0	0	0	0	0	0
0.01	10000	0	0	0	0	0
0.02	20000	2500	0	0	0	0
0.03	30000	6250	625	0	0	0
0.04	40000	10781	1875	156	0	0
0.05	50000	15859	3672	547	39	0
0.06	60000	21347	5937	1201	156	19
0.07	70000	27158	8605	2124	383	87
0.08	80000	33230	11623	3309	744	235
⋮	⋮					

Tab. 11.2. *Integration von (15) nach Euler; instabiler Fall:* $\tau = 0.01$, $h^2/2M = 0.005$

$t \backslash x$	0	0.1	0.2	0.3	0.4	0.5	0.6	...
0	0	0	0	0	0	0	0	...
0.01	10000	0	0	0	0	0	0	
0.02	20000	10000	0	0	0	0	0	
0.03	30000	10000	10000	0	0	0	0	
0.04	40000	30000	0	10000	0	0	0	
0.05	50000	10000	40000	−10000	10000	0	0	
0.06	60000	80000	−40000	60000	−20000	10000	0	
0.07	70000	−60000	180000	−120000	90000	−30000	10000	
0.08	80000	310000	−360000	390000	−240000	130000	−40000	
⋮	⋮							

Man erkennt sofort, dass im zweiten Fall die Lösung völlig instabil ist. Die Verfeinerung der räumlichen Einteilung bewirkt hier also anstelle der erwarteten Verbesserung eine katastrophale Verschlechterung der Genauigkeit. Dabei wäre eine solche Verbesserung sehr erwünscht, denn die mit $\tau = 0.01$, $h = 0.2$ erhaltene Lösung ist noch sehr ungenau, wie der Vergleich mit Tab. 11.3 zeigt, in der die (gerundete) exakte Lösung angegeben ist.

Tab. 11.3. *Exakte Lösung des Wärmeleitproblems (15)*

$t \backslash x$	0	0.2	0.4	0.6	0.8	1.0
0	0	0	0	0	0	0
0.01	10000	568	8	0	0	0
0.02	20000	3014	231	8	0	0
0.03	30000	6707	968	85	4	0
0.04	40000	11194	2272	321	31	4
0.05	50000	16239	4093	777	109	22
0.06	60000	21700	6369	1482	272	74
0.07	70000	27488	9039	2444	547	186
0.08	80000	33542	12055	3660	956	384
⋮	⋮					

b) Bei der *Trapezregel* verhält sich die zum Eigenwert λ gehörende Komponente der numerischen Lösung wie

$$\boldsymbol{v}(t_{l+1}) = \frac{1 + \dfrac{\tau\lambda}{2}}{1 - \dfrac{\tau\lambda}{2}}\,\boldsymbol{v}(t_l),$$

also wie

$$\boldsymbol{v}(t_l) = \left[\frac{1+\frac{\tau\lambda}{2}}{1-\frac{\tau\lambda}{2}}\right]^l \boldsymbol{v}(t_0). \tag{16}$$

Diese Komponente wird demnach so genau integriert, wie

$$\frac{1+\frac{\tau\lambda}{2}}{1-\frac{\tau\lambda}{2}} \quad \text{mit} \quad e^{\tau\lambda}$$

übereinstimmt. Die Abweichung dieser zwei Grössen und damit der angenäherte Fehler pro Schritt für die Komponente zum Eigenwert λ beträgt in erster Annäherung $\lambda^3\,\tau^3/12$. Soll dieser Fehler für keine Komponente den Betrag ε übersteigen, so muss also wegen (12)

$$\tau \leqq \frac{h^2}{4M}\sqrt[3]{12\,\varepsilon} \tag{17}$$

sein. So kommt man beispielsweise für $h = 0.2$, $M = 1$, $\varepsilon = 10^{-5}$ auf die Bedingung $\tau \leqq 0.01\sqrt[3]{0.00012} \approx 5_{10}-4$.

Nun ist aber diese Wahl aus zwei Gründen übervorsichtig:

1) Die Komponenten zu den gefährlichen (stark negativen) Eigenwerten liefern nur einen kleinen Anteil zur Gesamtlösung.
2) Im Laufe der Zeit werden die zu stark negativen Eigenwerte von $\boldsymbol{A}$ gehörenden Komponenten der Lösung so stark gedämpft, dass man es schliesslich nur noch mit den nahe bei 0 liegenden Eigenwerten zu tun hat; diese erlauben aber ein grösseres τ.

Um die verschiedenen Komponenten nach Massnahme ihrer Beiträge berücksichtigen zu können, nehmen wir an, die Beiträge der Eigenwerte seien zur Zeit $t = 0$ uniform verteilt gewesen, so dass die Eigenwerte zwischen λ und $\lambda + d\lambda$ den Beitrag $d\lambda$ liefern. Es ist dann die Lösung zur Zeit t gleich

$$\int_0^{\Lambda} e^{-\lambda t}\, d\lambda \quad \text{mit } \Lambda = \frac{4M}{h^2}.$$

Der totale Fehler beim Schritt von t nach $t+\tau$ wäre dann

$$\int_0^{\Lambda} e^{-\lambda t}\,\frac{\lambda^3\tau^3}{12}\, d\lambda.$$

Nun addieren sich aber die Beiträge der verschiedenen Eigenwerte nach dem Gesetz von Pythagoras, weil die Eigenvektoren senkrecht aufeinander stehen. (Die Matrix $\boldsymbol{A}$ kann leicht symmetrisiert werden.) Für den relativen Fehler $\varphi(t)$ (beim Schritt von t nach $t+\tau$) gilt also:

$$\varphi^2(t) \approx \frac{\int_0^{\Lambda} e^{-2\lambda t} \frac{\lambda^6 \tau^6}{144} d\lambda}{\int_0^{\Lambda} e^{-2\lambda t} d\lambda}.$$

Mit der Substitution $2\lambda t = -\kappa$, $2\Lambda t = K$ erhält man schliesslich

$$\varphi^2(t) \approx \frac{\frac{\tau^6}{144 \times 128\, t^7} \int_0^K e^{-\kappa} \kappa^6 \, d\kappa}{\frac{1}{2t} \int_0^K e^{-\kappa} \, d\kappa} < \frac{6!\, \tau^6}{144 \times 64\, t^6} = \frac{5}{64} \left(\frac{\tau}{t}\right)^6,$$

woraus man entnimmt, dass die Bedingung

$$\tau \leqq t \sqrt[6]{\frac{64}{5} \varepsilon^2} \tag{18}$$

garantiert, dass $\varphi(t) \leqq \varepsilon$ bleibt. Man muss also den Schritt τ proportional zur verflossenen Zeit wählen, was zwar für grosses t ein grosses τ erlaubt, aber für sehr kleines t eine allzu strenge Forderung ist. Es ist nämlich (17) in jedem Fall ausreichend, und die dort auftretende Schranke ist für

$$t < \frac{h^2}{4M} \sqrt[6]{\frac{45}{4}} \approx \frac{h^2}{4M} \sqrt[3]{\frac{10}{3}}$$

grösser als die rechte Seite von (18). Dies führt zu folgendem Rezept:

1) Bestimme eine ganze Zahl ν in der Nähe von

$$\frac{1}{\sqrt[3]{3.6\, \varepsilon}} \tag{19}$$

2) Integriere je ν Schritte mit

$$\tau_0 = \frac{h^2}{4M} \sqrt[3]{12\, \varepsilon}, \tau_0, 2\tau_0, 4\tau_0, 8\tau_0, 16\tau_0, \ldots \tag{20}$$

(Nach den ersten ν Schritten erreicht man ungefähr den t-Wert $\sqrt[3]{10/3}\, h^2/4M$, an dem die beiden hergeleiteten Schranken für τ annähernd übereinstimmen.)

In einem praktischen Beispiel wirkt sich das etwa wie folgt aus:

Es sei das Wärmeleitproblem (15) zu lösen, wobei das Intervall $0 \leqq x \leqq 1$

in 100 Teilintervalle zerlegt sei (d.h. $h = 0.01$) und $\varepsilon = 10^{-4}$ verlangt werde. Es ergibt sich

$$1/\sqrt[3]{0.00036} \approx 15 = \nu,$$

$$\tau_0 = 0.000025 \sqrt[3]{0.0012} \approx 2.66_{10}-6$$

Also integriert man 30 Schritte mit τ_0, je 15 mit $2\tau_0$, $4\tau_0$, $8\tau_0$ usw. und kommt so mit

30 Schritten bis $t = 0.00008$,
45 Schritten bis $t = 0.00016$,
60 Schritten bis $t = 0.00032$,
75 Schritten bis $t = 0.00064$,
90 Schritten bis $t = 0.00128$,
105 Schritten bis $t = 0.00256$,
120 Schritten bis $t = 0.00512$,
135 Schritten bis $t = 0.01024$,
150 Schritten bis $t = 0.02048$,
165 Schritten bis $t = 0.04096$,
180 Schritten bis $t = 0.08192$,

Mit dem Euler-Verfahren hätte man für dieselbe Aufgabe nur schon wegen der Stabilität $\tau = 0.00005$ wählen müssen und damit 1600 Schritte bis $t = 0.08$ benötigt. Hier haben wir jedoch über die blosse Stabilität hinaus noch eine gewisse Genauigkeit erreicht.

§ 11.3. **Die eindimensionale Wellengleichung**

Wenn eine Wellengleichung

$$\frac{\partial^2 y}{\partial t^2} = f(x)\frac{\partial^2 y}{\partial x^2} + g(x,t) \tag{21}$$

(mit passenden Anfangs- und Randbedingungen) zu integrieren ist, geht man völlig analog vor: Zunächst wird der x-Bereich $a \leqq x \leqq b$ in n gleich lange Teilintervalle unterteilt, und dann wird an jeder Stützstelle die Differentialgleichung formuliert. So erhält man das System

$$\frac{d^2 y_k}{dt^2} = f_k \frac{y_{k+1}(t) - 2\,y_k(t) + y_{k-1}(t)}{h^2} + g_k(t).$$

Als Anfangsbedingungen sind $y_k(0)$ und $y_k'(0)$ vorgegeben. Was die Funktionen $y_0(t) = y(a,t)$ und $y_n(t) = y(b,t)$ betrifft, sind diese entweder gegeben, oder es können für sie zusätzliche Gleichungen angegeben werden. (Auch dies ist völlig analog zum Wärmeleitproblem.)

In jedem Fall ergibt sich ein System von Differentialgleichungen zweiter Ordnung

$$\boldsymbol{y}'' = \boldsymbol{A}\boldsymbol{y} + \boldsymbol{b}, \tag{22}$$

wobei die Koeffizientenmatrix $\boldsymbol{A}$ tridiagonal ist und normalerweise negative reelle Eigenwerte λ besitzt, für die (12) gilt. So weiss man aber, dass sich die Lösung der homogenen Gleichung

$$\boldsymbol{y}'' = \boldsymbol{A}\boldsymbol{y} \tag{23}$$

aus Partikulärlösungen der Gestalt

$$\boldsymbol{v}(t) = \boldsymbol{v}(0)\, e^{\pm i\sqrt{\lambda}t} \tag{24}$$

zusammensetzt. *Der Wellencharakter der Lösung wird also durch die Diskretisierung der Raumvariablen nicht zerstört.* Wir wollen dafür sorgen, dass auch die Diskretisierung der Zeitvariablen, das heisst die numerische Integration von (23), den Schwingungscharakter nicht zerstört.

Zu diesem Zweck wird vorerst eine neue Variable $\boldsymbol{z} = \boldsymbol{y}'$ eingeführt, womit das System (23) in

$$\frac{d}{dt}\begin{pmatrix}\boldsymbol{y}\\ \boldsymbol{z}\end{pmatrix} = \begin{pmatrix}\boldsymbol{O} & \boldsymbol{I}\\ \boldsymbol{A} & \boldsymbol{O}\end{pmatrix}\begin{pmatrix}\boldsymbol{y}\\ \boldsymbol{z}\end{pmatrix} \tag{25}$$

übergeht. Wenn $-\omega^2$ Eigenwert von $\boldsymbol{A}$ ist, so sind $\pm i\omega$ Eigenwerte der kombinierten Matrix

$$\begin{pmatrix}\boldsymbol{O} & \boldsymbol{I}\\ \boldsymbol{A} & \boldsymbol{O}\end{pmatrix}, \tag{26}$$

weil

$$\operatorname{Det}\begin{pmatrix}i\omega\boldsymbol{I} & \boldsymbol{I}\\ \boldsymbol{A} & i\omega\boldsymbol{I}\end{pmatrix} = \operatorname{Det}\begin{pmatrix}i\omega\boldsymbol{I} & \boldsymbol{I}\\ \boldsymbol{A}+\omega^2\boldsymbol{I} & \boldsymbol{O}\end{pmatrix} = (-1)^n \operatorname{Det}(\boldsymbol{I})\operatorname{Det}(\boldsymbol{A}+\omega^2\boldsymbol{I}).$$

Wenn die Eigenwerte von $\boldsymbol{A}$ der Beziehung (12) genügen, so liegen diejenigen von (26) also auf der imaginären Achse zwischen $\pm i\,2\sqrt{M}/h$.

Nun ist für die Integration eines linearen Systems, dessen Koeffizientenmatrix ausschliesslich rein imaginäre Eigenwerte besitzt, die Trapezregel wegen ihrer Amplitudentreue prädestiniert. Man erhält in Anbetracht der Gestalt der Koeffizientenmatrix (26) folgende Gleichung für einen Zeitschritt (mit $\boldsymbol{y}_l = \boldsymbol{y}(t_l)$, $\boldsymbol{z}_l = \boldsymbol{z}(t_l)$):

$$\left\{\begin{pmatrix}\boldsymbol{I} & \boldsymbol{O}\\ \boldsymbol{O} & \boldsymbol{I}\end{pmatrix} - \frac{\tau}{2}\begin{pmatrix}\boldsymbol{O} & \boldsymbol{I}\\ \boldsymbol{A} & \boldsymbol{O}\end{pmatrix}\right\}\begin{pmatrix}\boldsymbol{y}_{l+1}\\ \boldsymbol{z}_{l+1}\end{pmatrix} = \left\{\begin{pmatrix}\boldsymbol{I} & \boldsymbol{O}\\ \boldsymbol{O} & \boldsymbol{I}\end{pmatrix} + \frac{\tau}{2}\begin{pmatrix}\boldsymbol{O} & \boldsymbol{I}\\ \boldsymbol{A} & \boldsymbol{O}\end{pmatrix}\right\}\begin{pmatrix}\boldsymbol{y}_l\\ \boldsymbol{z}_l\end{pmatrix},$$

das heisst

$$\boldsymbol{y}_{l+1} - \frac{\tau}{2}\boldsymbol{z}_{l+1} = \boldsymbol{y}_l + \frac{\tau}{2}\boldsymbol{z}_l,$$

$$\boldsymbol{z}_{l+1} - \frac{\tau}{2}\boldsymbol{A}\,\boldsymbol{y}_{l+1} = \boldsymbol{z}_l + \frac{\tau}{2}\boldsymbol{A}\,\boldsymbol{y}_l.$$

Multiplikation der ersten dieser zwei Gleichungen mit $\frac{1}{2}\tau\boldsymbol{A}$ und Addition zur zweiten ergibt

$$\left(\boldsymbol{I}-\frac{\tau^2}{4}\boldsymbol{A}\right)\boldsymbol{z}_{l+1}=\left(\boldsymbol{I}+\frac{\tau^2}{4}\boldsymbol{A}\right)\boldsymbol{z}_l+\tau\boldsymbol{A}\boldsymbol{y}_l$$

oder

$$\left(\boldsymbol{I}-\frac{\tau^2}{4}\boldsymbol{A}\right)\Delta\boldsymbol{z}_l=\frac{\tau^2}{2}\boldsymbol{A}\boldsymbol{z}_l+\tau\boldsymbol{A}\boldsymbol{y}_l,\quad\text{wo}\quad\Delta\boldsymbol{z}_l=\boldsymbol{z}_{l+1}-\boldsymbol{z}_l. \tag{27}$$

Damit stossen wir auf folgenden Rechenprozess für einen Zeitschritt:

1) $\boldsymbol{r}=\boldsymbol{y}_l+\dfrac{\tau}{2}\boldsymbol{z}_l,$

2) $\boldsymbol{w}=\tau\boldsymbol{A}\boldsymbol{r},$

3) $\left(\boldsymbol{I}-\dfrac{\tau^2}{2}\boldsymbol{A}\right)\boldsymbol{v}=\boldsymbol{w}$ auflösen nach $\boldsymbol{v}$,

4) $\boldsymbol{z}_{l+1}=\boldsymbol{z}_l+\boldsymbol{v},$

5) $\boldsymbol{y}_{l+1}=\boldsymbol{y}_l+\dfrac{\tau}{2}(\boldsymbol{z}_l+\boldsymbol{z}_{l+1}).$

Für die Wahl des Zeitschrittes τ ist massgebend, wie gut

$$\frac{1+\dfrac{i\omega\tau}{2}}{1-\dfrac{i\omega\tau}{2}} \tag{28}$$

und $e^{i\omega\tau}$ übereinstimmen, denn dies sind die Faktoren, mit denen die zum Eigenwert $i\omega$ der Matrix (26) gehörende Komponente der Lösung bei einem Schritt multipliziert wird, mit dem ersten bei Rechnung mit der Trapezregel, mit dem zweiten bei exakter Integration. Die Differenz dieser zwei Grössen lässt sich in erster Näherung durch

$$\frac{1}{12}\left(\frac{2\sqrt{M}}{h}\tau\right)^3$$

abschätzen. Falls dies nicht grösser als ε sein soll, muss die Bedingung

$$\tau\leqq\frac{h}{2\sqrt{M}}\sqrt[3]{12\,\varepsilon} \tag{29}$$

erfüllt sein. Der entscheidende Unterschied gegenüber dem Wärmeleitproblem ist der Faktor

$$\frac{h}{2\sqrt{M}} \quad \text{gegenüber} \quad \frac{h^2}{4M}.$$

Das bedeutet dass man bei Verkleinerung der Raumschrittweite h den Zeitschritt τ nur proportional und nicht quadratisch verkleinern muss.

Anderseits gibt es hier keine Dämpfung und damit kein allmähliches Verschwinden derjenigen Komponenten der Lösung, die einen kleinen Zeitschritt erfordern. Man kann diesen daher nicht laufend verdoppeln.

Zudem ist die Trapezregel zwar amplitudentreu, nicht aber phasentreu. Für den Faktor (28) gilt nämlich

$$\frac{1+\frac{i\omega\tau}{2}}{1-\frac{i\omega\tau}{2}} = e^{2\,i\,\mathrm{arc\,tg}\,\frac{\omega\tau}{2}}.$$

Wegen

$$2\,\mathrm{arc\,tg}\,\frac{\omega\tau}{2} < \omega\tau$$

nimmt die Phase bei der numerischen Lösung also langsamer zu als bei der exakten. Dieser Unterschied ist bei den hochfrequenten Bestandteilen ausgeprägter und führt deshalb zu einem Nachhinken dieser Komponenten.

Numerisches Beispiel. Wir betrachten ein zwischen $x = -10$ und $x = 10$ eingespanntes Seil. Zur Zeit $t = 0$ bestehe eine durch einen Schlag auf das Seil entstandene dreieckförmige Auslenkung um den Punkt $x = 0$ herum. Für $t > 0$ zerteilt sich diese Auslenkung in zwei Dreiecke, die in entgegengesetzter Richtung auseinanderlaufen, bei $x = 10$ beziehungsweise $x = -10$ reflektiert werden und dann wieder gegen $x = 0$ zusammenlaufen, wo sie zur Zeit $t = 20$ wieder die ursprüngliche Wellenform mit umgekehrtem Vorzeichen bilden sollten.

Zu lösen ist also das Problem

$$\begin{aligned}
\frac{\partial^2}{\partial t^2} y(x,t) &= \frac{\partial^2}{\partial x^2} y(x,t), \qquad -10 \leqq x \leqq 10, \quad t \geqq 0,\\
y(-10,t) &= y(10,t) \equiv 0,\\
y(x,0) &= 10000 \max\{1-|x|,0\},\\
\frac{\partial y}{\partial t}(x,0) &\equiv 0.
\end{aligned}$$

Wegen der Symmetrie kann man sich auf das Intervall $0 \leqq x \leqq 10$ beschränken, das wir in 100 Teile der Länge 0.1 zerlegen. Das resultierende System von

Tab. 11.4. *Numerische Lösung einer Wellengleichung*

$x =$ \ $t =$	0	.5	1.0	1.5	2.0	2.5	3.0	3.5	4.0 …	16.0	16.5	17.0	17.5	18.0	18.5	19.0	19.5	20.0
0	10000	4889	352	−14	−41	14	−11	20	−34	−13	9	−4	−1	3	−66	−747	−4239	−8793
	9000	5127	327	92	−4	−6	11	−22	36	13	−9	4	1	−8	−58	−827	−4266	−8628
	8000	4852	980	−88	97	−23	−8	25	−38	−12	8	−3	−2	1	−106	−980	−4418	−8075
	7000	5066	1468	−69	−124	60	−6	−22	37	11	−7	2	2	−15	−142	−1289	−4565	−7284
	6000	5267	2065	−162	9	−63	23	10	−28	−10	5	−0	−5	−7	−252	−1660	−4734	−6266
	5000	4903	2553	133	96	−6	−19	3	13	7	−3	−2	5	−37	−366	−2163	−4779	−5189
	4000	4340	2869	646	−4	101	−26	1	−0	−5	−0	5	−10	−39	−583	−2679	−4735	−4064
	3000	3963	3465	908	6	−97	85	−29	1	1	3	−8	7	−98	−827	−3253	−4503	−3004
	2000	3574	4194	1520	−245	−1	−88	60	−17	3	−7	10	−20	−132	−1201	−3742	−4157	−2007
	1000	2937	4779	2093	−96	2	6	−51	29	−7	11	−14	0	−250	−1610	−4169	−3663	−1148
1	0	2555	4694	2479	237	70	68	−17	−10	12	−15	16	−43	−358	−2141	−4406	−3100	−467
	0	1937	4475	2795	523	89	−37	89	−46	−17	19	−21	−31	−582	−2676	−4484	−2471	−5
	0	1574	3938	3596	936	−158	−2	−85	99	22	−22	17	−101	−825	−3254	−4351	−1809	188
	0	968	3531	4291	1637	−233	−67	14	−92	−26	25	−29	−126	−1199	−3758	−4045	−1167	211
	0	376	3000	4717	2050	3	40	11	21	29	−26	6	−246	−1620	−4166	−3612	−541	80
	0	97	2447	4714	2324	183	153	24	38	−30	24	−43	−360	−2139	−4424	−3046	−85	34
	0	18	2066	4355	2911	442	−13	10	−20	29	−23	−34	−568	−2703	−4464	−2465	260	−2
	0	3	1535	4013	3628	1116	−246	−67	−20	−26	13	−88	−839	−3249	−4364	−1770	309	124
	0	0	880	3501	4378	1610	−93	−72	4	19	−15	−141	−1178	−3794	−4013	−1167	293	126
	0	0	384	2935	4702	1952	−49	178	−1	−10	−14	−218	−1651	−4151	−3627	−502	99	118
2	0	0	130	2528	4612	2325	83	91	79	−2	−13	−387	−2117	−4454	−3018	−86	70	−96
	0	0	36	2085	4406	2912	580	−148	−48	11	−68	−531	−2745	−4437	−2476	269	32	−219
	0	0	8	1468	3991	3766	1133	−109	−152	−28	−47	−872	−3235	−4376	−1748	287	156	−268
	0	0	2	843	3429	4397	1596	−136	114	29	−177	−1148	−3829	−3992	−1153	257	156	−98
	0	0	0	395	2972	4623	1885	−127	142	−55	−182	−1678	−4148	−3621	−491	93	80	138
	0	0	0	153	2580	4638	2271	132	−27	21	−405	−2116	−4457	−3023	−55	45	−101	240
	0	0	0	50	2060	4405	3035	621	−66	−85	−521	−2753	−4449	−2445	234	90	−278	212
	0	0	0	14	1417	3919	3836	1193	−120	−44	−859	−3270	−4339	−1773	304	142	−216	−52
	0	0	0	4	823	3419	4352	1537	−183	−156	−1177	−3806	−4026	−1090	181	204	−93	−139
	0	0	0	1	405	3024	4633	1778	−150	−215	−1639	−4206	−3563	−522	120	13	209	−218
3	0	0	0	0	171	2597	4656	2334	147	−351	−2178	−4405	−3071	5	8	−106	216	−1

100 Differentialgleichungen zweiter Ordnung wird dann nach der oben beschriebenen Methode integriert, wobei als Zeitschritt $\tau = 0.025$ gewählt wird.

Tab. 11.4 enthält die Resultate, und zwar für x-Werte im Intervall $0 \leqq x \leqq 3$ (mit Schritt 0.1) und t-Werte in den Intervallen $0 \leqq t \leqq 4$ und $16 \leqq t \leqq 20$ (mit Schritt 0.5). Zur Zeit $t = 20$ wird zwar die ursprüngliche Wellenform nicht mehr exakt erreicht, doch zumindest noch qualitativ wiedergegeben. Durch das Nachhinken der hochfrequenten Komponenten werden allerdings die Ecken des Dreiecks bei $x = 0$ und $x = 1$ abgerundet.

11.4. Etwas über zweidimensionale Wärmeleitprobleme

In einem zweidimensionalen homogenen Medium, das ein Gebiet G ausfüllt, lautet die Wärmeleitgleichung

$$\frac{\partial u}{\partial t} = \frac{\partial^2 u}{\partial x^2} + \frac{\partial^2 u}{\partial y^2}, \tag{30}$$

und die Randbedingungen sind im allgemeinen von der Form

$$\alpha \frac{\partial u}{\partial n} + \beta u + \gamma = 0 \quad \text{auf dem Rand von } G. \tag{31}$$

Legt man nun wie in § 10.1 beim Dirichlet-Problem ein Gitter in der (x, y)-Ebene und approximiert $\partial^2 u/\partial x^2 + \partial^2 u/\partial y^2$ an der Stelle P durch

$$\frac{1}{h^2}(-4u_P + u_N + u_E + u_S + u_W),$$

so erhält man ein System von Differentialgleichungen

$$\frac{du_P}{dt} = -\frac{1}{h^2}(4u_P - u_N - u_E - u_S - u_W) \tag{32}$$

(nämlich eine solche Differentialgleichung für jeden Gitterpunkt P), aus dem der approximative Temperaturverlauf $u_P(t)$ für jeden Gitterpunkt P berechnet werden kann.

Für Punkte in der Nähe des Randes ist (32) zu modifizieren: Im Falle von Fig. 11.2, wo auf dem Rand die Werte von u vorgeschrieben sind, ergibt sich beispielsweise

$$\frac{du_P}{dt} = -\frac{1}{h^2}(4u_P - u_E - u_S) + \frac{1}{h^2},$$

worin auch ein Beitrag (nämlich der Term $1/h^2$) zum Störungsglied enthalten ist. Wenn jedoch wie in Fig. 11.3 auf dem Rand $\partial u/\partial n = 0$ vorgeschrieben ist,

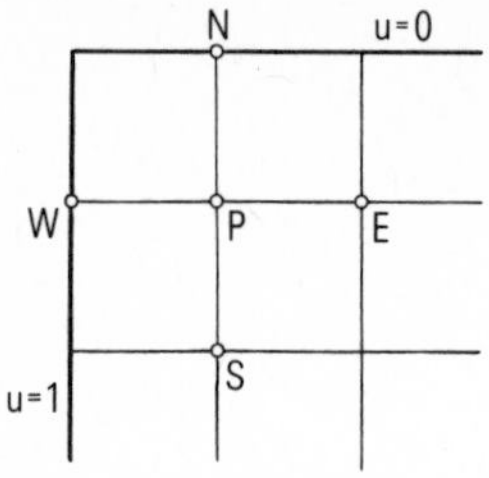

Figur 11.2. *Punkt in der Nähe des Randes.*

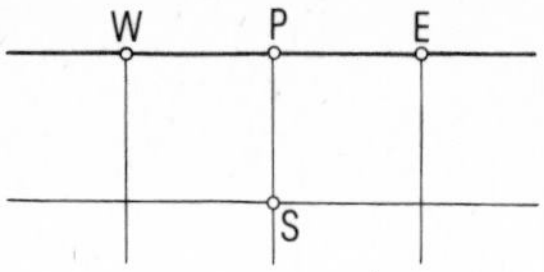

Figur 11.3. *Punkt auf dem Rand.*

erhält man nach dem Vorbild der elliptischen Differentialgleichung

$$\frac{du_P}{dt} = -\frac{1}{h^2}(4u_P - u_E - u_W - 2u_S).$$

In jedem Fall resultiert auch hier insgesamt ein Differentialgleichungssystem der Form

$$\frac{d\boldsymbol{u}}{dt} = \boldsymbol{A}\,\boldsymbol{u} + \boldsymbol{g},$$

wobei das Störungsglied $\boldsymbol{g}$ durch Randeinflüsse verursacht wird.

Leider ist die Koeffizientenmatrix $\boldsymbol{A}$ nicht automatisch symmetrisch. Dies wäre unerheblich für das Verfahren von Euler, könnte aber für die Integration mit der Trapezregel ein Nachteil sein. Es soll daher versucht werden, die Symmetrie der Matrix $\boldsymbol{A}$ zu erzwingen, was auf folgende Weise gelingt:

Das Gebiet wird in Elementarquadrate eingeteilt (je ein Quadrat um jeden Gitterpunkt) und die Wärmebilanz aufgestellt, wobei die Temperatur über jedes Quadrat konstant gehalten wird (vgl. Fig. 11.4). Der Wärmefluss ins Nachbar-

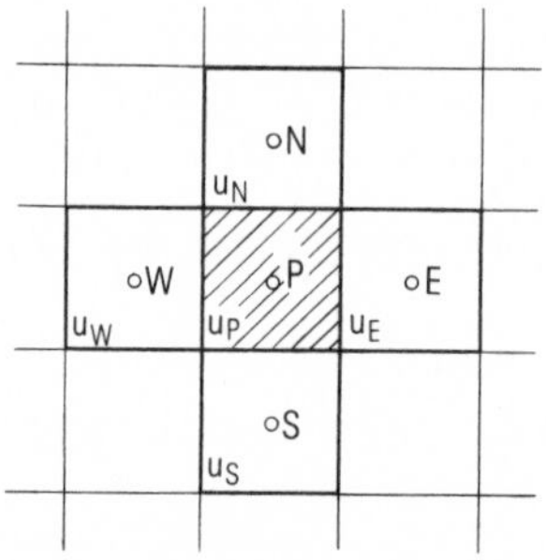

Figur 11.4. *Einteilung in Elementarquadrate mit konstanter Temperatur.*

quadrat ist jeweils proportional zur Länge h der gemeinsamen Seite und zum Temperaturgefälle, das zum Beispiel $(u_P - u_E)/h$ beträgt. Es gilt daher für ein Zeitintervall τ:

$$h^2\,\delta u_P = -\tau\left(h\,\frac{u_P - u_N}{h} + h\,\frac{u_P - u_E}{h} + h\,\frac{u_P - u_S}{h} + h\,\frac{u_P - u_W}{h}\right),$$

womit man wieder die Differentialgleichung (32) für die inneren Punkte P erhält. Dasselbe gilt für Punkte in der Nähe eines Randes mit vorgeschriebener Temperatur.

Anders verhält es sich für einen eigentlichen Randpunkt P, wie er im Falle von Fig. 11.3 mit der Randbedingung $\partial u/\partial n = 0$ vorkommt. Das zugehörige Elementarquadrat ist dann nämlich ein «Halbquadrat», das auch nur den halben Wärmeinhalt hat (vgl. Fig. 11.5). Die Bilanz lautet deshalb hier

$$\frac{1}{2} h^2 \, \delta u_P = -\tau \left(\frac{h}{2} \frac{u_P - u_E}{h} + \frac{h}{2} \frac{u_P - u_W}{h} + h \, \frac{u_P - u_S}{h} \right),$$

womit sich für u_P die Differentialgleichung

$$\frac{1}{2} \frac{du_P}{dt} = -\frac{1}{h^2} \left(2u_P - \frac{1}{2} u_E - \frac{1}{2} u_W - u_S \right)$$

ergibt. Entsprechend gilt bei Fig. 11.6 in der Ecke P

$$\frac{1}{4} h^2 \, \delta u_P = -\tau \left(\frac{h}{2} \frac{u_P - u_W}{h} + \frac{h}{2} \frac{u_P - u_S}{h} \right)$$

und damit

$$\frac{1}{4} \frac{du_P}{dt} = -\frac{1}{h^2} \left(u_P - \frac{1}{2} u_W - \frac{1}{2} u_S \right).$$

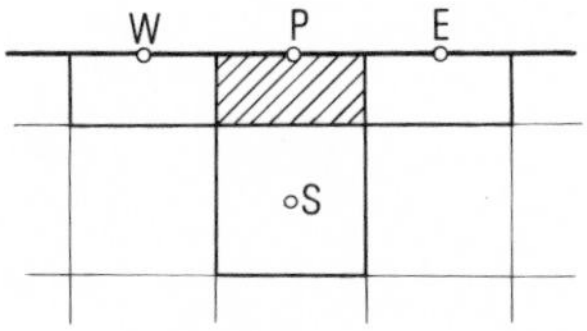

Figur 11.5. *Randpunkt P mit «Halbquadrat».*

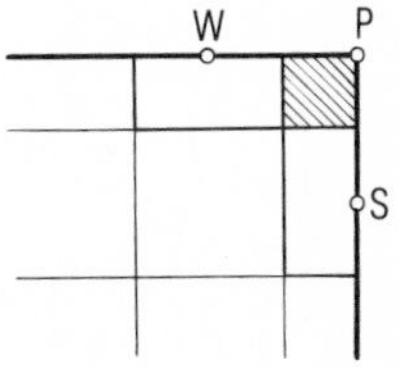

Figur 11.6. *Randpunkt P in einer Ecke.*

Bei diesem Vorgehen erhält man ein Differentialgleichungssystem der Form

$$\boldsymbol{D} \frac{d\boldsymbol{u}}{dt} = \boldsymbol{A}\, \boldsymbol{u} + \boldsymbol{g}, \tag{33}$$

wobei $\boldsymbol{D}$ ein Diagonalmatrix mit positiven Diagonalelementen und $\boldsymbol{A}$ eine symmetrische negativ definite Matrix ist, die übrigens gleich jener ist, die man erhält, wenn man das Randwertproblem $\Delta u = 0$ für dasselbe Gebiet mit denselben Randbedingungen mit Hilfe der Energiemethode diskretisiert.

Die Eigenwerte der Matrix $\boldsymbol{D}^{-1}\boldsymbol{A}$ liegen im Intervall $0 > \lambda > -8/h^2$. Wenn man nach Euler integriert (wobei man zweckmässigerweise mit der Matrix $\boldsymbol{D}^{-1}\boldsymbol{A}$ arbeitet), muss daher der Zeitschritt τ der Bedingung

$$\tau \leqq \frac{h^2}{4} \tag{34}$$

genügen. Für die Trapezregel hingegen schreibt man (mit $\boldsymbol{u}_l = \boldsymbol{u}(t_l)$):

$$\boldsymbol{D}\,(\boldsymbol{u}_{l+1}-\boldsymbol{u}_l) = \frac{1}{2}\tau\,\boldsymbol{D}\,(\boldsymbol{u}'_{l+1}+\boldsymbol{u}'_l) = \frac{\tau}{2}(\boldsymbol{A}\boldsymbol{u}_{l+1}+\boldsymbol{A}\boldsymbol{u}_l)+\frac{\tau}{2}(\boldsymbol{g}_{l+1}+\boldsymbol{g}_l),$$

$$\left(\boldsymbol{D}-\frac{\tau}{2}\boldsymbol{A}\right)\boldsymbol{u}_{l+1} = \left(\boldsymbol{D}+\frac{\tau}{2}\boldsymbol{A}\right)\boldsymbol{u}_l+\frac{\tau}{2}(\boldsymbol{g}_{l+1}+\boldsymbol{g}_l). \tag{35}$$

Man hat nun *bei jedem Zeitschritt* dieses lineare Gleichungssystem für $\boldsymbol{u}_{l+1}$ aufzulösen, welches ebenso umfangreich ist wie jenes beim Lösen des Dirichlet-Problems für dasselbe Gebiet. Immerhin ist die Matrix $\boldsymbol{D}-\frac{1}{2}\tau\boldsymbol{A}$ symmetrisch und positiv definit[1]. Zudem ist die Kondition dieser Matrix bedeutend besser als jene von $\boldsymbol{A}$, jedenfalls solange τ klein ist. Beispielsweise gilt für das Gebiet $0 \leqq x \leqq 1$, $0 \leqq y \leqq 1$, wenn $u(x, y, t)$ am Rande vorgegeben ist und dieses Quadrat in m^2 kleine Quadrate der Seitenlänge $h = 1/m$ eingeteilt wird:

$$\boldsymbol{D} = \boldsymbol{I}_{(m-1)^2} = (m-1)^2\text{-reihige Einheitsmatrix},$$

$$\max|\lambda(\boldsymbol{A})| = \frac{8}{h^2}\cos^2\frac{\pi}{2m}, \qquad \min|\lambda(\boldsymbol{A})| = \frac{8}{h^2}\sin^2\frac{\pi}{2m},$$

also beträgt die Kondition von $\boldsymbol{A}$

$$\operatorname{ctg}^2\frac{\pi}{2m} \approx \frac{4m^2}{\pi^2},$$

während für jene von $\boldsymbol{D}-\frac{1}{2}\tau\boldsymbol{A}$ gilt (wenn $m>2$):

$$K = \frac{1+4\,\dfrac{\tau}{h^2}\cos^2\dfrac{\pi}{2m}}{1+4\,\dfrac{\tau}{h^2}\sin^2\dfrac{\pi}{2m}} \ll \operatorname{ctg}^2\frac{\pi}{2m}. \tag{36}$$

Es ist sogar $K \approx 2$, wenn τ gleich dem für das Euler-Verfahren maximal zulässigen Zeitschritt $h^2/4$ gewählt wird; für grössere τ ist jedenfalls noch

$$K < 1+\frac{4\tau}{h^2}.$$

Diese vorteilhafte Kondition hat zur Folge, dass das Überrelaxationsverfahren (s. § 10.4) für das Gleichungssystem (35) sehr rasch konvergiert. Bei laufender Verdoppelung von τ wird die Kondition der Koeffizientenmatrix $\boldsymbol{D}-\frac{1}{2}\tau\boldsymbol{A}$

---

[1] Vgl. Fussnote 1 in § 11.1.

auch laufend ungefähr verdoppelt und damit die Konvergenz verlangsamt; dafür kommt man aber ja schneller vorwärts.

Beispiel. Im Gebiet G von Fig. 11.7 sei ein Wärmeleitproblem (30) zu lösen, und zwar seien $u \equiv 0$ auf dem Rand und $u(x, y, 0) \equiv 1000$ als Anfangswert im Innern vorgegeben. Wir arbeiten mit dem eingezeichneten Gitter ($h = 0.2$) und

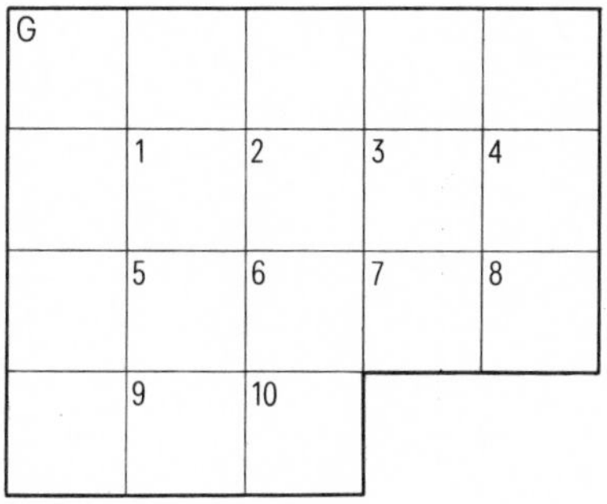

Figur 11.7. *Das Gebiet G und dessen Diskretisation.*

führen zunächst zwei Schritte mit $\tau = 0.005$ nach dem Euler-Verfahren durch. (Es ist also $\tau = h^2/8$, das heisst nach (34) gleich der Hälfte des zulässigen Maximums.) Die Resultate sind der geometrischen Lage der Punkte entsprechend angeordnet und auf ganze Zahlen gerundet:

$t = 0$:	1000	1000	1000	1000
	1000	1000	1000	1000
	1000	1000		
$t = 0.005$:	750	875	875	750
	875	1000	875	750
	750	750		
$t = 0.01$:	594	766	750	578
	750	922	766	578
	578	594		

Nun soll ein Schritt mit der Trapezregel und $\tau = 0.02$ angefügt werden. Das Gleichungssystem (35) wird mit Überrelaxation ($\omega = 1.143$) gelöst, wobei als Startvektor die nach Euler gefundene Approximation $\boldsymbol{u}(0.01)$ verwendet wird, die auch auf der rechten Seite von (35) eingesetzt werden muss. Nach 1, 2 bzw. 3 Durchläufen resultiert:

$t = 0.03$, nach einem Durchlauf:

348	503	458	255
456	610	447	210
259	254		

$t = 0.03$, nach zwei Durchläufen:

304	448	400	240
402	545	423	257
249	291		

$t = 0.03$, nach drei Durchläufen:

295	437	401	249
397	554	434	254
255	288		

Ein zweidimensionales Wärmeleitproblem mit Kreissymmetrie. Das folgende Beispiel soll zeigen, wie man ein zweidimensionales Problem behandelt, das analytisch auf ein eindimensionales zurückgeführt werden könnte.

Im Kreis $x^2+y^2 \leqq 1$ soll

$$\frac{\partial u}{\partial t} = \frac{\partial^2 u}{\partial x^2} + \frac{\partial^2 u}{\partial y^2}$$

gelöst werden, wobei für $t = 0$

$$u(x, y, 0) = \begin{cases} 0, & \text{falls } x^2+y^2 \leqq 0.01, \\ 1, & \text{falls } x^2+y^2 > 0.01, \end{cases}$$

und für $x^2+y^2 = 1$, also auf dem Rand, $\partial u/\partial n = 0$ sei. Physikalisch handelt es sich hier um das Heissaufziehen einer Scheibe vom Radius 1 auf eine Achse vom Radius 0.1 aus dem gleichen Material (vgl. Fig. 11.8); der Scheibenrand ist isoliert. Es stellt sich die Frage, wie sich die Temperatur ausgleicht.

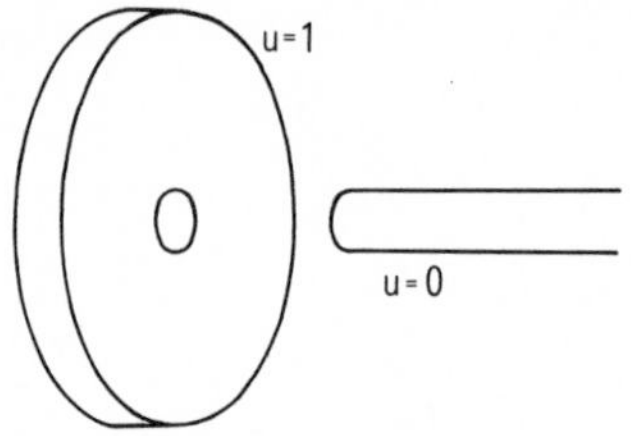

Figur 11.8. *Aufziehen einer Scheibe auf eine Achse.*

Da die Scheibe radialsymmetrisch ist, könnte man die Differentialgleichung nach bekanntem Vorbild umwandeln in

$$\frac{\partial u}{\partial t} = \frac{1}{r}\frac{\partial}{\partial r}\left(r\frac{\partial u}{\partial r}\right) \tag{37}$$

mit $\partial u/\partial r = 0$ auf dem Rand. Dies ist ein eindimensionales Problem, dessen Lösung durch

$$u(r, t) = \sum_{k=1}^{\infty} c_k J_0(n_k r) \exp(-n_k^2 t) + c_0 \tag{38}$$

gegeben ist, wobei die n_k ($k = 1, 2, \ldots$) die Nullstellen der Bessel-Funktion J_1 sind und die c_k so gewählt werden müssen, dass die Anfangsbedingungen erfüllt sind. Diese Reihe (38) konvergiert indessen für kleine t schlecht, und wir wollen keinen Gebrauch von ihr machen.

Vielmehr denken wir uns die Scheibe $0 \leqq r \leqq 1$ in Kreisringe K_p der Dicke $h = 1/n$ eingeteilt, wobei allerdings der innerste und der äusserste Ring nur die Dicke $h/2$ haben sollen:

$$
\begin{aligned}
K_0&: \quad 0 \leqq r \leqq h/2,\\
K_1&: \quad h/2 \leqq r \leqq 3h/2,\\
&\vdots\\
K_{n-1}&: \quad (n-1)h - \frac{1}{2}h \leqq r \leqq (n-1)\,h + \frac{1}{2}h,\\
K_n&: \quad 1 - \frac{1}{2}h \leqq r \leqq 1.
\end{aligned}
$$

Die Temperatur auf dem Ring K_p wird als (räumlich) konstant angenommen und mit $u_p(t)$ bezeichnet. Alsdann stellt man die Wärmebilanz auf, wobei zu beachten ist, dass K_0 die Fläche $\pi\, h^2/4$, K_p ($p = 1, \ldots, n-1$) die Fläche $2\,\pi\, p\, h^2$ und K_n die Fläche $\pi\left(n - \frac{1}{4}\right)h^2$ hat. Der Wärmefluss zwischen K_p und K_{p+1} ist proportional zur Länge der Trennlinie $\pi\,(2p+1)\,h$ und zum Temperaturgradienten $\frac{1}{h}(u_{p+1} - u_p)$, so dass die folgenden Gleichungen gelten

$$
\begin{aligned}
\frac{\pi}{4}\,h^2\,\delta u_0 &= \tau\,\pi\,(u_1 - u_0),\\
2\,\pi\,p\,h^2\,\delta u_p &= \tau\,\pi\,((2p+1)\,(u_{p+1} - u_p) + (2p-1)\,(u_{p-1} - u_p))\\
&\qquad\qquad (p = 1, \ldots, n-1),\\
\pi\,h^2\left(n - \frac{1}{4}\right)\delta u_n &= \tau\,\pi\,(2n-1)\,(u_{n-1} - u_n).
\end{aligned}
$$

Hieraus ergeben sich die nachstehenden $n+1$ Differentialgleichungen erster Ordnung für die $n+1$ unbekannten Funktionen $u_1(t), \ldots, u_n(t)$:

$$
\begin{aligned}
\frac{1}{4}\,\frac{du_0}{dt} &= \frac{1}{h^2}\,(u_1 - u_0),\\
2p\,\frac{du_p}{dt} &= \frac{1}{h^2}\,((2p-1)\,u_{p-1} - 4p\,u_p + (2p+1)\,u_{p+1})\\
&\qquad\qquad (p = 1, \ldots, n-1),\\
\left(n - \frac{1}{4}\right)\frac{du_n}{dt} &= \frac{1}{h^2}\,((2n-1)\,u_{n-1} - (2n-1)\,u_n)\,.
\end{aligned}
\tag{39}
$$

Dieses System hat die Gestalt

$$\boldsymbol{D}\,\frac{d\boldsymbol{u}}{dt} = \boldsymbol{A}\boldsymbol{u}, \tag{40}$$

wobei die Matrix $\boldsymbol{A}$ symmetrisch und negativ definit und $\boldsymbol{D}$ eine positive Diagonalmatrix ist:

$$\boldsymbol{D} = \begin{bmatrix} \frac{1}{4} & & & & & & 0 \\ & 2 & & & & & \\ & & 4 & & & & \\ & & & \ddots & & & \\ & & & & & & \\ & & & & & 2n-2 & \\ 0 & & & & & & n-\frac{1}{4} \end{bmatrix}, \tag{41}$$

$$\boldsymbol{A} = \frac{1}{h^2}\begin{bmatrix} -1 & 1 & & & & & 0 \\ 1 & -4 & 3 & & & & \\ & 3 & -8 & 5 & & & \\ & & 5 & -12 & 7 & & \\ & & \cdot & \cdot & \cdot & & \\ & & & \cdot & \cdot & \cdot & \\ & & & & \cdot & \cdot & \cdot \\ 0 & & & & 2n-3 & -4n+4 & 2n-1 \\ & & & & & 2n-1 & -2n+1 \end{bmatrix}. \tag{42}$$

Die bei Gebrauch der Trapezregel zu lösenden Gleichungssysteme (35) lauten hier

$$\left(\boldsymbol{D}-\frac{\tau}{2}\boldsymbol{A}\right)\boldsymbol{u}_{k+1} = \left(\boldsymbol{D}+\frac{\tau}{2}\boldsymbol{A}\right)\boldsymbol{u}_k.$$

Für die Beurteilung der Stabilität und Genauigkeit wären die Eigenwerte des allgemeinen Eigenwertproblems (vgl. § 12.1) $\lambda\boldsymbol{D}\boldsymbol{x} = \boldsymbol{A}\boldsymbol{x}$ massgebend.

Numerisches Beispiel. Bei der räumlichen Diskretisation wählen wir $h = 0.02$. Das System (39) besteht dann aus 51 Differentialgleichungen. Wir lösen es mit der Trapezregel, wobei am Anfang als Zeitschritt $\tau = \tau_0 = 5_{10}-6$ gewählt wird. Analog zum Vorgehen in § 11.2 (vgl. Formel (20)) wird τ erstmals nach 40 Schritten und dann jeweils nach weiteren 20 Schritten verdoppelt. Tab. 11.5 zeigt das Resultat im Intervall $0 \leqq r \leqq 0.3$, wobei die Temperatur aber nur alle zwanzig Integrationsschritte tabelliert ist.

Tab. 11.5. *Heissaufziehen einer Scheibe vom Radius* 1 *auf einen kalten Stumpf vom Radius* 0.1

t \ r	.00	.02	.04	.06	.08	.10	.12	.14	.16	.18	.20	.22	.24	.26	.28	.30
0	0	0	0	0	0	.50000	1.0000	1.0000	1.0000	1.0000	1.0000	1.0000	1.0000	1.0000	1.0000	1.0000
.0001	.00003	.00014	.00151	.01518	.11429	.52009	.91109	.99047	.99928	.99996	1.0000	1.0000	1.0000	1.0000	1.0000	1.0000
.0002	.00051	.00155	.00874	.04637	.19156	.53386	.85681	.97175	.99595	.99955	.99996	1.0000	1.0000	1.0000	1.0000	1.0000
.0003	.00250	.00563	.02192	.08183	.24692	.54434	.82179	.95154	.99010	.99839	.99978	.99998	1.0000	1.0000	1.0000	1.0000
.0004	.00704	.01307	.03949	.11680	.28867	.55294	.79805	.93265	.98259	.99636	.99936	.99990	.99999	1.0000	1.0000	1.0000
.0006	.02539	.03759	.08173	.17971	.34849	.56707	.76910	.90137	.96564	.99001	.99753	.99947	.99990	.99998	1.0000	1.0000
.0008	.05479	.07164	.12698	.23251	.39074	.57892	.75305	.87805	.94901	.98173	.99432	.99845	.99962	.99992	.99998	1.0000
.0012	.13145	.15185	.21349	.31566	.45036	.59916	.73796	.84754	.92119	.96372	.98506	.99446	.99814	.99943	.99984	.99996
.0016	.21221	.23178	.28927	.37987	.49390	.61698	.73317	.82976	.90079	.94721	.97432	.98855	.99530	.99822	.99938	.99980
.0024	.35097	.36598	.40950	.47654	.55943	.64896	.73594	.81293	.87540	.92206	.95423	.97476	.98692	.99362	.99707	.99873
.0032	.45455	.46564	.49783	.54756	.60954	.67761	.74561	.80839	.86236	.90578	.93857	.96185	.97744	.98729	.99317	.99650
.0048	.59051	.59697	.61584	.64540	.68309	.72584	.77048	.81410	.85437	.88969	.91922	.94282	.96088	.97413	.98346	.98978
.0064	.67353	.67768	.68988	.70920	.73427	.76338	.79470	.82645	.85707	.88533	.91039	.93179	.94943	.96348	.97432	.98241
.0096	.76840	.77051	.77673	.78674	.80001	.81586	.83354	.85227	.87127	.88987	.90751	.92373	.93825	.95092	.96170	.97066
.0128	.82075	.82201	.82577	.83185	.84002	.84993	.86122	.87347	.88627	.89921	.91194	.92415	.93559	.94607	.95548	.96377
.0192	.87665	.87725	.87904	.88197	.88594	.89086	.89658	.90295	.90982	.91701	.92438	.93176	.93902	.94603	.95271	.95896
.0256	.90600	.90635	.90739	.90910	.91145	.91437	.91781	.92170	.92596	.93050	.93526	.94013	.94505	.94994	.95473	.95936
.0384	.93633	.93649	.93697	.93776	.93885	.94022	.94186	.94374	.94583	.94810	.95053	.95309	.95573	.95844	.96118	.96392
.0512	.95186	.95195	.95223	.95268	.95331	.95410	.95506	.95616	.95740	.95876	.96022	.96179	.96343	.96513	.96688	.96866
.0768	.96765	.96769	.96781	.96802	.96830	.96867	.96911	.96962	.97019	.97084	.97154	.97229	.97310	.97395	.97483	.97575
.1024	.97562	.97564	.97571	.97583	.97599	.97620	.97645	.97674	.97707	.97744	.97784	.97828	.97875	.97925	.97978	.98033
.1536	.98343	.98344	.98347	.98352	.98359	.98367	.98378	.98390	.98404	.98419	.98437	.98455	.98475	.98497	.98519	.98543
.2048	.98687	.98688	.98689	.98691	.98694	.98698	.98703	.98709	.98715	.98722	.98730	.98739	.98748	.98758	.98768	.98779
.3072	.98923	.98923	.98923	.98924	.98924	.98925	.98926	.98928	.98929	.98931	.98932	.98934	.98936	.98938	.98941	.98943
.4096	.98975	.98975	.98975	.98975	.98975	.98976	.98976	.98976	.98976	.98977	.98977	.98978	.98978	.98979	.98979	.98980
.6144	.98989	.98989	.98989	.98989	.98989	.98989	.98989	.98989	.98989	.98989	.98989	.98989	.98989	.98989	.98989	.98989

KAPITEL 12

Das Eigenwertproblem für symmetrische Matrizen

§ 12.1. **Einleitung**

Matrixeigenwertprobleme gehen beispielsweise aus dem Hamiltonschen Prinzip hervor; dieses lautet: Sind kinetische und potentielle Energie eines mechanischen Systems durch

$$T = \sum_{i=1}^{n} \sum_{j=1}^{n} P_{ij}(q_1, \dots, q_n) \; \dot{q}_i \; \dot{q}_j, \quad U = U(q_1, \dots, q_n) \tag{1}$$

gegeben, so verläuft die Bewegung zwischen den Zeitpunkten t_0 und t_1 so, dass die Funktionen $q_i(t)$, die die Bewegung beschreiben, das Wirkungsintegral

$$J = \int_{t_0}^{t_1} (T - U)\, dt$$

stationär machen, wenn die Werte $q_i(t_0)$ und $q_i(t_1)$ festgehalten werden.

Die Eulerschen Gleichungen dieses Variationsproblems sind

$$\frac{d}{dt}\frac{\partial T}{\partial \dot{q}_k} - \frac{\partial}{\partial q_k}(T - U) = 0 \quad (k = 1, \dots, n),$$

also, da P_{ij} natürlich symmetrisch ist,

$$2 \sum_j P_{kj}\, \ddot{q}_j + 2 \sum_i \sum_j \frac{\partial P_{kj}}{\partial q_i}\, \dot{q}_i\, \dot{q}_j - \sum_i \sum_j \frac{\partial P_{ij}}{\partial q_k}\, \dot{q}_i\, \dot{q}_j + \frac{\partial U}{\partial q_k} = 0 \qquad (k = 1, \dots, n).$$

Besitzt das System eine stabile Gleichgewichtslage, das heisst, gibt es eine Stelle $\overline{q}_1, \dots, \overline{q}_n$, so dass dort

$$\frac{\partial U}{\partial q_k}(\overline{q}_1, \dots, \overline{q}_n) = 0 \quad (k = 1, \dots, n)$$

gilt und

$$\frac{\partial^2 U}{\partial q_i\, \partial q_j}(\overline{q}_1, \dots, \overline{q}_n) = 2\, a_{ij} \quad (i, j = 1, \dots, n)$$

die Elemente einer positiv definiten Matrix sind, so wird, solange die Grössen

$x_i = q_i - \bar{q}_i, \dot{x}_i = \dot{q}_i$ klein bleiben und wenn $P_{kj}(\bar{q}_1, \ldots, \bar{q}_n) = b_{kj}$ gesetzt wird, in erster Annäherung:

$$\sum_j b_{kj}\ddot{x}_j + \sum_j a_{kj}x_j = 0 \quad (k = 1, \ldots, n).$$

Mit $\boldsymbol{A} = (a_{kj}), \boldsymbol{B} = (b_{kj}), \boldsymbol{x} = (x_1, \ldots, x_n)^T$ erhält man also

$$\boldsymbol{B}\ddot{\boldsymbol{x}} + \boldsymbol{A}\boldsymbol{x} = \boldsymbol{0}.$$

Dabei ist $\boldsymbol{B}$ seiner Natur nach positiv definit, da eine kinetische Energie nicht negativ sein kann.

Mit dem Ansatz $\boldsymbol{x} = e^{i\omega t}\boldsymbol{z}$ ergibt sich schliesslich

$$-\omega^2\boldsymbol{B}\boldsymbol{z} + \boldsymbol{A}\boldsymbol{z} = \boldsymbol{0},$$

das heisst, $\lambda = \omega^2$ muss eine Lösung des *allgemeinen Eigenwertproblems*

$$(\boldsymbol{A} - \lambda\boldsymbol{B})\boldsymbol{z} = \boldsymbol{0} \tag{2}$$

sein, wobei $\boldsymbol{A}$ und $\boldsymbol{B}$ symmetrische und positiv definite Matrizen sind.

Wenn $\boldsymbol{B}$ die Einheitsmatrix ist, so liegt ein *gewöhnliches Eigenwertproblem*

$$\boldsymbol{A}\boldsymbol{z} = \lambda\boldsymbol{z} \tag{3}$$

vor, und wir wollen nun zeigen, dass das allgemeine auf dieses zurückgeführt werden kann: Da $\boldsymbol{B}$ in (2) positiv definit ist, kann es nach Cholesky zerlegt werden: $\boldsymbol{B} = \boldsymbol{R}^T\boldsymbol{R}$. Setzt man noch $\boldsymbol{z} = \boldsymbol{R}^{-1}\boldsymbol{y}$, so geht (2) über in

$$(\boldsymbol{A} - \lambda\boldsymbol{R}^T\boldsymbol{R})\boldsymbol{R}^{-1}\boldsymbol{y} = \boldsymbol{0},$$

$$(\boldsymbol{R}^{-1})^T(\boldsymbol{A} - \lambda\boldsymbol{R}^T\boldsymbol{R})\boldsymbol{R}^{-1}\boldsymbol{y} = \boldsymbol{0},$$

also mit $\boldsymbol{R}^{-T} = (\boldsymbol{R}^{-1})^T$ in

$$\boldsymbol{R}^{-T}\boldsymbol{A}\boldsymbol{R}^{-1}\boldsymbol{y} = \lambda\boldsymbol{y}.$$

Damit ist das allgemeine Eigenwertproblem reduziert auf das spezielle für die ebenfalls symmetrische Matrix $\boldsymbol{R}^{-T}\boldsymbol{A}\boldsymbol{R}^{-1}$, deren Eigenvektoren $\boldsymbol{y}$ man noch mit $\boldsymbol{R}^{-1}$ multiplizieren muss, um jene von (2) zu erhalten.

Als Beispiel betrachten wir die Schwingungen eines elastischen Balkens, der links eingespannt, rechts dagegen frei ist. Die Biegesteifigkeit sei $JE(x)$, die Masse pro Längeneinheit $M(x)$. Die Durchbiegung des Balkens zur Zeit t werde durch $q(x, t)$ beschrieben; man hat also hier kontinuierlich unendlich viele Freiheitsgrade, da aus den Funktionen $q_k(t)$ in (1) die Funktion $q(x, t)$, das heisst aus dem Index k eine kontinuierliche Variable x geworden ist.

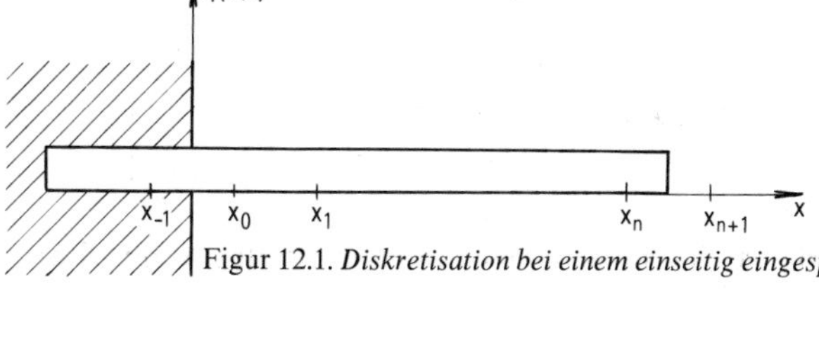

Figur 12.1. *Diskretisation bei einem einseitig eingespannten Balken.*

Kinetische und potentielle Energie betragen

$$T = \frac{1}{2}\int_a^b M(x)\left(\frac{\partial q}{\partial t}\right)^2 dx, \quad U = \frac{1}{2}\int_a^b JE(x)\left(\frac{\partial^2 q}{\partial x^2}\right)^2 dx, \tag{4}$$

und diese zwei Integrale wollen wir nun diskretisieren. Zu diesem Zweck werden auf dem Balken Stützstellen $x_k = x_0 + k\,h$ $(k = -1, 0, 1, \ldots, n+1)$ wie in Fig. 12.1 gewählt. Dann wird wie üblich $\partial^2 q/\partial x^2$ durch $(q_{k-1} - 2\,q_k + q_{k+1})/h^2$ approximiert, wobei sich die Einspannung links durch $q_0 = q_{-1} = 0$ ausdrükken lässt. Weiter wird für die Integrale die Näherung

$$\int_a^b \Phi(x)\,dx \approx h \sum_{k=0}^{n} \Phi(x_k)$$

verwendet, so dass (4) in

$$T = \frac{h}{2}\sum_{k=0}^{n} M_k\,\dot{q}_k^2, \qquad U = \frac{h}{2}\sum_{k=0}^{n} JE_k\left(\frac{q_{k-1} - 2\,q_k + q_{k+1}}{h^2}\right)^2$$

übergeht.

Damit wäre das ursprüngliche Problem auf eines mit nur endlich vielen Freiheitsgraden reduziert, freilich nur angenähert. Nun tritt jedoch in U die fiktive Durchbiegung q_{n+1} auf, die in T nicht vorkommt. Aber da die wirkliche Bewegung so stattfinden muss, dass $\int (T-U)\,dt$ stationär wird, und q_{n+1} nur im Term $(q_{n-1} - 2\,q_n + q_{n+1})^2$ vorkommt, kann das Integral bezüglich beliebiger Variationen $\delta q_{n+1}(t)$ nur dann stationär sein, wenn dieser Term verschwindet, das heisst $q_{n-1}(t) - 2\,q_n(t) + q_{n+1}(t) \equiv 0$ ist. Führen wir noch die Grössen $\gamma_k = JE_k/h^4$ ein, so wird bis auf einen bei T und U gemeinsamen Faktor $h/2$

$$\begin{aligned} T &= \sum_{k=0}^{n} M_k\,\dot{q}_k^2, \\ U &= \sum_{k=0}^{n-1} \gamma_k\,(q_{k-1}^2 - 4q_{k-1}\,q_k + 2q_{k-1}\,q_{k+1} + 4q_k^2 - 4q_k\,q_{k+1} + q_{k+1}^2). \end{aligned} \tag{5}$$

Hiermit sind die beiden Matrizen $\boldsymbol{A}$ und $\boldsymbol{B}$, die in der allgemeinen Gleichung (2) auftreten, bestimmt:

Die Matrix $\boldsymbol{B}$, die die Koeffizienten der quadratischen Form für T bezüglich der $\dot{q}_k$ enthält, ist eine Diagonalmatrix:

$$\boldsymbol{B} = \begin{bmatrix} M_1 & & & 0 \\ & M_2 & & \\ & & \ddots & \\ 0 & & & M_n \end{bmatrix}. \tag{6}$$

Die Matrix $\boldsymbol{A}$, die die Koeffizienten der quadratischen Form für U bezüglich der q_k enthält, besteht aus den Beiträgen der einzelnen Summanden von U, und zwar liefert jener zum Index k den folgenden Beitrag, den wir selbst wieder in Matrizenform darstellen:

$$\boldsymbol{A}_k = \begin{array}{c} \\ \\ \\ \\ \\ \end{array}\overset{\begin{array}{ccccc} 1 & k-1 & k & k+1 & n \\ \downarrow & \downarrow & \downarrow & \downarrow & \downarrow \end{array}}{\left[\begin{array}{ccccc} 0 & & & & 0 \\ & \gamma_k & -2\gamma_k & \gamma_k & \\ & -2\gamma_k & 4\gamma_k & -2\gamma_k & \\ & \gamma_k & -2\gamma_k & \gamma_k & \\ 0 & & & & 0 \end{array}\right]} \begin{array}{l} \leftarrow 1 \\ \leftarrow k-1 \\ \leftarrow k \\ \leftarrow k+1 \\ \leftarrow n \end{array}$$

($k = 2, 3, \ldots, n-1$). Für $k = 0$ bzw. 1 ist

$$\boldsymbol{A}_0 = \overset{\begin{array}{c} 1 \\ \downarrow \end{array}}{\left[\begin{array}{ccc} \gamma_0 & & \\ & & \\ & 0 & \end{array}\right]} \begin{array}{l} \leftarrow 1 \\ \\ \\ \end{array}, \qquad \boldsymbol{A}_1 = \overset{\begin{array}{cc} 1 & 2 \\ \downarrow & \downarrow \end{array}}{\left[\begin{array}{ccc} 4\gamma_1 & -2\gamma_1 & \\ -2\gamma_1 & \gamma_1 & \\ & & 0 \end{array}\right]} \begin{array}{l} \leftarrow 1 \\ \leftarrow 2 \\ \\ \end{array}$$

(weil q_0 und q_{-1} identisch verschwinden). Es ist dann

$$\boldsymbol{A} = \boldsymbol{A}_0 + \boldsymbol{A}_1 + \ldots + \boldsymbol{A}_{n-1}.$$

Hieraus folgt insbesondere:

$$\left.\begin{aligned} a_{jj} &= \gamma_{j-1} + 4\,\gamma_j + \gamma_{j+1} \\ a_{j,j+1} &= a_{j+1,j} = -2\,\gamma_j - 2\,\gamma_{j+1} \\ a_{j,j+2} &= a_{j+2,j} = \gamma_{j+1} \end{aligned}\right\} \quad (j = 1, 2, \ldots, n-2),$$
$$\begin{aligned} a_{n-1,n-1} &= 4\,\gamma_{n-1} + \gamma_{n-2}, \\ a_{n-1,n} &= a_{n,n-1} = -2\,\gamma_{n-1}, \\ a_{nn} &= \gamma_{n-1}. \end{aligned} \tag{7}$$

Die Kenntnis dieser Matrizen $\boldsymbol{A}$ und $\boldsymbol{B}$ erlaubt uns nun, die Eigenfrequenzen des Balkens (angenähert) als Resultat des Eigenwertproblems $(\boldsymbol{A} - \omega^2 \boldsymbol{B})\,\boldsymbol{z} = \boldsymbol{0}$ zu berechnen. Beide Matrizen sind von selbst symmetrisch und positiv definit geworden.

Beispiel. Der Balken habe die in Fig. 12.2 gezeichnete Form. Der Vergleich

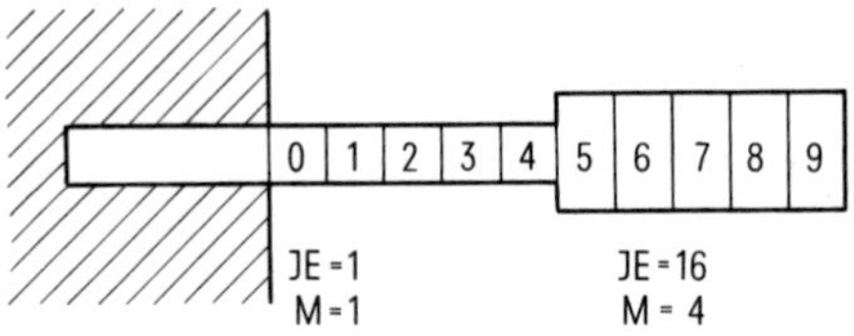

Figur 12.2. *Beispiel eines links eingespannten Balkens.*

mit Fig. 12.1 zeigt, dass $n = 9$ ist, und so wird nach (7) und (6)

$$\boldsymbol{A} = \begin{pmatrix} 6 & -4 & 1 & & & & & & \\ -4 & 6 & -4 & 1 & & & & 0 & \\ 1 & -4 & 6 & -4 & 1 & & & & \\ & 1 & -4 & 21 & -34 & 16 & & & \\ & & 1 & -34 & 81 & -64 & 16 & & \\ & & & 16 & -64 & 96 & -64 & 16 & \\ & & & & 16 & -64 & 96 & -64 & 16 \\ & 0 & & & & 16 & -64 & 80 & -32 \\ & & & & & & 16 & -32 & 16 \end{pmatrix}, \quad (8)$$

$$\boldsymbol{B} = \operatorname{diag}(1, 1, 1, 1, 4, 4, 4, 4). \quad (9)$$

Um das allgemeine Eigenwertproblem auf ein spezielles zu reduzieren, muss man nun zunächst die Cholesky-Zerlegung $\boldsymbol{R}^T\boldsymbol{R}$ von $\boldsymbol{B}$ berechnen; diese ergibt hier offenbar

$$\boldsymbol{R} = \operatorname{diag}(1, 1, 1, 1, 2, 2, 2, 2).$$

Schliesslich ist

$$\boldsymbol{R}^{-T}\boldsymbol{A}\boldsymbol{R}^{-1} = \begin{pmatrix} 6 & -4 & 1 & & & & & & \\ -4 & 6 & -4 & 1 & & & & 0 & \\ 1 & -4 & 6 & -4 & 0.5 & & & & \\ & 1 & -4 & 21 & -17 & 8 & & & \\ & & 0.5 & -17 & 20.25 & -16 & 4 & & \\ & & & 8 & -16 & 24 & -16 & 4 & \\ & & & & 4 & -16 & 24 & -16 & 4 \\ & 0 & & & & 4 & -16 & 20 & -8 \\ & & & & & & 4 & -8 & 4 \end{pmatrix} \quad (10)$$

die Matrix, deren Eigenwerte (angenähert) die Quadrate der Frequenzen des Balkens sind. Dazu ist zu bemerken, dass nur die kleinsten Eigenwerte dieser Matrix wirklich mit Frequenzen des Balkens korrespondieren.

§ 12.2. Extremaleigenschaften der Eigenwerte

Es sei $\boldsymbol{A}$ eine symmetrische Matrix. Wir betrachten die quadratische Form

$$Q(\boldsymbol{x}) = (\boldsymbol{x}, \boldsymbol{A}\boldsymbol{x}) = \sum_{i=1}^{n} \sum_{j=1}^{n} a_{ij} x_i x_j \tag{11}$$

als Funktion der unabhängigen Variablen auf der Einheitskugel, also unter der Nebenbedingung $\| \boldsymbol{x} \|_2 = 1$.

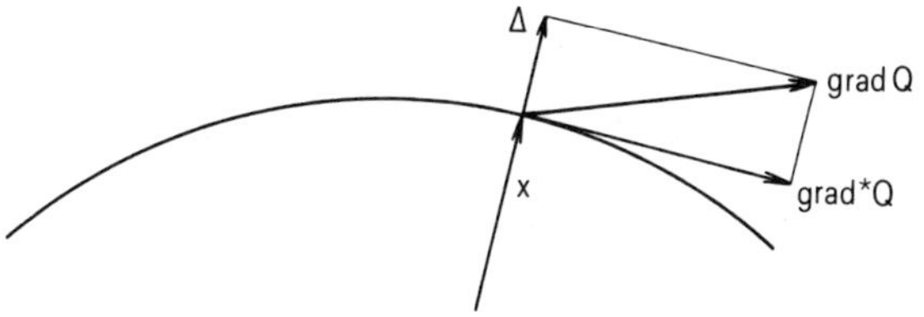

Figur 12.3. *Zerlegung von* grad Q *in die radiale und die tangentiale Komponente.*

Der Gradient grad Q von $Q(\boldsymbol{x})$ ist gleich $2 \boldsymbol{A} \boldsymbol{x}$, weil

$$\frac{\partial}{\partial x_k} \sum_{i=1}^{n} \sum_{j=1}^{n} a_{ij} x_i x_j = \sum_{i=1}^{n} a_{ik} x_i + \sum_{j=1}^{n} a_{kj} x_j .$$

Der Vektor $\boldsymbol{\Delta}$ in Fig. 12.3 ist die Projektion von grad Q auf den Ortsvektor $\boldsymbol{x}$, also ist $\boldsymbol{\Delta} = 2(\boldsymbol{x}, \boldsymbol{A}\boldsymbol{x})\, \boldsymbol{x} = 2\, Q(\boldsymbol{x})\, \boldsymbol{x}$ und damit

$$\text{grad}^* Q = 2 \boldsymbol{A} \boldsymbol{x} - \boldsymbol{\Delta} = 2(\boldsymbol{A} \boldsymbol{x} - Q(\boldsymbol{x})\, \boldsymbol{x}) \tag{12}$$

der auf die Tangentialebene projizierte Gradient. Dieser und nicht grad Q ist für die Variation der Funktion $Q(\boldsymbol{x})$ auf der Kugel massgebend. Die Extremalwerte von $Q(\boldsymbol{x})$ auf der Kugel liegen somit dort, wo grad* $Q = \mathbf{0}$ ist. In diesen Punkten gilt demnach

$$\boldsymbol{A} \boldsymbol{x} = Q(\boldsymbol{x})\, \boldsymbol{x},$$

das heisst, $\boldsymbol{x}$ ist ein Eigenvektor von $\boldsymbol{A}$ und $Q(\boldsymbol{x})$ ist der zugehörige Eigenwert.

Wenn anderseits $\boldsymbol{A} \boldsymbol{x} = \lambda \boldsymbol{x}$ und $\| \boldsymbol{x} \|_2 = 1$ ist, so wird $Q(\boldsymbol{x}) = (\boldsymbol{A}\boldsymbol{x}, \boldsymbol{x}) = \lambda(\boldsymbol{x}, \boldsymbol{x}) = \lambda$, also

$$\text{grad}^* Q = 2(\boldsymbol{A} \boldsymbol{x} - Q(\boldsymbol{x})\, \boldsymbol{x}) = 2(\lambda \boldsymbol{x} - \lambda \boldsymbol{x}) = \mathbf{0},$$

so dass Q in $\boldsymbol{x}$ stationär ist. Offenbar gilt also:

Satz 12.1. *Die normierten Eigenvektoren und die Eigenwerte der symmetrischen Matrix $\boldsymbol{A}$ sind genau die stationären Punkte beziehungsweise die zugehörigen Funktionswerte der quadratischen Form Q, betrachtet als Funktion auf der Einheitskugel.*

Korollar 12.2. *Der Wertevorrat von $Q(\boldsymbol{x})$ auf der Einheitskugel ist das ab-*

geschlossene, durch den kleinsten und den grössten Eigenwert von $\boldsymbol{A}$ *begrenzte Intervall.*

Beispiele. 1) Die der Matrix

$$\boldsymbol{A} = \begin{bmatrix} 6 & 3 & 1 \\ 3 & 2 & 1 \\ 1 & 1 & 1 \end{bmatrix}$$

zugeordnete quadratische Funktion hat folgende stationäre Punkte:

$$\boldsymbol{x} = \pm(0.860, 0.472, 0.194)^T, \quad Q(\boldsymbol{x}) = 7.873,$$

$$\boldsymbol{x} = \pm(-0.408, 0.408, 0.816)^T, \quad Q(\boldsymbol{x}) = 1,$$

$$\boldsymbol{x} = \pm(-0.306, 0.781, -0.544)^T, \quad Q(\boldsymbol{x}) = 0.127.$$

Der zweite, mit Wert 1, ist ein Sattelpunkt (vgl. Fig. 12.4).

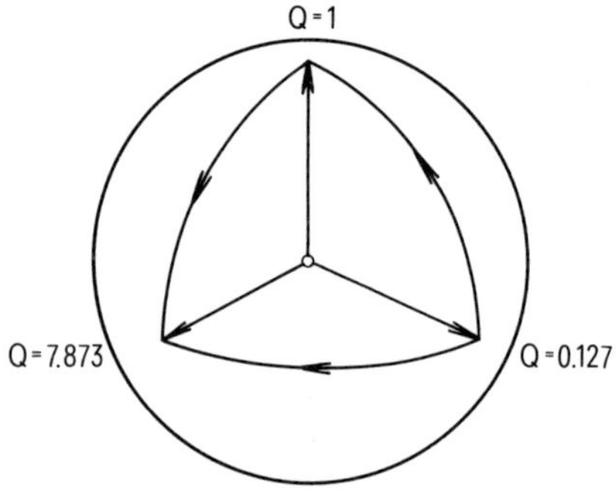

Figur 12.4. *Zum Beispiel 1.*

2) Die Matrix

$$\boldsymbol{A} = \begin{bmatrix} 7 & 1 & 2 \\ 1 & 7 & -2 \\ 2 & -2 & 4 \end{bmatrix}$$

hat den doppelten Eigenwert $\lambda = 8$. Hier nimmt Q sein Maximum 8 in allen Punkten eines gewissen Grosskreises und das Minimum 2 in den zugehörigen Polen an (vgl. Fig. 12.5).

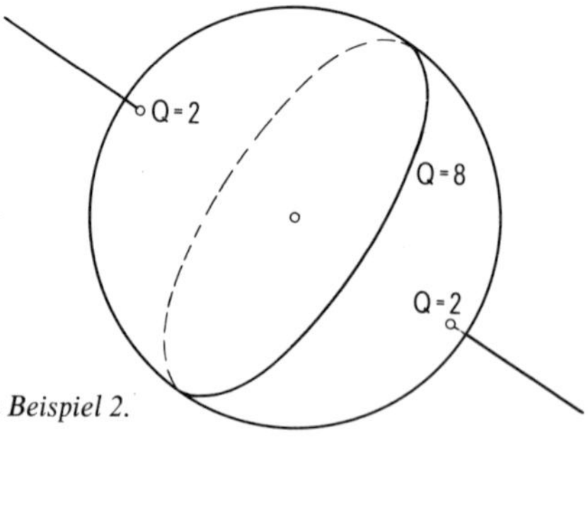

Figur 12.5. *Zum Beispiel 2.*

Die Eigenvektoren und Eigenwerte von $\boldsymbol{A}$ sind auch die Lösungen einer zweiten, ähnlichen Extremalaufgabe:

Es sei $\boldsymbol{x}_1$ die Stelle, an der $Q(\boldsymbol{x})$ auf der Einheitskugel $\|\boldsymbol{x}\|_2 = 1$ sein Maximum annimmt. (Wir wissen bereits, dass $\boldsymbol{x}_1$ Eigenvektor zum grössten Eigenwert λ_1 ist.) Nun betrachten wir alle Punkte $\boldsymbol{x}$ der Kugel, für die ausserdem $(\boldsymbol{x}_1, \boldsymbol{x}) = 0$ gilt. Auf dieser Punktmenge suchen wir wieder das Maximum von $Q(\boldsymbol{x})$; es werde an der Stelle $\boldsymbol{x}_2$ angenommen. Dann betrachten wir die durch die Bedingungen

$$(\boldsymbol{x}, \boldsymbol{x}) = 1, \quad (\boldsymbol{x}_1, \boldsymbol{x}) = (\boldsymbol{x}_2, \boldsymbol{x}) = 0$$

definierte Punktmenge und bestimmen auf dieser das Maximum von $Q(\boldsymbol{x})$, was den Punkt $\boldsymbol{x}_3$ ergibt usw. So erhalten wir schliesslich ein vollständiges Orthogonalsystem $\boldsymbol{x}_1, \boldsymbol{x}_2, \ldots, \boldsymbol{x}_n$.

Man kann zeigen, dass diese Vektoren $\boldsymbol{x}_k$ gerade wieder Eigenvektoren von $\boldsymbol{A}$ sind und dass für die zugehörigen Eigenwerte $\lambda_k = Q(\boldsymbol{x}_k)$ gilt: $\lambda_1 \geqq \lambda_2 \geqq \ldots \geqq \lambda_n$. Zu einer symmetrischen Matrix $\boldsymbol{A}$ existiert also ein vollständiges Orthogonalsystem von Eigenvektoren. Wird dieses als neues Koordinatensystem gewählt, das heisst setzt man

$$\boldsymbol{x} = \sum_{k=1}^{n} \xi_k \boldsymbol{x}_k,$$

so wird wegen $(\boldsymbol{x}_k, \boldsymbol{A}\boldsymbol{x}_l) = \lambda_l (\boldsymbol{x}_k, \boldsymbol{x}_l) = \lambda_l \delta_{kl}$

$$Q(\boldsymbol{x}) = \sum_{k=1}^{n} \sum_{l=1}^{n} \xi_k \xi_l (\boldsymbol{x}_k, \boldsymbol{A}\boldsymbol{x}_l) = \sum_{k=1}^{n} \lambda_k \xi_k^2.$$

Im neuen System wird also die quadratische Form Q durch die Diagonalmatrix $\operatorname{diag}(\lambda_1, \ldots, \lambda_n)$ dargestellt *(Hauptachsentransformation)*.

Störung der Eigenwerte. Aus der Extremaleigenschaft der Eigenwerte folgt ferner eine Aussage über die Veränderung der Eigenwerte einer symmetrischen Matrix $\boldsymbol{A}$, wenn deren Elemente in bestimmter Weise gestört werden:

Es seien $\boldsymbol{A}$ und $\boldsymbol{B}$ zwei symmetrische Matrizen, für deren Differenz $\boldsymbol{C} = \boldsymbol{B} - \boldsymbol{A}$ man Schranken α, β für den Wertebereich der zugehörigen quadratischen Form (betrachtet auf der Einheitskugel) geben kann:

$$\alpha \leqq (\boldsymbol{x}, \boldsymbol{C}\boldsymbol{x}) \leqq \beta \quad \text{für} \quad \|\boldsymbol{x}\|_2 = 1. \tag{13}$$

Dann ist für jedes normierte $\boldsymbol{x}$

$$(\boldsymbol{x}, \boldsymbol{A}\boldsymbol{x}) + \alpha \leqq (\boldsymbol{x}, \boldsymbol{B}\boldsymbol{x}) \leqq (\boldsymbol{x}, \boldsymbol{A}\boldsymbol{x}) + \beta.$$

Nach Korollar 12.2 folgt hieraus

$$\lambda_{\max}(\boldsymbol{A}) + \alpha \leqq \lambda_{\max}(\boldsymbol{B}) \leqq \lambda_{\max}(\boldsymbol{A}) + \beta.$$

Eine entsprechende Aussage gilt für alle Eigenwerte:

Satz 12.3. *Sind $\boldsymbol{A}$ und $\boldsymbol{B}$ symmetrische Matrizen mit Eigenwerten λ_k bzw. μ_k*

und gilt für $\boldsymbol{C} = \boldsymbol{B} - \boldsymbol{A}$ *die Abschätzung (13), so liegt in jedem Intervall* $[\lambda_k + \alpha, \lambda_k + \beta]$ *(mindestens) ein* μ_k.

Anstelle eines Beweises führen wir eine *Plausibilitätbetrachtung* durch: Für die extremen Eigenwerte ist die Behauptung offenbar (Maximum und Minimum der Funktion $Q_A(\boldsymbol{x}) = (\boldsymbol{x}, \boldsymbol{A}\boldsymbol{x})$ (mit $\|\boldsymbol{x}\|_2 = 1$) werden um höchstens α bzw. β verändert). Die mittleren Eigenwerte aber sind Sattelpunkte von $Q_A(\boldsymbol{x})$, etwa von der in Fig. 12.6 gezeichneten Art, wo die niedrigste Passhöhe P beim Übergang von W nach E die Höhe λ_k hat (so hoch hinauf muss man mindestens

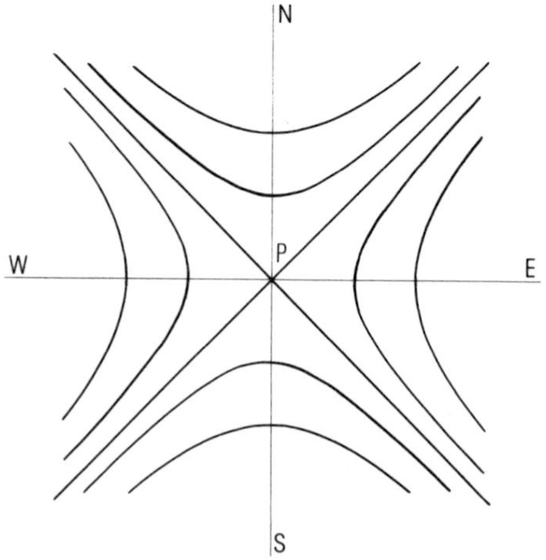

Figur 12.6. *Sattelpunkt der quadratischen Form* Q_A.

steigen); gleichzeitig aber ist P auch die tiefste Stelle auf dem Weg von N nach S. Somit ist P die tiefste Passhöhe auf dem Weg von Tal zu Tal und zugleich die höchste «Passtiefe» auf dem Weg von Berg zu Berg.

Wenn man nun zu Q_A eine Funktion mit Werten zwischen α und β addiert, so heisst das, dass auf dem ganzen Gelände mindestens α aber höchstens β dick Bauschutt abgelagert wird. Damit wird der Übergang von Tal zu Tal über P um höchstens β höher, aber auf einem Umweg findet man vielleicht ein tieferes Maximum; jedenfalls ist die neue Passhöhe kleiner oder gleich $\lambda_k + \beta$. Ebenso wird der Weg von Berg zu Berg über P um mindestens α erhöht, also der gesamte Weg nie tiefer als $\lambda_k + \alpha$. Auf einem Umweg findet man vielleicht eine noch höhere «Passtiefe», doch die höchstmögliche liegt jedenfalls mindestens auf der Höhe $\lambda_k + \alpha$. Der Eigenwert μ_k von B, der der tiefsten neuen Passhöhe (und zugleich der höchsten neuen «Passtiefe») entspricht, liegt also zwischen $\lambda_k + \alpha$ und $\lambda_k + \beta$.

Satz 12.3 sagt aus, dass die Eigenwerte einer symmetrischen Matrix durch kleine symmetrische Störungen nur wenig verändert werden, nämlich um höchstens $\pm\varepsilon$, wenn alle Eigenwerte der Störungsmatrix $\boldsymbol{C}$ im Intervall $[-\varepsilon, \varepsilon]$

liegen; dies gilt insbesondere, wenn die Schur-Norm (s. § 10.7, Formel (56)) nicht grösser als ε ist:

$$\sum_{i=1}^{n} \sum_{j=1}^{n} c_{ij}^2 \leqq \varepsilon^2.$$

Beispiel. Wir betrachten die Matrizen

$$\boldsymbol{A} = \begin{bmatrix} 19 & 7 & 7 & 0 \\ & 14 & -8 & 5 \\ & & 14 & -5 \\ \text{sym.} & & & 3 \end{bmatrix},$$

$$\boldsymbol{B} = \begin{bmatrix} 18.9992 & 7.0008 & 6.9997 & 0.0005 \\ & 14.0010 & -8.0006 & 4.9996 \\ & & 14.0000 & -5.0007 \\ \text{sym.} & & & 3.0007 \end{bmatrix}.$$

$\boldsymbol{A}$ hat die zwei doppelten Eigenwerte 0.657281 und 24.342719. Die Schur-Norm der Störungsmatrix $\boldsymbol{C} = \boldsymbol{B} - \boldsymbol{A}$ beträgt 0.002474, also müssten die Eigenwerte von $\boldsymbol{B}$ in den Intervallen

$$0.654807 \leqq \mu \leqq 0.659755, \quad 24.340245 \leqq \mu \leqq 24.345193$$

liegen. Tatsächlich hat $\boldsymbol{B}$ die Eigenwerte

$$0.656240, \quad 0.658381, \quad 24.341959, \quad 24.344320.$$

Störung der Eigenvektoren. Für die Eigenvektoren gilt keine analoge Behauptung. In der Tat kann eine kleine Änderung der Matrixelemente eine grosse Änderung der Eigenvektoren bewirken. Zum Beispiel hat

$$\begin{bmatrix} 1 & 10^{-5} & 0 \\ 10^{-5} & 1 & 10^{-5} \\ 0 & 10^{-5} & 1 \end{bmatrix}$$

die Eigenvektoren (nicht normiert)

$$(1, 0, -1)^T, \quad (1, \sqrt{2}, 1)^T, \quad (1, -\sqrt{2}, 1)^T,$$

während

$$\begin{bmatrix} 1 & 10^{-5} & 10^{-5} \\ 10^{-5} & 1 & 10^{-5} \\ 10^{-5} & 10^{-5} & 1 \end{bmatrix}$$

den Eigenvektor $(1, 1, 1)^T$ zum Eigenwert $\lambda = 1 + 2_{10}{-5}$ besitzt.

Immerhin gibt es eine Aussage über die Störung eines Eigenvektors, wenn der zugehörige Eigenwert einfach und von den übrigen Eigenwerten genügend weit entfernt ist:

Satz 12.4. *Es sei $\boldsymbol{x}$ ein normierter Eigenvektor zum Eigenwert λ der symmetrischen Matrix $\boldsymbol{A}$, und es gebe keinen weiteren Eigenwert λ' von $\boldsymbol{A}$ mit $|\lambda - \lambda'| < t\,\varepsilon$,* wo $t > 2$. *Ferner sei die Schur-Norm der symmetrischen Störungsmatrix $\boldsymbol{C}$ nicht grösser als ε. Dann hat $\boldsymbol{B} = \boldsymbol{A} + \boldsymbol{C}$ einen normierten Eigenvektor $\boldsymbol{y}$ mit*

$$\|\boldsymbol{x} - \boldsymbol{y}\|_2 < \frac{1}{t-1}.$$

Beweis. Man kann annehmen, $\boldsymbol{A}$ sei durch eine orthogonale Transformation auf Diagonalform gebracht worden und es sei $\lambda = \lambda_1$, $\boldsymbol{x} = \boldsymbol{e}_1 = (1, 0, \ldots, 0)^T$. Wenn man $\boldsymbol{C}$ mittransformiert, bleibt die Quadratsumme der Elemente $\leqq \varepsilon^2$. Es ist dann also (im neuen Koordinatensystem)

$$\boldsymbol{B} = \boldsymbol{A} + \boldsymbol{C} = \begin{pmatrix} \lambda_1 + c_{11} & c_{12} & \ldots & c_{1n} \\ c_{21} & \lambda_2 + c_{22} & & c_{2n} \\ \vdots & & & \\ c_{n1} & c_{n2} & & \lambda_n + c_{nn} \end{pmatrix}$$

$$= \lambda_1 \boldsymbol{I} + \left(\begin{array}{c|c} c_{11} & \boldsymbol{q}^T \\ \hline \boldsymbol{q} & \boldsymbol{P} \end{array}\right),$$

mit

$$\boldsymbol{P} = \begin{pmatrix} \lambda_2 - \lambda_1 + c_{22} & c_{23} & \ldots & c_{2n} \\ c_{32} & \lambda_3 - \lambda_1 + c_{33} & & c_{3n} \\ \vdots & & & \\ c_{n2} & c_{n3} & & \lambda_n - \lambda_1 + c_{nn} \end{pmatrix}, \quad \boldsymbol{q} = \begin{pmatrix} c_{12} \\ c_{13} \\ \vdots \\ c_{1n} \end{pmatrix}.$$

Nach Satz 12.3 hat $\boldsymbol{P}$ keinen Eigenwert im Intervall $|\mu| < (t-1)\,\varepsilon$, weil nach Voraussetzung $|\lambda_k - \lambda_1| \geqq t\,\varepsilon \quad (k = 2, \ldots, n)$ und

$$\sum_{i=2}^{n} \sum_{j=2}^{n} c_{ij}^2 \leqq \varepsilon^2.$$

Nun sind die Eigenvektoren von $\boldsymbol{B}$ dieselben wie die von

$$\left(\begin{array}{c|c} c_{11} & \boldsymbol{q}^T \\ \hline \boldsymbol{q} & \boldsymbol{P} \end{array}\right) = \boldsymbol{B} - \lambda_1 \boldsymbol{I}.$$

Mit dem Ansatz $\boldsymbol{v}^T = (1 \mid \boldsymbol{z}^T)$ für einen solchen Eigenvektor zum Eigenwert μ erhält man

$$c_{11} + \boldsymbol{q}^T \boldsymbol{z} = \mu - \lambda_1,$$

$$\boldsymbol{q} + \boldsymbol{P}\,\boldsymbol{z} = (\mu - \lambda_1)\,\boldsymbol{z}.$$

Es folgt:

$$\begin{aligned}\|\boldsymbol{P}\,\boldsymbol{z}\|^2 &= \|(\mu-\lambda_1)\boldsymbol{z} - \boldsymbol{q}\|^2 = (\mu-\lambda_1)^2 \|\boldsymbol{z}\|^2 - 2(\mu-\lambda_1)(\boldsymbol{z}, \boldsymbol{q}) + \|\boldsymbol{q}\|^2 \\ &= (\mu-\lambda_1)^2 \|\boldsymbol{z}\|^2 - 2(\mu-\lambda_1)(\mu-\lambda_1-c_{11}) + \|\boldsymbol{q}\|^2 \\ &= (\mu-\lambda_1)^2 \|\boldsymbol{z}\|^2 - (\mu-\lambda_1)^2 - (\mu-\lambda_1-c_{11})^2 + c_{11}^2 + \|\boldsymbol{q}\|^2.\end{aligned}$$

Weil $\boldsymbol{P}$ keinen Eigenwert vom Betrag kleiner $(t-1)\,\varepsilon$ hat, ist $\|\boldsymbol{P}\,\boldsymbol{z}\| \geqq (t-1)\,\varepsilon\,\|\boldsymbol{z}\|$, ferner

$$\|\boldsymbol{q}\|^2 + c_{11}^2 = \sum_{j=1}^{n} c_{1j}^2 \leqq \varepsilon^2.$$

Demnach ist

$$\begin{aligned}(t-1)^2\,\varepsilon^2\,\|\boldsymbol{z}\|^2 - (\mu-\lambda_1)^2\,\|\boldsymbol{z}\|^2 &\leqq \varepsilon^2 - (\mu-\lambda_1)^2 - (\mu-\lambda_1-c_{11})^2 \\ &\leqq \varepsilon^2 - (\mu-\lambda_1)^2.\end{aligned}$$

Nach Satz 12.3 hat die Matrix $\boldsymbol{B}$ einen Eigenwert μ mit der Eigenschaft $|\mu-\lambda_1| \leqq \varepsilon$. Für den zugehörigen Eigenvektor $\boldsymbol{z}$ gilt deshalb

$$\|\boldsymbol{z}\|^2 \leqq \frac{\varepsilon^2 - (\mu-\lambda_1)^2}{(t-1)^2\,\varepsilon^2 - (\mu-\lambda_1)^2} = \frac{1}{(t-1)^2}\,\frac{\varepsilon^2 - (\mu-\lambda_1)^2}{\varepsilon^2 - \dfrac{(\mu-\lambda_1)^2}{(t-1)^2}} < \frac{1}{(t-1)^2},$$

solange nur $(t-1)^2 > 1$, also $t > 2$ ist.

Zwar ist $\boldsymbol{v}^T = (1 \mid \boldsymbol{z}^T)$ kein normierter Eigenvektor, aber für den zugehörigen normierten Vektor $\boldsymbol{y}$ ist die Distanz zum Eigenvektor $\boldsymbol{x}$ (hier $\boldsymbol{e}_1$) noch kleiner (vgl. Fig. 12.7), das heisst, es ist sicher $\|\boldsymbol{x} - \boldsymbol{y}\| < 1/(1-t)$, w. z. b. w.

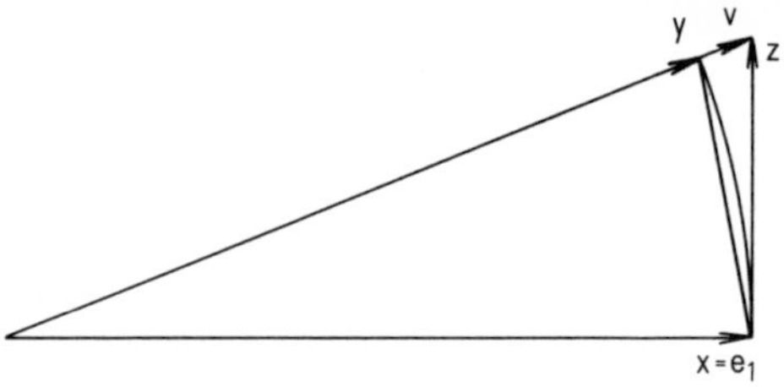

Figur 12.7. *Zum Beweis von Satz 12.4.*

§ 12.3. Das klassische Jacobi-Verfahren

Nach Jacobi[1] wird die Hauptachsentransformation mittels eines iterativen Prozesses durchgeführt: Beginnend mit der Matrix $\boldsymbol{A}_0 = \boldsymbol{A}$ führt man eine Folge von «elementaren» orthogonalen Transformationen

$$\boldsymbol{A}_1 = \boldsymbol{U}_0^T \boldsymbol{A}_0 \boldsymbol{U}_0, \qquad \boldsymbol{A}_2 = \boldsymbol{U}_1^T \boldsymbol{A}_1 \boldsymbol{U}_1, \qquad \ldots$$

aus, so dass die Matrizen $\boldsymbol{A}_0, \boldsymbol{A}_1, \boldsymbol{A}_2, \ldots$ «immer diagonaler» werden. Als Mass für die Abweichung von einer Diagonalmatrix wählt man die Quadratsumme aller Aussendiagonalelemente,

$$S_k = \sum_{i=1}^{n} \sum_{\substack{j=1 \\ j \neq i}}^{n} [a_{ij}^{(k)}]^2, \tag{14}$$

wobei hier $a_{ij}^{(k)}$ die Elemente der Matrix $\boldsymbol{A}_k$ bedeuten. Wir fordern also, dass gilt: $S_0 > S_1 > S_2 > \ldots$.

$\boldsymbol{A}_k$ ist mit der Originalmatrix $\boldsymbol{A}$ durch

$$\boldsymbol{A}_k = \boldsymbol{U}_{k-1}^T \boldsymbol{U}_{k-2}^T \cdots \boldsymbol{U}_0^T \boldsymbol{A} \boldsymbol{U}_0 \boldsymbol{U}_1 \cdots \boldsymbol{U}_{k-1}$$

verbunden, was mit Hilfe der «akkumulierten» Transformationsmatrix

$$\boldsymbol{V}_k = \boldsymbol{U}_0 \boldsymbol{U}_1 \cdots \boldsymbol{U}_{k-1} \tag{15}$$

(die ebenfalls orthogonal ist) als

$$\boldsymbol{A}_k = \boldsymbol{V}_k^T \boldsymbol{A} \boldsymbol{V}_k \tag{16}$$

geschrieben werden kann.

Wenn es gelingt, S_k beliebig klein, etwa $\leqq \varepsilon$ zu machen, so weicht $\boldsymbol{A}_k$ von einer Diagonalmatrix $\boldsymbol{D}$ nur um eine Matrix ab, deren Schur-Norm $\leqq \varepsilon$ ist: $\| \boldsymbol{A}_k - \boldsymbol{D} \| \leqq \varepsilon$. Sofern diese Abweichung auf Grund der Störungstheorie (das heisst der Sätze 12.3 und 12.4) zulässig ist, ist mit $\boldsymbol{A} \to \boldsymbol{A}_k = \boldsymbol{V}_k^T \boldsymbol{A} \boldsymbol{V}_k$ die Hauptachsentransformation (innerhalb der geforderten Genauigkeit) geleistet.

In der Wahl der Matrizen $\boldsymbol{U}_k$ ist man völlig frei, sie müssen nur ortho-

[1] JACOBI C.G.J.: Über ein leichtes Verfahren, die in der Theorie der Säkularstörungen vorkommenden Gleichungen numerisch aufzulösen, *Crelle's Journal* **30**, 51–94 (1846).

gonal sein und die Quadratsumme S_k verkleinern. Die einfachste Möglichkeit ist

$$\boldsymbol{U}_k = \boldsymbol{U}(p, q, \phi) = \begin{bmatrix} 1 & & & & & & & & & \\ & \ddots & & & & & & 0 & & \\ & & 1 & & & & & & & \\ & & & \cos\phi & & & & \sin\phi & & \\ & & & & 1 & & & & & \\ & & & & & \ddots & & & & \\ & & & & & & 1 & & & \\ & & & -\sin\phi & & & & \cos\phi & & \\ & 0 & & & & & & & 1 & \\ & & & & & & & & & \ddots \\ & & & & & & & & & & 1 \end{bmatrix} \begin{matrix} \\ \\ \\ \leftarrow p \\ \\ \\ \\ \leftarrow q \\ \\ \\ \\ \end{matrix}, \tag{17}$$

also

$$u_{pp} = u_{qq} = \cos\phi, \qquad u_{pq} = -u_{qp} = \sin\phi \qquad (p < q).$$

(Nur in diesen vier Elementen weicht $\boldsymbol{U}_k$ von der Einheitsmatrix ab.) Eine Transformation

$$\boldsymbol{A}_k \to \boldsymbol{A}_{k+1} = \boldsymbol{U}_k^T \boldsymbol{A}_k \boldsymbol{U}_k \tag{18}$$

mit einer orthogonalen Matrix $\boldsymbol{U}_k = \boldsymbol{U}(p, q, \phi)$ der Form (17) heisst eine *Jabobi-Rotation mit Pivotelement a_{pq} und Drehwinkel ϕ*.

Bezeichnet man die Elemente von $\boldsymbol{A}_k$ kurz mit a_{ij}, die von $\boldsymbol{A}_{k+1}$ mit $\hat{a}_{ij}$, so kann man die Transformation (18) elementweise wie folgt beschreiben:

$$\begin{aligned}
&\hat{a}_{ij} = a_{ij} \qquad (i \neq p, q \text{ und } j \neq p, q),\\
&\left.\begin{aligned}\hat{a}_{pj} &= a_{pj}\cos\phi - a_{qj}\sin\phi\\ \hat{a}_{qj} &= a_{pj}\sin\phi + a_{qj}\cos\phi\end{aligned}\right\} \qquad (j \neq p, q),\\
&\left.\begin{aligned}\hat{a}_{ip} &= a_{ip}\cos\phi - a_{iq}\sin\phi\\ \hat{a}_{iq} &= a_{ip}\sin\phi + a_{iq}\cos\phi\end{aligned}\right\} \qquad (i \neq p, q),\\
&\hat{a}_{pq} = \hat{a}_{qp} = \frac{1}{2}(a_{pp} - a_{qq})\sin(2\phi) + a_{pq}\cos(2\phi),\\
&\hat{a}_{pp} = a_{pp}\cos^2\phi - 2\,a_{pq}\sin\phi\cos\phi + a_{qq}\sin^2\phi,\\
&\hat{a}_{qq} = a_{pp}\sin^2\phi + 2\,a_{pq}\sin\phi\cos\phi + a_{qq}\cos^2\phi.
\end{aligned} \tag{19}$$

Hieraus folgt nun:

$$\begin{aligned}
&\alpha)\ \hat{a}_{pj}^2 + \hat{a}_{qj}^2 = a_{pj}^2 + a_{qj}^2 \qquad (j \neq p, q),\\
&\beta)\ \hat{a}_{ip}^2 + \hat{a}_{iq}^2 = a_{ip}^2 + a_{iq}^2 \qquad (i \neq p, q),\\
&\gamma)\ \hat{a}_{ij}^2 = a_{ij}^2 \qquad (i \neq p, q \text{ und } j \neq p, q).
\end{aligned}$$

Bezeichnet man mit Σ_α, Σ_β, Σ_γ die Summen über die links (oder rechts) in diesen Beziehungen auftretenden Grössen, wobei in Σ_γ nur jene mit $i \neq j$ berücksichtigt werden sollen, so wird offenbar

$$S_k = \sum_{i=1}^{n} \sum_{j \neq i} a_{ij}^2 = \Sigma_\alpha + \Sigma_\beta + \Sigma_\gamma + a_{pq}^2 + a_{qp}^2,$$

$$S_{k+1} = \sum_{i=1}^{n} \sum_{j \neq i} \hat{a}_{ij}^2 = \Sigma_\alpha + \Sigma_\beta + \Sigma_\gamma + \hat{a}_{pq}^2 + \hat{a}_{qp}^2,$$

also wegen der Symmetrie

$$S_{k+1} = S_k - 2\, a_{pq}^2 + 2\, \hat{a}_{pq}^2, \tag{20}$$

das heisst, die Quadratsumme aller Aussendiagonalelemente wird durch die Transformation (18) um $2a_{pq}^2 - 2\hat{a}_{pq}^2$ vermindert. S_{k+1} wird daher minimal, wenn a_{pq}^2 möglichst gross ist und $\hat{a}_{pq}^2$ möglichst klein wird.

Also wählt man zunächst p und q $(p < q)$ als Zeilen- bzw. Spaltennummer des betragsgrössten Elementes von $\boldsymbol{A}_k$ oberhalb der Diagonalen und dann den Winkel ϕ so, dass $\hat{a}_{pq} = 0$ wird. Hierzu muss offenbar

$$\operatorname{tg}(2\phi) = \frac{2\, a_{pq}}{a_{qq} - a_{pp}} \tag{21}$$

sein, wozu es vier Möglichkeiten für ϕ im Intervall $-\pi < \phi \leqq \pi$ gibt. Von diesen vier möglichen Werten wird grundsätzlich der kleinste gewählt: $|\phi| \leqq \pi/4$.

Dann führt man die Operation (18) aus und berechnet auch noch die Matrix $\boldsymbol{V}_{k+1}$, was auf Grund von (15) nach

$$\boldsymbol{V}_{k+1} = \boldsymbol{V}_k \boldsymbol{U}_k$$

erfolgt; in Komponenten bedeutet dies, wenn v_{ij} die Elemente von $\boldsymbol{V}_k$, $\hat{v}_{ij}$ jene von $\boldsymbol{V}_{k+1}$ sind:

$$\left.\begin{aligned} \hat{v}_{jp} &= v_{jp} \cos\phi - v_{jq} \sin\phi \\ \hat{v}_{jq} &= v_{jp} \sin\phi + v_{jq} \cos\phi \end{aligned}\right\} \quad (j = 1, \ldots, n). \tag{22}$$

Damit ist ein Elementarschritt vollendet.

Zusammengefasst besteht das *klassische Jacobi-Verfahren* darin, dass man für $k = 0, 1, 2, \ldots$ folgende Operationen ausführt:

1) Wahl des Pivotelementes a_{pq} als betragsgrösstes Aussendiagonalelement von $\boldsymbol{A}_k$.
2) Berechnung des Drehwinkels ϕ beziehungsweise der Grössen $\cos\phi$ und $\sin\phi$ (nur diese werden tatsächlich benötigt).
3) Berechnung der Elemente der Matrizen $\boldsymbol{A}_{k+1}$, $\boldsymbol{V}_{k+1}$ (d.h. der Elemente $\hat{a}_{ij}$, $\hat{v}_{ij}$ in obiger Schreibweise) nach (19) bzw. (22).

Konvergenz. Die Iterationsfolge kann abgebrochen werden, sobald alle

Aussendiagonalelemente von $\mathbf{A}_k$ verschwindend klein sind; es fragt sich nur, ob dies jemals eintritt. Nun gilt auf Grund von (20) und unserer Wahl von ϕ:

$$S_{k+1} = S_k - 2\,a_{pq}^2.$$

Dabei ist a_{pq}^2 als Quadrat des betragsgrössten Aussendiagonalelements mindestens gleich dem Mittelwert $S_k/(n(n-1))$, also

$$S_{k+1} \leqq S_k \left(1 - \frac{2}{n(n-1)}\right),$$

$$S_k \leqq S_0 \left(1 - \frac{2}{n(n-1)}\right)^k \to 0 \text{ für } k \to \infty. \tag{23}$$

Damit ist die Konvergenz bewiesen:

Satz 12.5. *Beim klassischen Jacobi-Verfahren konvergiert die Quadratsumme S_k der Aussendiagonalelemente von $\mathbf{A}_k$ (mindestens) linear monoton gegen* 0.

§ 12.4. **Fragen der Programmierung**

In der Rechenpraxis wird eine Jacobi-Rotation (18) «an Ort» durchgeführt, das heisst, ein Matrixelement a_{ij} wird als $a[i,j]$ gespeichert unabhängig davon, ob es ein Element von $\mathbf{A}_k$ oder $\mathbf{A}_{k+1}$ ist. Damit verläuft ein solcher Schritt wie folgt:

1) Bestimmung von p und q durch Suchen des maximalen Aussendiagonalelementes. Dieses Suchen kann sehr erleichtert werden, indem man sich eine Liste anlegt, in der für jede Zeile die Lage und die Grösse des betragsgrössten Elementes dieser Zeile vermerkt wird[1].

2) Bestimmung von $c = \cos\phi$ und $s = \sin\phi$. Zunächst berechnet man nicht $tg(2\phi)$, sondern

$$\operatorname{ctg}(2\phi) = \frac{a_{qq} - a_{pp}}{2\,a_{pq}}.$$

(Der Nenner dieser Formel kann nämlich im Gegensatz zum Zähler nicht 0 werden, da man ja immer mit dem absolut grössten Aussendiagonalelement a_{pq} arbeitet.)

3) Aus der Grösse $ct = \operatorname{ctg}(2\phi)$ findet man $t = \operatorname{tg}(\phi)$ durch Auflösen der quadratischen Gleichung

$$t^2 + 2 \times ct \times t - 1 = 0.$$

[1] Corbato F. J.: On the coding of Jacobi's method for computing eigenvalues and eigenvectors of real symmetric matrices, *J. ACM* **10**, 123–125 (1963).

Da wir einen Winkel ϕ mit $|\phi| \leqq \pi/4$ suchen, muss $|t| \leqq 1$ sein; es wird daher die absolut kleinere Wurzel genommen. In ALGOL-Notation ist

$$t := 1/(abs(ct) + sqrt(1 + ct \uparrow 2));$$

bereits der Absolutbetrag der kleineren Wurzel; da diese das gleiche Vorzeichen wie ct haben muss, ist noch

if $ct < 0$ **then** $t := -t$;

anzufügen. Schliesslich ist

$$c := 1/sqrt(1 + t \uparrow 2); \qquad s := c \times t;$$

4) Da man nur mit den Elementen in und oberhalb der Diagonalen arbeitet (und damit den Rechenaufwand um fast 50% reduziert), muss ein im Programm auftretendes Element $a[i,j]$ mit $i > j$ sofort durch $a[j,i]$ ersetzt werden.

5) Spezielle Formeln gibt es für die Elemente $\hat{a}_{pq}$, $\hat{a}_{pp}$, $\hat{a}_{qq}$. Es gilt nämlich $\hat{a}_{pp} + \hat{a}_{qq} = a_{pp} + a_{qq}$ und

$$\begin{aligned} \hat{a}_{pp} - a_{pp} &= (a_{qq} - a_{pp}) \sin^2\phi - 2\, a_{pq} \cos\phi \sin\phi \\ &= tg\,\phi\, [(a_{qq} - a_{pp}) \cos\phi \sin\phi - 2\, a_{pq} \cos^2\phi] \\ &= -tg\,\phi \left[\frac{1}{2}(a_{pp} - a_{qq}) \sin(2\phi) + a_{pq} \cos(2\phi) + a_{pq}\right] \\ &= -tg\,\phi\, [\hat{a}_{pq} + a_{pq}]. \end{aligned}$$

Da $\hat{a}_{pq} = 0$ (auf Grund der Wahl von ϕ), ist also

$$\begin{aligned} \hat{a}_{pp} &= a_{pp} - tg\,\phi\, a_{pq}, \\ \hat{a}_{qq} &= a_{qq} + tg\,\phi\, a_{pq}, \qquad (24) \\ \hat{a}_{pq} &= 0. \end{aligned}$$

Diese Formeln sind viel weniger anfällig auf Rundungsfehler als die ursprünglichen und sparen zudem Rechenzeit.

6) Wenn das Pivotelement a_{pq} sehr klein ist im Vergleich zu *beiden* Diagonalelementen a_{pp} und a_{qq}, das heisst, wenn in der Maschinenarithmetik

$$a_{pp} + a_{pq} = a_{pp} \quad \text{und} \quad a_{qq} + a_{pq} = a_{qq}$$

ist, dann wird die Rotation gar nicht ausgeführt, sondern einfach $\hat{a}_{pq} = 0$ gesetzt. Das ist zwar eine Verfälschung, aber keine grössere als bei der Ausführung der Drehung infolge der Rundungsfehler ohnehin eintreten würde.

Insgesamt ergibt sich für die eigentliche Rotation (nach erfolgter Bestimmung von p, q, t, c, s) unter Beachtung von 4) und 5) folgendes Programmstück:

```
h := a_pq × t;
a_pp := a_pp − h;
a_qq := a_qq + h;
a_pq := 0;
for j := 1 step 1 until p−1 do
begin
    h := c × a_jp − s × a_jq;
    a_jq := s × a_jp + c × a_jq;
    a_jp := h
end;
for j := p+1 step 1 until q−1 do
begin
    h := c × a_pj − s × a_jq;
    a_jq := s × a_pj + c × a_jq;
    a_pj := h
end;
for j := q+1 step 1 until n do
begin
    h := c × a_pj − s × a_qj;
    a_qj := s × a_pj + c × a_qj;
    a_pj := h
end;
for j := 1 step 1 until n do
begin
    h := c × v_jp − s × v_jq;
    v_jq := s × v_jp + c × v_jq;
    v_jp := h
end;
```

Damit ist *ein* Jacobi-Schritt beendet. Der Prozess wird iterativ fortgesetzt und erst abgebrochen, sobald $a_{ij} = 0$ für alle i, j mit $i < j$, was durch die Massnahme 6) noch beschleunigt wird. Am Schluss sind die a_{jj} angenähert die Eigenwerte und die Kolonnen der Matrix $\boldsymbol{V}$ die zugehörigen Eigenvektoren.

§ 12.5. Das Jacobi-Verfahren mit zeilenweisem Durchlauf

Es ist ziemlich umständlich, dass man im klassischen Jacobi-Verfahren vor jedem Schritt das absolut grösste Aussendiagonalelement suchen muss. Um sich diese Mühe zu ersparen, hat man bei der Wiederentdeckung[1] dieses Verfahrens im Jahre 1952 folgende Variante in Vorschlag gebracht:

Man wählt als Pivotelement a_{pq} der Reihe nach (zeilenweise von links nach

[1] Gregory R.T.: Computing eigenvalues and eigenvectors of a symmetric matrix on the ILLIAC, *Math. Tab. and other Aids to Comp.* **7**, 215–220 (1953).

rechts) alle Elemente oberhalb der Diagonalen und führt jeweils eine Rotation durch, die das Pivotelement zu 0 macht. Nach $n(n-1)/2$ Drehungen hat man alle Aussendiagonalelemente je einmal «behandelt». Man nennt dies einen Durchlauf (sweep). Nach einem solchen sind natürlich nicht alle Aussendiagonalelemente 0, vielmehr muss man weitere Durchläufe anschliessen; im allgemeinen sind 10 ausreichend.

Man beobachtet in der Rechenpraxis, dass die Aussendiagonalelemente erst nur langsam, dann aber immer schneller abnehmen. Das letztere beruht auf der *quadratischen Konvergenz* dieses *Jacobi-Verfahrens mit zeilenweisem Durchlauf*, die wir hier unter der Voraussetzung einfacher Eigenwerte verifizieren wollen:

Es seien vor einem Durchlauf die Beträge aller Aussendiagonalelemente kleiner oder gleich ε, wobei ε klein sei gegenüber der minimalen Differenz δ irgend zweier Diagonalelemente. Zunächst eine Hilfsbetrachtung: Wir schreiben der Kürze halber $a = a_{pp}$, $b = a_{qq}$, $\varepsilon_0 = a_{pq}$, $\varepsilon_1 = a_{pj}$, $\varepsilon_2 = a_{qj}$, so dass

$$\boldsymbol{A} = \begin{pmatrix} \ddots & & & & & & \\ & a & \cdots & \varepsilon_0 & \cdots & \varepsilon_1 & \cdots \\ & & \ddots & \vdots & & \vdots & \\ & & & b & \cdots & \varepsilon_2 & \cdots \\ & & & & \ddots & & \\ & \text{sym.} & & & & \ddots & \\ & & & & & & \ddots \end{pmatrix}.$$

Dann wird der Drehwinkel ϕ bestimmt durch

$$tg(2\phi) = \frac{2\,\varepsilon_0}{b-a} \ll 1,$$

womit

$$tg\,\phi \approx \frac{\varepsilon_0}{b-a}, \quad \sin\phi \approx \phi, \quad \cos\phi \approx 1, \quad |\phi| \approx |tg\,\phi| < \frac{\varepsilon_0}{\delta}.$$

Es wird dann

$$\hat{\varepsilon}_1 \approx \varepsilon_1 - \varepsilon_2\,\phi, \quad |\hat{\varepsilon}_1 - \varepsilon_1| \lesssim \frac{\varepsilon_0\,\varepsilon_2}{\delta},$$

$$\hat{\varepsilon}_2 \approx \varepsilon_1\,\phi + \varepsilon_2, \quad |\hat{\varepsilon}_2 - \varepsilon_2| \lesssim \frac{\varepsilon_0\,\varepsilon_1}{\delta}.$$

Damit ist die Veränderung der Aussendiagonalelemente bei einer einzelnen Rotation (asymptotisch) abgeschätzt. Während eines vollen Durchlaufs wird aber jedes Element höchstens n-mal betroffen, kann also höchstens n-mal um das Produkt zweier Aussendiagonalelemente, dividiert durch δ, vergrössert werden. Aber für ein solches Produkt $\varepsilon_0 \varepsilon_i$ ist in jedem Moment

$$|\varepsilon_0 \varepsilon_i| \leqq \frac{1}{2}(\varepsilon_0^2+\varepsilon_i^2) \leqq \frac{1}{4} S < \frac{1}{4} n^2 \varepsilon^2,$$

wo S die in (14) definierte Quadratsumme aller Aussendiagonalelemente ist. (Man beachte, dass auf Grund von (20) S auch hier nie zunehmen kann.) Die totale Änderung eines Elementes während des Durchlaufteils, gemessen von jener Rotation an, bei der es als Pivotelement zu 0 gemacht worden ist, ist also kleiner als $n^3\varepsilon^2/(4\delta)$. Es kann somit selbst nicht grösser als diese Schranke werden; insbesondere ist es nach dem Durchlauf von der Ordnung $O(\varepsilon^2)$, w. b. z. w.

Trotz dieser quadratischen Konvergenz wird oft über den zu grossen Rechenaufwand der Jacobi-Methode geklagt. Tatsächlich entsprechen 10 Durchläufe total etwa $5n^2$ Jacobi-Rotationen, von der jede $8n$ Multiplikationen und $4n$ Additionen erfordert, was ein Total von etwa $60n^3$ Rechenoperationen ergibt. Für kleine n ist dies nicht schlimm, aber für grosse n zieht man andere Verfahren vor.

§ 12.6. **Die LR-Transformation**

Der grosse Rechenaufwand für die Bestimmung der Eigenwerte einer Matrix wird besonders als störend empfunden, wenn der folgende Spezialfall vorliegt: *Die Matrix* $\boldsymbol{A}$ *ist eine positiv definite symmetrische Bandmatrix* (d.h. $a_{ij} = 0$ wenn $|i-j| > m$), *und man benötigt nur die p kleinsten Eigenwerte* (p und die Bandbreite m seien klein im Vergleich zur Matrixordnung n).

Beispiel. Die Eigenschwingungen eines Balkens werden durch die Differentialgleichung

$$\frac{\partial^2 u}{\partial t^2} = -\frac{\partial^4 u}{\partial x^4} \qquad (0 \leqq x \leqq 1, \ -\infty < t < \infty) \tag{25}$$

beschrieben. Ist der Balken beidseits flexibel gelagert, so lauten die Randbedingungen

$$u(0,t) = u(1,t) \equiv 0, \qquad u_{xx}(0,t) = u_{xx}(1,t) \equiv 0. \tag{26}$$

Mit dem Ansatz $u(x,t) = e^{i\omega t}\, y(x)$ erhält man

$$y^{(4)} = \omega^2 y \quad \text{mit} \quad y(0) = y(1) = y''(0) = y''(1) = 0$$

und daraus durch Diskretisation in der x-Richtung ($x_k = x_0 + k\,h$ mit $h = 1/n$) endlich

$$\boldsymbol{A}\,\boldsymbol{y} = \omega^2\,\boldsymbol{y},$$

mit der $(n-1)$-reihigen Matrix

$$
\mathbf{A} = n^4 \begin{bmatrix} 5 & -4 & 1 & & & & & 0 \\ -4 & 6 & -4 & 1 & & & & \\ 1 & -4 & 6 & -4 & 1 & & & \\ & 1 & -4 & 6 & -4 & 1 & & \\ & & \cdot & \cdot & \cdot & \cdot & \cdot & \\ & & & \cdot & \cdot & \cdot & \cdot & \cdot \\ & & & & \cdot & \cdot & \cdot & \cdot \\ & 0 & & & 1 & -4 & 6 & -4 \\ & & & & & 1 & -4 & 5 \end{bmatrix}. \tag{27}
$$

Hier ist die Bandbreite $m = 2$, und man braucht nur die kleinsten Eigenwerte, weil nur diese einigermassen brauchbare Näherungen für Eigenwerte des kontinuierlichen Problems sind. (Letztere betragen $\lambda_k = \pi^4 k^4$ $(k = 1, 2, \ldots)$, während $\mathbf{A}$ die Eigenwerte $\lambda_k = 16\, n^4 \sin^4 (\pi k/(2n))$ hat.)

In einem solchen Falle hätte das Jacobi-Verfahren die folgenden Nachteile:

a) Im Verlaufe des Prozesses wird die ganze Matrix $\mathbf{A}$ mit von 0 verschiedenen Zahlen aufgefüllt, die dann wieder zu 0 gemacht werden müssen.

b) Man muss alle Eigenwerte von $\mathbf{A}$ berechnen.

Demgegenüber gibt es ein Verfahren, bei dem man sowohl die vielen Nullen in $\mathbf{A}$ als auch die Tatsache, dass man nur wenige Eigenwerte braucht, nutzbringend verwerten kann, nämlich die *LR-Transformation:*

Ist $\mathbf{A}$ irgendeine positiv definite symmetrische Matrix, so kann auf $\mathbf{A}$ ein *LR-Schritt* ausgeübt werden: Man zerlegt $\mathbf{A}_0 = \mathbf{A}$ nach Cholesky in $\mathbf{A}_0 = \mathbf{R}_0^T \mathbf{R}_0$ und berechnet dann $\mathbf{A}_1 = \mathbf{R}_0 \mathbf{R}_0^T$. Anschliessend kann ebenso mit $\mathbf{A}_1$ ein *LR*-Schritt ausgeführt werden, was $\mathbf{A}_2$ ergibt usw. Der k-te Schritt lautet:

$$
\mathbf{A}_k = \mathbf{R}_k^T \mathbf{R}_k \quad \text{(nach Cholesky)}, \quad \mathbf{A}_{k+1} = \mathbf{R}_k \mathbf{R}_k^T. \tag{28}
$$

Satz 12.6. *Ist $\mathbf{A} = \mathbf{A}_0$ symmetrisch und positiv definit, so gilt für die bei der LR-Transformation (28) iterativ berechneten Matrizen $\mathbf{A}_k$:*

$$
\lim_{k \to \infty} \mathbf{A}_k = \operatorname{diag}(\lambda_1, \lambda_2, \ldots, \lambda_n),
$$

wo $\lambda_1, \ldots, \lambda_n$ die Eigenwerte von $\mathbf{A}$ sind.

Dabei sind in der Grenzmatrix die Eigenwerte in der Regel geordnet: $\lambda_1 \geqq \lambda_2 \geqq \ldots \geqq \lambda_n$. Es gibt aber Ausnahmen: Beispielsweise für

$$
\mathbf{A} = \begin{bmatrix} 5 & 4 & 1 & 1 \\ 4 & 5 & 1 & 1 \\ 1 & 1 & 4 & 2 \\ 1 & 1 & 2 & 4 \end{bmatrix} \quad \text{ist} \quad \lim_{k \to \infty} \mathbf{A}_k = \begin{bmatrix} 10 & 0 & 0 & 0 \\ 0 & 1 & 0 & 0 \\ 0 & 0 & 5 & 0 \\ 0 & 0 & 0 & 2 \end{bmatrix}.
$$

Doch ist diese Konvergenz instabil, und bei numerischer Rechnung bewirken die Rundungsfehler ein Umkippen, so dass als Grenzmatrix doch diag (10, 5, 2, 1) resultiert.

Beweis von Satz 12.6. a) Es sind wegen

$$\boldsymbol{A}_{k+1} = \boldsymbol{R}_k \boldsymbol{R}_k^T = \boldsymbol{R}_k (\boldsymbol{R}_k^T \boldsymbol{R}_k) \boldsymbol{R}_k^{-1} = \boldsymbol{R}_k \boldsymbol{A}_k \boldsymbol{R}_k^{-1}$$

alle Matrizen $\boldsymbol{A}_k$ zueinander ähnlich. Wenn also lim $\boldsymbol{A}_k$ eine Diagonalmatrix ist, so sind deren Diagonalelemente die Eigenwerte von $\boldsymbol{A}$.

b) Bezeichnet $s_l^{(k)}$ die Summe der l ersten Diagonalelemente von $\boldsymbol{A}_k$:

$$s_l^{(k)} = \sum_{i=1}^{l} a_{ii}^{(k)},$$

so ist (weil $\boldsymbol{A}_k$ positiv definit ist) sicher

$$0 < s_1^{(k)} < s_2^{(k)} < \ldots < s_{n-1}^{(k)} < s_n^{(k)},$$

wobei die Spur $s = s_n^{(k)}$ von k unabhängig ist. Nun bedeutet $\boldsymbol{A}_k = \boldsymbol{R}_k^T \boldsymbol{R}_k$ offenbar

$$a_{jj}^{(k)} = \sum_{i=1}^{j} \left(r_{ij}^{(k)}\right)^2,$$

während aus $\boldsymbol{A}_{k+1} = \boldsymbol{R}_k \boldsymbol{R}_k^T$ folgt, dass

$$a_{ii}^{(k+1)} = \sum_{j=i}^{n} \left(r_{ij}^{(k)}\right)^2.$$

Summiert man nun j bzw. i von 1 bis l, so folgt:

$$s_l^{(k)} = \sum_{j=1}^{l} \sum_{i=1}^{j} \left(r_{ij}^{(k)}\right)^2 = \sum_{i=1}^{l} \sum_{j=i}^{l} \left(r_{ij}^{(k)}\right)^2,$$

$$s_l^{(k+1)} = \sum_{i=1}^{l} \sum_{j=i}^{n} \left(r_{ij}^{(k)}\right)^2,$$

also

$$s_l^{(k+1)} - s_l^{(k)} = \sum_{i=1}^{l} \sum_{j=l+1}^{n} \left(r_{ij}^{(k)}\right)^2 \geqq 0. \tag{29}$$

Somit ist die Folge $s_l^{(k)}$ in k monoton und ausserdem beschränkt; sie muss also konvergieren. Es gilt daher nach (29)

$$\lim_{k\to\infty} r_{ij}^{(k)} = 0 \quad \text{für} \quad i \leqq l, j > l.$$

Da dies für jedes l richtig ist, folgt:

$$\lim_{k\to\infty} r_{ij}^{(k)} = 0, \quad \text{falls nur } j > i.$$

Weiter zieht die Existenz von $\lim\limits_{k\to\infty} s_l^{(k)}$ sofort jene von

$$\lim_{k\to\infty} \left(r_{ll}^{(k)}\right)^2 = \lim_{k\to\infty} \left(s_{l+1}^{(k)} - s_l^{(k)}\right)$$

nach sich. Also existiert $\lim \boldsymbol{R}_k$ und ist eine Diagonalmatrix; schliesslich wird

$$\lim_{k\to\infty} \boldsymbol{A}_k = \lim_{k\to\infty} (\boldsymbol{R}_k^T \boldsymbol{R}_k)$$

ebenfalls diagonal, w. z. b. w.

Konvergenzgeschwindigkeit. Konvergenz bedeutet in der numerischen Mathematik noch nicht viel. Ein Rechenprozess ist vielmehr nur dann praktisch brauchbar, wenn die Konvergenz *gut* ist. Hier soll nun die Konvergenz der *LR*-Transformation abgeschätzt werden unter der Annahme, dass $\boldsymbol{A}_k$ schon fast diagonal ist:

$$\boldsymbol{A}_k = \begin{pmatrix} \lambda_1 & \varepsilon_{12} & \varepsilon_{13} & \cdots & \varepsilon_{1n} \\ & \lambda_2 & \varepsilon_{23} & & \varepsilon_{2n} \\ & & \cdot & & \\ & \text{sym.} & & \cdot & \\ & & & & \lambda_n \end{pmatrix}.$$

Es wird dann mit $\boldsymbol{R}_k = (r_{ij})$

$$r_{11} = \sqrt{\lambda_1}, \quad r_{12} = \varepsilon_{12}/\sqrt{\lambda_1}, \quad \ldots, \quad r_{1n} = \varepsilon_{1n}/\sqrt{\lambda_1},$$

$$r_{22} = \sqrt{\lambda_2 - r_{12}^2} = \sqrt{\lambda_2 - \varepsilon_{12}^2/\lambda_1} \approx \lambda_2,$$

$$r_{23} = (\varepsilon_{23} - r_{12}\, r_{13})/r_{22} \approx \varepsilon_{23}/\sqrt{\lambda_2} \text{ usw.}$$

Insgesamt ergibt sich

$$\boldsymbol{R}_k \approx \begin{pmatrix} \sqrt{\lambda_1} & \dfrac{\varepsilon_{12}}{\sqrt{\lambda_1}} & \dfrac{\varepsilon_{13}}{\sqrt{\lambda_1}} & \cdots & \dfrac{\varepsilon_{1n}}{\sqrt{\lambda_1}} \\ & \sqrt{\lambda_2} & \dfrac{\varepsilon_{23}}{\sqrt{\lambda_2}} & \cdots & \dfrac{\varepsilon_{2n}}{\sqrt{\lambda_2}} \\ & & \cdot & & \\ & 0 & & \cdot & \\ & & & & \sqrt{\lambda_n} \end{pmatrix}$$

und damit unter Vernachlässigung von Grössen der Ordnung ε^2:

$$\boldsymbol{A}_{k+1} = \boldsymbol{R}_k \boldsymbol{R}_k^T \approx \begin{bmatrix} \lambda_1 & \varepsilon_{12}\sqrt{\frac{\lambda_2}{\lambda_1}} & \varepsilon_{13}\sqrt{\frac{\lambda_3}{\lambda_1}} & \cdots & \varepsilon_{1n}\sqrt{\frac{\lambda_n}{\lambda_1}} \\ & \lambda_2 & \varepsilon_{23}\sqrt{\frac{\lambda_3}{\lambda_2}} & \cdots & \varepsilon_{2n}\sqrt{\frac{\lambda_n}{\lambda_2}} \\ & & \ddots & & \\ & \text{sym.} & & & \lambda_n \end{bmatrix} \qquad (30)$$

Es gilt also:

Satz 12.7. *Falls alle Eigenwerte von $\boldsymbol{A}$ einfach sind, so gilt unter den Voraussetzungen von Satz 12.6 asymptotisch: Das (i, j)-Element $(j > i)$ der Matrix $\boldsymbol{A}_k$ strebt für $k \to \infty$ wie $(\lambda_j/\lambda_i)^{k/2}$ gegen 0.*

Aus diesen Betrachtungen folgt schon, dass Konvergenz der $\boldsymbol{A}_k$ gegen eine Diagonalmatrix mit ungeordneten Diagonalelementen keine stabile Konvergenz sein kann. Weiter erkennt man, dass die Konvergenz sehr schlecht ist, wenn die relative Differenz zweier Eigenwerte sehr klein ist, also etwa im Fall $\lambda_5 = 7.49$, $\lambda_6 = 7.47$. Worin besteht denn der Vorteil dieser Methode?

1. Vorteil: Wenn $\boldsymbol{A}_0$ eine Bandmatrix ist, so sind es auch $\boldsymbol{A}_1, \boldsymbol{A}_2, \ldots$. Ist nämlich $a_{ij}^{(0)} = 0$ für $|i-j| > m$, so wird $r_{ij}^{(0)} = 0$ für $j < i$ und $j > i+m$, das heisst, $\boldsymbol{R}_0$ ist eine Rechtsdreiecksmatrix mit Bandbreite m. Dann erhält aber auch $\boldsymbol{A}_1 = \boldsymbol{R}_0 \boldsymbol{R}_0^T$ dieselbe Bandform wie $\boldsymbol{A}_0$. Das gleiche gilt natürlich für $\boldsymbol{A}_2$, $\boldsymbol{A}_3$ usw.

Das hat zur Folge, dass man in einem Rechenprozess nur die Grössen innerhalb des Bandes berücksichtigen muss; es genügt, die Matrizen $\boldsymbol{A}$ und $\boldsymbol{R}$ als **array** $a, r[1:n, 0:m]$ zu speichern, wobei $a[i, j]$ das Matrixelement $a_{i,i+j}$ $(= a_{i+j,i})$ bedeutet. Der Speicheraufwand reduziert sich demnach von n^2 auf $(m+1)n$, was zum Beispiel bedeutet, dass man eine Bandmatrix mit $n = 2000$, $m = 5$ in einer mittelgrossen Maschine noch speichern kann. Natürlich muss man das LR-Verfahren für diese Bandspeicherung speziell programmieren.

Der Rechenaufwand für einen LR-Schritt mit voller Matrix beträgt etwa $n^3/3$; er reduziert sich für eine Bandmatrix auf etwa nm^2, also im obigen Beispiel von $2.667_{10}9$ auf 50000, das heisst um mehr als einen Faktor 50000.

2. Vorteil: Wenn man nur einige der kleinsten Eigenwerte haben will, so genügen in der Regel vergleichsweise wenige LR-Schritte. Diese kleinen Eigenwerte versammeln sich nach einer Anzahl LR-Schritten am unteren Ende der Diagonalen. Dies geht ziemlich rasch, weil die Verhältnisse λ_j/λ_i am unteren Ende des Spektrums naturgemäss klein sind (falls keine mehrfachen Eigenwerte auftreten). Die Matrizen $\boldsymbol{A}_k$ werden also bald nur noch oben grosse Aussendiagonalelemente aufweisen, unten dagegen schon diagonalisiert sein.

Aber selbst wenn etwa λ_n, λ_{n-1} und λ_{n-2} nahezu gleich sind, hat dies nur zur Folge, dass sich in der rechten unteren Ecke einige Aussendiagonalelemente ausbilden, die nicht abnehmen wollen, sich aber von den übrigen Aussendiagonalelementen deutlich abtrennen. Dann sieht es am unteren Ende der Diagonalen von $\boldsymbol{A}_k$ beispielsweise so aus:

$$\begin{pmatrix} \ddots & \ddots & \ddots & \ddots & & & \\ 81.2351 & 0.0015 & -0.0014 & 0.0001 & 0 & 0 & 0 \\ \hdashline & 10.0259 & 1.2573 & -0.0087 & -0.0007 & 0 & 0 \\ & & 10.3592 & 0.0098 & 0.0003 & 0.0017 & 0 \\ & & & 4.3259 & 0.0238 & -0.0142 & 0.0108 \\ & & \text{sym.} & & 1.6928 & 0.1589 & 0.2725 \\ & & & & & 1.6259 & -0.0867 \\ & & & & & & 1.7235 \end{pmatrix}$$

Hier kann man die kleinsten Eigenwerte leicht bekommen, indem man zum Beispiel die sechsreihige Hauptuntermatrix in der rechten unteren Ecke mittels des Verfahrens von Jacobi diagonalisiert. (Es resultieren die Eigenwerte 11.4608, 8.9243, 4.3261, 1.9879, 1.7238, 1.3302.)

§ 12.7. Die LR-Transformation mit Verschiebungen

Da bei der LR-Transformation die Aussendiagonalelemente der letzten Spalte von $\boldsymbol{A}_k$ wie $(\lambda_n/\lambda_i)^{k/2}$ $(i = 1, \ldots, n-1)$ gegen 0 konvergieren, kann man diese Konvergenz beschleunigen, indem man die Transformation nicht auf die Matrix $\boldsymbol{A}$ sondern auf $\boldsymbol{A} - t\,\boldsymbol{I}$ ausübt. Freilich muss $t < \lambda_n$ gelten, denn $\boldsymbol{A} - t\,\boldsymbol{I}$ muss ja positiv definit sein.

Die Konvergenz des Elementes a_{in} ist dann durch

$$a_{in}^{(k)} = O\left(\left(\frac{\lambda_n - t}{\lambda_i - t}\right)^{k/2}\right) \tag{31}$$

gegeben, und dies ist um so kleiner, je näher t an λ_n herankommt. Man hat also das Kunststück zu vollbringen, t möglichst nahe bei λ_n, aber keinesfalls grösser als diese Zahl zu wählen.

Praktisch geht man so vor, dass man erst einmal d_0 wählt, die Zerlegung $\boldsymbol{A}_0 - d_0\,\boldsymbol{I} = \boldsymbol{R}_0^T\,\boldsymbol{R}_0$ vornimmt und $\boldsymbol{A}_1 = \boldsymbol{R}_0\,\boldsymbol{R}_0^T$ setzt, dann d_1 wählt, $\boldsymbol{A}_1 - d_1\,\boldsymbol{I} = \boldsymbol{R}_1^T\,\boldsymbol{R}_1$ zerlegt (nun ist $t = d_0 + d_1$) und $\boldsymbol{A}_2 = \boldsymbol{R}_1\,\boldsymbol{R}_1^T$ berechnet usw. Im k-ten Schritt wird also $d_k > 0$ gewählt, und zwar so, dass dieses kleiner als der kleinste Eigenwert von $\boldsymbol{A}_k$ ist. Die totale Verschiebung t nimmt so dauernd zu. Als Anhaltspunkt für diese Wahl hat man das kleinste Diagonalelement, das allerdings eine obere Schranke für $\lambda_{\min}(\boldsymbol{A}_k)$ ist. Es kann also vorkommen, dass einmal d_k zu gross gewählt wird. Man merkt dies am Versagen der Cholesky-Zerlegung von $\boldsymbol{A}_k - d_k \boldsymbol{I}$. Diese Zerlegung muss dann mit einem kleineren d_k wiederholt werden. Man benützt somit etwa folgendes Rechenschema:

1: Wahl von d_k; $s := 1$;
2: Cholesky-Zerlegung $\boldsymbol{A}_k - d_k \boldsymbol{I} = \boldsymbol{R}_k^T \boldsymbol{R}_k$;
3: Wenn die Zerlegung misslingt:
  $s := s + 1$; $d_k := d_k/s$;
  if $s > 3$ **then** $d_k := 0$;
  goto 2;
4: $\boldsymbol{A}_{k+1} := \boldsymbol{R}_k \boldsymbol{R}_k^T$;
5: $t := t + d_k$;
6: **goto** 1;

t ist also hier die Summe aller Verschiebungen, so dass $\boldsymbol{A}$ zu $\boldsymbol{A}_k + t\boldsymbol{I}$ ähnlich ist. Bei anfänglichem Versagen der Cholesky-Zerlegung wird noch zweimal ein Versuch mit verkleinerter Verschiebung gemacht, dann $d_k = 0$ gesetzt. Schlimm ist nur, wenn sie auch im letzten Fall misslingt, was infolge Rundungsfehler vorkommen kann.

Es gibt allerdings eine Art des Versagens der Cholesky-Zerlegung, welche sofort zu einer sicheren und meist auch sehr scharfen unteren Schranke für den kleinsten Eigenwert von $\boldsymbol{A}_k$ führt. Wenn nämlich erst das letzte Diagonalelement vor dem Wurzelziehen, also

$$c = a_{nn}^{(k)} - \sum_{i=1}^{n-1} (r_{in}^{(k)})^2 - d_k,$$

negativ wird, so ist $d_k + c$ eine untere Schranke für $\lambda_{\min}(\boldsymbol{A}_k)$. Somit *muss* (theoretisch) die Zerlegung gelingen, wenn man sie mit $d_k := d_k + c$ nochmals durchführt.

Diese Eigenschaft von $d_k + c$ kann wie folgt bewiesen werden: Wenn die Cholesky-Zerlegung von $\boldsymbol{A} - d\boldsymbol{I}$ bis zur $(n-1)$-ten Zeile fortgeschritten ist, so bedeutet dies, dass man von der ursprünglichen quadratischen Form

$$\sum_{i=1}^{n} \sum_{j=1}^{n} a_{ij} x_i x_j - d \sum_{i=1}^{n} x_i^2$$

bereits die $n-1$ Quadrate

$$\left(\sum_{j=l}^{n} r_{jl} x_j\right)^2, \quad l = 1, \ldots, n-1,$$

subtrahiert hat, und es bleibt $c x_n^2$ übrig, wobei $\sqrt{c}$ dann das letzte Diagonalelement r_{nn} ergibt. Für die $\boldsymbol{A}$ zugeordnete quadratische Form gilt also

$$Q(\boldsymbol{x}) = \sum_{i=1}^{n} \sum_{j=1}^{n} a_{ij} x_i x_j = d \sum_{i=1}^{n} x_i^2 + \sum_{l=1}^{n-1} \left(\sum_{j=l}^{n} r_{jl} x_j \right)^2 + c x_n^2.$$

Falls nun $c < 0$ ist, hat man

$$Q(\boldsymbol{x}) \geqq d \sum_{i=1}^{n} x_i^2 + c\, x_n^2 \geqq (d + c) \sum_{i=1}^{n} x_i^2; \quad \text{w.z.b.w.}$$

Numerisches Beispiel. Wir betrachten die Matrix

$$\boldsymbol{A}_0 = \begin{bmatrix} 101 & 10 & 1 \\ 10 & 11 & 1 \\ 1 & 1 & 1 \end{bmatrix}.$$

Die Cholesky-Zerlegung mit $d_0 = 1$ liefert

$$\begin{bmatrix} 100 & 10 & 1 \\ 10 & 10 & 1 \\ 1 & 1 & 0 \end{bmatrix} \to \begin{bmatrix} 10 & 1 & 0.1 \\ 0 & 3 & 0.3 \\ 0 & 0 & \sqrt{-0.1} \end{bmatrix},$$

das heisst bricht im letzten Schritt mit dem Restelement $c = 0 - (0.1)^2 - (0.3)^2 = -0.1$ ab. Somit ist $d_0 + c = 0.9$ eine untere Schranke für den kleinsten Eigenwert von $\boldsymbol{A}_0$. Bei Wiederholung des LR-Schrittes mit $d_0 = 0.9$ erhält man dann

$$\boldsymbol{A}_1 = \begin{bmatrix} 101.10901 & 3.04509 & 0.00315 \\ & 9.19002 & 0.00939 \\ \text{sym.} & & 0.00099 \end{bmatrix}, \quad t = 0.9.$$

Ein weiterer Schritt mit $d_1 = 0.00099$ führt ebenso zu einem Versagen beim letzten Diagonalelement, und zwar mit $c = -0.00001$. Also muss der Schritt mit $d_1 = 0.00098$ wiederholt werden; so ergibt sich (mit der Rechengenauigkeit von 5 Stellen nach dem Komma):

$$\boldsymbol{A}_2 = \begin{bmatrix} 101.19975 & 0.91342 & 0 \\ 0.91342 & 9.09735 & 0 \\ 0 & 0 & 0 \end{bmatrix}, \quad t = 0.90098.$$

Wir stellen fest:

1) 0 ist ein Eigenwert von $\boldsymbol{A}_2$, also $\lambda_3 = 0.90098$ ein Eigenwert von $\boldsymbol{A}_0$, und zwar garantiert der kleinste, denn $\boldsymbol{A}_2 = \boldsymbol{R}_1 \boldsymbol{R}_1^T$ kann keine negativen Eigenwerte haben.
2) Die restlichen Eigenwerte von $\boldsymbol{A}_2$ stecken in der 2×2-Untermatrix

$$\begin{bmatrix} 101.19975 & 0.91342 \\ 0.91342 & 9.09735 \end{bmatrix}.$$

3) Man kann ein *Deflation* ausführen, das heisst die letzte Zeile und Spalte

von $\boldsymbol{A}_2$ wegstreichen, und dann die LR-Transformation fortsetzen, wobei man auf dem bereits erhaltenen t aufbauen kann.

Der nächste LR-Schritt mit $d_2 = 9$ führt zu

$$\boldsymbol{A}_3 = \begin{bmatrix} 92.20880 & 0.02827 \\ 0.02827 & 0.08830 \end{bmatrix}, \quad t = 9.90098.$$

Dann stösst man mit $d_3 = 0.08830$ erst auf ein Versagen mit $c = -0.00001$ und schliesslich mit $d_3 = 0.08829$ auf

$$\boldsymbol{A}_3 = \begin{bmatrix} 92.12052 & 0 \\ 0 & 0 \end{bmatrix}, \quad t = 9.98927.$$

$\boldsymbol{A}_0$ hat also die Eigenwerte $\lambda_1 = 102.10979$, $\lambda_2 = 9.98927$, $\lambda_3 = 0.90098$.

§ 12.8. Die Householder-Transformation

Der Rechenaufwand für die Bestimmung der Eigenwerte einer symmetrischen Matrix $\boldsymbol{A}$ lässt sich auch im Falle, wo diese ausgefüllt ist, erheblich reduzieren, indem man sie erst auf Bandform transformiert. Hierzu dient eine spezielle Klasse orthogonaler Matrizen:

Es sei $\boldsymbol{w}$ ein Vektor der Länge 1; mit diesem wird die Matrix

$$\boldsymbol{H} = \boldsymbol{I} - 2\,\boldsymbol{w}\,\boldsymbol{w}^T \tag{32}$$

gebildet, das heisst die symmetrische Matrix mit den Elementen

$$h_{ij} = \delta_{ij} - 2\,w_i\,w_j.$$

Wir betrachten zunächst

$$\boldsymbol{H}^T\boldsymbol{H} = \boldsymbol{H}^2 = \boldsymbol{I} - 4\,\boldsymbol{w}\,\boldsymbol{w}^T + 4\,(\boldsymbol{w}\,\boldsymbol{w}^T)\,(\boldsymbol{w}\,\boldsymbol{w}^T).$$

Hier ist $\boldsymbol{w}\,\boldsymbol{w}^T\,\boldsymbol{w}\,\boldsymbol{w}^T$ die Matrix mit den Elementen

$$\sum_{j=1}^{n} (w_i\,w_j)\,(w_j\,w_k) = w_i\,w_k \sum_{j=1}^{n} w_j^2 = w_i\,w_k,$$

also wieder die Matrix $\boldsymbol{w}\,\boldsymbol{w}^T$. Somit gilt $\boldsymbol{H}^T\boldsymbol{H} = \boldsymbol{I}$, das heisst, $\boldsymbol{H}$ ist orthogonal.

Nun soll $\boldsymbol{A}$ der durch $\boldsymbol{H}$ gegebenen orthogonalen Transformation unterworfen werden:

$$\begin{aligned}\boldsymbol{H}^T\boldsymbol{A}\,\boldsymbol{H} &= \boldsymbol{H}\,\boldsymbol{A}\,\boldsymbol{H} = (\boldsymbol{I} - 2\,\boldsymbol{w}\,\boldsymbol{w}^T)\,\boldsymbol{A}\,(\boldsymbol{I} - 2\,\boldsymbol{w}\,\boldsymbol{w}^T)\\ &= \boldsymbol{A} - 2\,\boldsymbol{w}\,\boldsymbol{w}^T\boldsymbol{A} - 2\,\boldsymbol{A}\,\boldsymbol{w}\,\boldsymbol{w}^T + 4\,\boldsymbol{w}\,\boldsymbol{w}^T\boldsymbol{A}\,\boldsymbol{w}\,\boldsymbol{w}^T.\end{aligned}$$

Hier ist $\boldsymbol{w}\,\boldsymbol{w}^T\,\boldsymbol{A}\,\boldsymbol{w}\,\boldsymbol{w}^T$, da ja $\boldsymbol{w}^T\,\boldsymbol{A}\,\boldsymbol{w}$ ein Skalar $Q(\boldsymbol{w})$ ist, gleich der Matrix $Q(\boldsymbol{w})\,\boldsymbol{w}\,\boldsymbol{w}^T$, also gilt:

$$\begin{aligned} \boldsymbol{H}^T\,\boldsymbol{A}\,\boldsymbol{H} &= \boldsymbol{A} - 2\,\boldsymbol{w}\,(\boldsymbol{A}\,\boldsymbol{w} - Q(\boldsymbol{w})\,\boldsymbol{w})^T - 2(\boldsymbol{A}\,\boldsymbol{w} - Q(\boldsymbol{w})\,\boldsymbol{w})\,\boldsymbol{w}^T \\ &= \boldsymbol{A} - 2\,\boldsymbol{w}\,\boldsymbol{g}^T - 2\,\boldsymbol{g}\,\boldsymbol{w}^T, \end{aligned} \tag{33}$$

wenn

$$\boldsymbol{g} = \boldsymbol{A}\,\boldsymbol{w} - Q(\boldsymbol{w})\,\boldsymbol{w} \tag{34}$$

gesetzt wird. Damit hat $\boldsymbol{B} = \boldsymbol{H}^T\,\boldsymbol{A}\,\boldsymbol{H}$ die Elemente

$$b_{ij} = a_{ij} - 2\,w_i\,g_j - 2\,w_j\,g_i. \tag{35}$$

Die g_j sind hier Funktionen der w_i; man hat also wegen $\|\boldsymbol{w}\|_2 = 1$ genau $n-1$ Freiheitsgrade und könnte somit im Prinzip $n-1$ Bedingungen erfüllen, zum Beispiel $b_{in} = 0$ für $i = 1, 2, \ldots, n-1$. Dann wäre $\boldsymbol{B}$ von der Form

$$\boldsymbol{B} = \begin{bmatrix} * & * & \ldots & * & 0 \\ * & * & \ldots & * & 0 \\ \vdots & \vdots & & \vdots & \vdots \\ * & * & \ldots & * & 0 \\ 0 & 0 & \ldots & 0 & \lambda_n \end{bmatrix}.$$

Leider ist dies nicht durchführbar. Man kann aber eine einfachere Aufgabe lösen, indem man einen Freiheitsgrad aufgibt und dafür nur $n-2$ Bedingungen zu erfüllen trachtet:

$$\begin{aligned} &w_n = 0 \quad (1\,\text{Freiheitsgrad weniger}), \\ &b_{1n} = b_{2n} = \ldots = b_{n-2,n} = 0 \quad (n-2\ \text{Bedingungen}). \end{aligned} \tag{36}$$

Die Beziehung (35) reduziert sich dann für $j = n$ auf

$$b_{in} = a_{in} - 2\,g_n\,w_i$$

(und dies soll 0 sein für $i = 1, \ldots, n-2$) mit

$$g_n = \sum_{j=1}^{n} a_{jn}\,w_j. \tag{37}$$

Hieraus ergibt sich:

$$\begin{aligned} w_i &= \frac{a_{in}}{2\,g_n}, \quad i = 1, \ldots, n-2, \\ w_{n-1} &= \frac{a_{n-1,n} - b_{n-1,n}}{2\,g_n}. \end{aligned} \tag{38}$$

Der Kürze halber schreiben wir fortan a und b anstelle von $a_{n-1,n}$ bzw.

$b_{n-1,n}$, so dass $w_{n-1} = (a-b)/(2\,g_n)$. Damit nun $\mathbf{w}$ ein Vektor der Länge 1 ist, muss

$$1 = \sum_{i=1}^{n-2} \frac{a_{in}^2}{4\,g_n^2} + \frac{a^2 - 2\,a\,b + b^2}{4\,g_n^2},$$

also

$$4\,g_n^2 = \sum_{i=1}^{n-1} a_{in}^2 - 2\,a\,b + b^2 \tag{39}$$

gelten. Ferner ist nach (37) und (38)

$$g_n = \sum_{j=1}^{n-2} \frac{a_{jn}^2}{2\,g_n} + \frac{a(a-b)}{2\,g_n}$$

das heisst

$$2\,g_n^2 = \sum_{j=1}^{n-1} a_{jn}^2 - a\,b. \tag{40}$$

Ein Vergleich von (39) und (40) zeigt, dass

$$b^2 = \sum_{j=1}^{n-1} a_{jn}^2$$

gelten muss. Also setzt man:

$$b = \pm\sqrt{\sigma}, \quad g_n = \sqrt{\frac{\sigma - a\,b}{2}}, \quad \text{wo} \quad \sigma = \sum_{j=1}^{n-1} a_{jn}^2. \tag{41}$$

Von eminenter Bedeutung ist hier die Wahl des Wurzelvorzeichens bei b. Haben a und b dasselbe Vorzeichen, so ist bei der Berechnung von g_n Auslöschung möglich, was zu einem ungenauen Vektor $\mathbf{w}$ führen kann. Man wähle daher das Vorzeichen von b jenem von a entgegengesetzt:

$b :=$ **if** $a > 0$ **then** $-$ *sqrt*(σ) **else** *sqrt*(σ);

Alsdann bestimmt man g_n nach (41) und w_j nach (38). Schliesslich berechnet man

$$\begin{aligned} z_k &= \sum_{j=1}^{n-1} a_{kj}\,w_j, \quad k = 1, \ldots, n-1, \\ Q &= \sum_{k=1}^{n-1} w_k\,z_k \end{aligned} \tag{42}$$

und gemäss (34)

$$g_k = z_k - Q\,w_k, \quad k = 1, \ldots, n-1, \tag{43}$$

wonach man die eigentliche Transformation (35) ausführen kann.

Es sind jedoch noch einige Details zu beachten:

1) Nachdem man die Transformation $\boldsymbol{A} \to \boldsymbol{B} = \boldsymbol{H}\boldsymbol{A}\boldsymbol{H}$ ausgeführt hat, muss man später auch einen Vektor $\boldsymbol{y}$ zurücktransformieren können: Wenn $\boldsymbol{y}$ Eigenvektor von $\boldsymbol{B}$ ist, also $\boldsymbol{B}\,\boldsymbol{y} = \lambda\,\boldsymbol{y}$ gilt, ist $\boldsymbol{H}\boldsymbol{A}\boldsymbol{H}\,\boldsymbol{y} = \lambda\,\boldsymbol{y}$, $\boldsymbol{A}\,\boldsymbol{H}\,\boldsymbol{y} = \lambda\,\boldsymbol{H}\,\boldsymbol{y}$, das heisst $\boldsymbol{x} = \boldsymbol{H}\,\boldsymbol{y}$ Eigenvektor von $\boldsymbol{A}$. Man hat also

$$\boldsymbol{x} = (\boldsymbol{I} - 2\,\boldsymbol{w}\,\boldsymbol{w}^T)\,\boldsymbol{y} = \boldsymbol{y} - 2\,\boldsymbol{w}\,\boldsymbol{w}^T\,\boldsymbol{y}$$

zu berechnen, wozu man zuerst $c = \boldsymbol{w}^T\,\boldsymbol{y}$ und dann $\boldsymbol{x} = \boldsymbol{y} - 2\,c\,\boldsymbol{w}$ bestimmt, was einen nur zu n proportionalen Rechenaufwand erfordert.

2) Nachdem $\boldsymbol{A}$ in $\boldsymbol{A}^{(1)} = \boldsymbol{B} = \boldsymbol{H}\boldsymbol{A}\boldsymbol{H}$ transformiert worden ist, das die Gestalt

$$\boldsymbol{A}^{(1)} = \left[\begin{array}{ccc|c} & & & 0 \\ & \boldsymbol{A}_1 & & \vdots \\ & & & 0 \\ & & & * \\ \hline 0 & \dots & 0 \;\; * & * \end{array}\right]$$

hat, wird die Teilmatrix $\boldsymbol{A}_1$ in gleicher Weise behandelt. Die dabei auszuführende Transformation

$$\boldsymbol{A}_1 \to \boldsymbol{B}_1 = \boldsymbol{H}_1\,\boldsymbol{A}_1\,\boldsymbol{H}_1$$

(mit $(n-1)$-reihigen Matrizen) hat aber wegen der speziellen Form der Matrizen $\boldsymbol{A}^{(1)}$ und

$$\boldsymbol{H}^{(1)} = \left[\begin{array}{ccc|c} & & & 0 \\ & \boldsymbol{H}_1 & & \vdots \\ & & & 0 \\ & & & 0 \\ \hline 0 & \dots & 0 \;\; 0 & 1 \end{array}\right] = \begin{bmatrix} * & \dots & * & 0 & 0 \\ \vdots & & \vdots & \vdots & \vdots \\ * & \dots & * & 0 & 0 \\ 0 & \dots & 0 & 1 & 0 \\ 0 & \dots & 0 & 0 & 1 \end{bmatrix}$$

dieselbe Wirkung, wie wenn die entsprechenden vollen Matrizen transformiert würden:

$$\boldsymbol{A}^{(1)} \to \boldsymbol{B}^{(1)} = \boldsymbol{H}^{(1)}\,\boldsymbol{A}^{(1)}\,\boldsymbol{H}^{(1)}.$$

Das Resultat ist daher von der Form

$$\boldsymbol{A}^{(2)} = \boldsymbol{B}^{(1)} = \left[\begin{array}{ccc|cc} & & & 0 & 0 \\ & \boldsymbol{A}_2 & & \vdots & \vdots \\ & & & 0 & 0 \\ & & & * & 0 \\ \hline 0 & \dots & 0 \;\; * & * & * \\ 0 & \dots & 0 \;\; 0 & * & * \end{array}\right]$$

Nun wird $\boldsymbol{A}_2$ weiterbehandelt, was dank der speziellen Form von $\boldsymbol{A}^{(2)}$ und

$\boldsymbol{H}^{(2)}$ wieder keine Änderung ausserhalb von $\boldsymbol{A}_2$ in $\boldsymbol{A}^{(2)}$ hervorruft usw. Nach $n-2$ Schritten ist $\boldsymbol{A}$ schliesslich in eine symmetrische tridiagonale Matrix $\boldsymbol{J}$ transformiert:

$$\boldsymbol{J} = \boldsymbol{U}^T \boldsymbol{A} \boldsymbol{U}, \quad \text{wo} \quad \boldsymbol{U} = \boldsymbol{H} \boldsymbol{H}^{(1)} \ldots \boldsymbol{H}^{(n-3)}. \tag{44}$$

§ 12.9. Bestimmung der Eigenwerte einer Tridiagonalmatrix

Nach der im vorangehenden Paragraphen beschriebenen Transformation einer symmetrischen Matrix $\boldsymbol{A}$ auf Tridiagonalform $\boldsymbol{J}$ muss man noch die Eigenwerte (und anschliessend eventuell die Eigenvektoren) von $\boldsymbol{J}$ bestimmen. Wir verwenden dazu den *Trägheitssatz von Sylvester:* Ist $\boldsymbol{A}$ eine symmetrische und $\boldsymbol{X}$ eine beliebige reguläre Matrix, so haben $\boldsymbol{A}$ und $\boldsymbol{X}^T\boldsymbol{A}\boldsymbol{X}$ gleich viele positive Eigenwerte; ebenso gleich viele negative und gleich viele, die 0 sind.

Falls man $\boldsymbol{X}$ so bestimmt, dass $\boldsymbol{X}^T(\boldsymbol{J} - t\,\boldsymbol{I})\,\boldsymbol{X}$ eine Diagonalmatrix $\boldsymbol{Q}$ ist, kann man also die Anzahl positiver Eigenwerte von $\boldsymbol{J} - t\,\boldsymbol{I}$ in der Diagonalen von $\boldsymbol{Q}$ ablesen und weiss dann, wieviele Eigenwerte von $\boldsymbol{J}$ grösser als t sind. Wird dies für verschiedene, geeignet gewählte t durchgeführt, so lassen sich die Eigenwerte von $\boldsymbol{J}$ genau abgrenzen.

Wir setzen an:

$$\boldsymbol{J} = \begin{bmatrix} d_1 & e_1 & & & 0 \\ e_1 & d_2 & e_2 & & \\ & e_2 & d_3 & e_3 & \\ & & \ddots & \ddots & \ddots \\ 0 & & & \ddots & \ddots \end{bmatrix}, \quad \boldsymbol{X}^{-1} = \begin{bmatrix} 1 & x_1 & & & \\ & 1 & x_2 & & 0 \\ & & \ddots & \ddots & \\ 0 & & & \ddots & x_{n-1} \\ & & & & 1 \end{bmatrix},$$

$$\boldsymbol{X}^T(\boldsymbol{J} - t\boldsymbol{I})\,\boldsymbol{X} = \boldsymbol{Q} = \operatorname{diag}(q_1, q_2, \ldots, q_n). \tag{45}$$

Dann soll also gelten:

$$\boldsymbol{J} - t\,\boldsymbol{I} = \begin{bmatrix} 1 & & & & \\ x_1 & 1 & & 0 & \\ & x_2 & 1 & & \\ 0 & & \ddots & \ddots & \\ & & & x_{n-1} & 1 \end{bmatrix} \begin{bmatrix} q_1 & & & \\ & q_2 & & 0 \\ & & q_3 & \\ 0 & & & \ddots \\ & & & & q_n \end{bmatrix} \begin{bmatrix} 1 & x_1 & & & \\ & 1 & x_2 & & 0 \\ & & \ddots & \ddots & \\ 0 & & & 1 & x_{n-1} \\ & & & & 1 \end{bmatrix}.$$

Hieraus ergeben sich die Gleichungen

$$q_1 = d_1 - t, \quad q_1 x_1 = e_1,$$

$$q_2 + x_1^2 q_1 = d_2 - t, \quad q_2 x_2 = e_2 \text{ usw.},$$

allgemein:

$$q_k + x_{k-1}^2 q_{k-1} = d_k - t, \quad q_k x_k = e_k, \quad k = 1, \ldots, n,$$

mit $x_0 = 0$, $q_0 = 1$. Man kann die x_k noch eliminieren und findet:

$$q_k = d_k - t - e_{k-1}^2 / q_{k-1}, \quad k = 1, \ldots, n, \tag{46}$$

mit $q_0 = 1$, $e_0 = 0$. (Falls bei dieser Iteration ein Nenner $q_{k-1} = 0$ wird, ersetze man ihn zum Beispiel durch 10^{-100}.) *Wenn nun $m = m(t)$ der Werte $q_1, q_2, \ldots, q_n$ in (46) positiv werden, heisst dies, dass m Eigenwerte von $\boldsymbol{J} - t\,\boldsymbol{I}$ positiv sind, also m Eigenwerte von $\boldsymbol{J}$ oberhalb t liegen.*

Beispiel. Für die Matrix

$$\boldsymbol{J} = \begin{bmatrix} 1 & 1 & & 0 \\ 1 & 3 & 2 & \\ & 2 & 5 & 3 \\ 0 & & 3 & 7 \end{bmatrix} \tag{47}$$

und $t = 0, 1, \ldots, 10$ erhalten wir die in Tab. 12.1 zusammengestellten Resultate. Ihr kann man beispielsweise entnehmen, dass im Intervall [1, 2] der zweitkleinste Eigenwert von $\boldsymbol{J}$ liegt. Um diesen genauer zu lokalisieren, wird man $m(t)$ für eine Reihe weiterer t-Werte, die nach der Bisektionsmethode ausgewählt werden, ausrechnen; siehe Tab. 12.2.

Tab. 12.1. *Grobe Ermittlung der Lage der Eigenwerte der Matrix (47)*

t	q_1	q_2	q_3	q_4	m
0	1.000000	2.000000	3.000000	4.000000	4
1	${}_{10}-100$	$-{}_{10}100$	4.000000	3.750000	3
2	−1.000000	2.000000	1.000000	−4.000000	2
3	−2.000000	0.500000	−6.000000	5.500000	2
4	−3.000000	−0.666667	7.000000	1.714286	2
5	−4.000000	−1.750000	2.285714	−1.937500	1
6	−5.000000	−2.800000	0.428571	−20.000000	1
7	−6.000000	−3.833333	−0.956522	9.409090	1
8	−7.000000	−4.857143	−2.176471	3.135135	1
9	−8.000000	−5.875000	−3.319149	0.711538	1
10	−9.000000	−6.888889	−4.419355	−0.963504	0

So kann man durch Intervallschachtelung die Eigenwerte einer symmetrischen Tridiagonalmatrix systematisch und völlig narrensicher lokalisieren. Es lässt sich sogar zeigen, dass $m(t)$ auch bei numerischer Rechnung (das heisst infolge Rundungsfehler) nicht zunehmen kann, wenn t zunimmt.

Am Anfang geht man praktisch so vor, dass man

$$a = \min_{1 \leqq i \leqq n} (d_i - |e_i| - |e_{i-1}|), \quad b = \max_{1 \leqq i \leqq n} (d_i + |e_i| + |e_{i-1}|)$$

Tab. 12.2. *Bestimmung des zweitkleinsten Eigenwertes der Matrix (47) mit der Bisektionsmethode*

t	q_1	q_2	q_3	q_4	m
1.5	−0.500000	3.500000	2.357143	1.681818	3
1.75	−0.750000	2.583333	1.701613	−0.039100	2
1.625	−0.625000	2.975000	2.030462	0.942511	3
1.6875	−0.687500	2.767045	1.866915	0.491712	3
1.71875	−0.718750	2.672554	1.784555	0.237975	3
1.734375	−0.734375	2.627327	1.743165	0.102603	3
1.7421875	−0.742187	2.605181	1.722410	0.032577	3
1.74609375	−0.746094	2.594220	1.712017	−0.003050	2
1.744140625	−0.744141	2.599691	1.717215	0.014816	3

bestimmt. Nach dem Satz von Gerschgorin[1] liegen dann alle Eigenwerte im Intervall $[a, b]$, es ist also $m(a) = n$, $m(b) = 0$. Um dann einen bestimmten Eigenwert, etwa den p-ten (von oben), zu berechnen, wendet man sogleich die Bisektionsmethode auf die Funktion $m(t) - p + 0.5$ an[2]:

for $t := (a+b)/2$ **while** $b \neq t \wedge a \neq t$ **do**
if $m(t) \geqq p$ **then** $a := t$ **else** $b := t$;

Hier muss $m(t)$ als **integer procedure,** in der die Rekursion (46) durchgeführt und m berechnet wird, deklariert sein.

[1] Gerschgorin S.: Über die Abgrenzung der Eigenwerte einer Matrix, *Bull. Acad. Sci. USSR, classe sci. math. nat.* **6**, 749–754 (1931). (Anm. d. Hrsg.)

[2] Man beachte, dass das verwendete, maschinenunabhängig programmierte Abbruchkriterium automatisch zur maximal erreichbaren Genauigkeit führt. (Anm. d. Hrsg.)

KAPITEL 13

Das Eigenwertproblem für beliebige Matrizen

§ 13.1. **Fehleranfälligkeit**

Die Bestimmung der Eigenwerte von nicht-symmetrischen Matrizen ist schon deshalb viel schwieriger, weil bei diesen ein der quadratischen Form analoger Begriff fehlt und es deshalb auch keine Extremaleigenschaften gibt. Entsprechend diesem Umstand gilt auch die Aussage nicht mehr, dass die Eigenwerte durch kleine Störungen der Matrixelemente nur wenig verändert werden.

Beispiel. Die Matrix

$$\boldsymbol{A} = \begin{bmatrix} 0 & 1 & 0 & 0 & 0 \\ 0 & 0 & 1 & 0 & 0 \\ 0 & 0 & 0 & 1 & 0 \\ 0 & 0 & 0 & 0 & 1 \\ 0 & 0 & 0 & 0 & 0 \end{bmatrix}$$

hat die Eigenwerte $\lambda_1 = \lambda_2 = \lambda_3 = \lambda_4 = \lambda_5 = 0$. Eine kleine Störung führt zur Matrix

$$\boldsymbol{B} = \begin{bmatrix} 0 & 1 & 0 & 0 & 0 \\ 0 & 0 & 1 & 0 & 0 \\ 0 & 0 & 0 & 1 & 0 \\ 0 & 0 & 0 & 0 & 1 \\ 10^{-5} & 0 & 0 & 0 & 0 \end{bmatrix},$$

für die

$$\boldsymbol{B} \begin{bmatrix} 10000 \\ 1000 \\ 100 \\ 10 \\ 1 \end{bmatrix} = \begin{bmatrix} 1000 \\ 100 \\ 10 \\ 1 \\ 0.1 \end{bmatrix},$$

also $\lambda = 0.1$ ein Eigenwert ist.

Die Störanfälligkeit besteht aber nicht nur bei mehrfachen Eigenwerten, die ja naturgemäss zu einer gefährlichen Situation führen, sondern auch bei deutlich getrennten Eigenwerten. Es zeigt sich, dass eine solche auch dann entsteht, wenn für zwei Eigenwerte $\lambda_1 \neq \lambda_2$ der Winkel zwischen den zugehörigen Eigenvektoren $\boldsymbol{x}_1$, $\boldsymbol{x}_2$ klein ist.

Um dies zu beweisen, betrachten wir eine Matrix $\boldsymbol{A}$ mit n paarweise verschiedenen Eigenwerten $\lambda_1, \ldots, \lambda_n$, Eigenvektoren $\boldsymbol{x}_1, \ldots, \boldsymbol{x}_n$ und zudem Eigenvektoren $\boldsymbol{y}_1, \ldots, \boldsymbol{y}_n$ von $\boldsymbol{A}^T$, wobei gelte: $\|\boldsymbol{x}_i\|_2 = 1$, aber $\boldsymbol{x}_i^T \boldsymbol{y}_j = \delta_{ij}$ und somit $\|\boldsymbol{y}_i\|_2 \geqq 1$. (Eine solche Normierung ist möglich.) Störung von $\boldsymbol{A}$ um (eine Matrix) $\boldsymbol{\Delta}$ bewirkt, dass λ_1 und $\boldsymbol{x}_1$ um Grössen μ bzw. $\boldsymbol{\xi}$ gestört werden:

$$(\boldsymbol{A} + \boldsymbol{\Delta})(\boldsymbol{x}_1 + \boldsymbol{\xi}) = (\lambda_1 + \mu)(\boldsymbol{x}_1 + \boldsymbol{\xi}). \tag{1}$$

Wegen $\boldsymbol{A}\boldsymbol{x}_1 = \lambda_1 \boldsymbol{x}_1$ und unter Vernachlässigung aller quadratisch kleinen Grössen erhalten wir hieraus

$$\boldsymbol{A}\boldsymbol{\xi} + \boldsymbol{\Delta}\boldsymbol{x}_1 = \lambda_1 \boldsymbol{\xi} + \mu \boldsymbol{x}_1,$$

$$(\boldsymbol{A} - \lambda_1 \boldsymbol{I})\boldsymbol{\xi} = (\mu \boldsymbol{I} - \boldsymbol{\Delta})\boldsymbol{x}_1.$$

Multiplikation von links mit $\boldsymbol{y}_1^T$ liefert wegen

$$\boldsymbol{y}_1^T \boldsymbol{A} = (\boldsymbol{A}^T \boldsymbol{y}_1)^T = \lambda_1 \boldsymbol{y}_1^T$$

die Beziehung

$$0 = \boldsymbol{y}_1^T (\mu \boldsymbol{I} - \boldsymbol{\Delta})\boldsymbol{x}_1,$$

das heisst

$$\mu = \frac{\boldsymbol{y}_1^T \boldsymbol{\Delta} \boldsymbol{x}_1}{\boldsymbol{y}_1^T \boldsymbol{x}_1} = \boldsymbol{y}_1^T \boldsymbol{\Delta} \boldsymbol{x}_1. \tag{2}$$

Ferner folgt aus $\boldsymbol{y}_1^T \boldsymbol{x}_1 = 1$, $\boldsymbol{y}_1^T \boldsymbol{x}_2 = 0$ zunächst $\boldsymbol{y}_1^T (\boldsymbol{x}_1 - \boldsymbol{x}_2) = 1$ und hieraus

$$\|\boldsymbol{y}_1\| \geqq \frac{1}{\|\boldsymbol{x}_1 - \boldsymbol{x}_2\|} = \frac{1}{\sqrt{2 - 2\,\boldsymbol{x}_1^T \boldsymbol{x}_2}}, \tag{3}$$

woran man sieht, dass $\|\boldsymbol{y}_1\|$ sehr gross ist, wenn $\boldsymbol{x}_1$ und $\boldsymbol{x}_2$ nahezu parallel sind. Dies hat dann nach (2) zur Folge, dass μ die Norm der Störmatrix $\boldsymbol{\Delta}$ bei weitem (nämlich um den Faktor $\|\boldsymbol{y}_1\|$) übertreffen kann.

Beispiel. Berechnet man die Eigenwerte der Matrix

$$\begin{bmatrix}
12 & 11 & 10 & 9 & 8 & 7 & 6 & 5 & 4 & 3 & 2 & 1 \\
11 & 11 & 10 & 9 & 8 & 7 & 6 & 5 & 4 & 3 & 2 & 1 \\
 & 10 & 10 & 9 & 8 & 7 & 6 & 5 & 4 & 3 & 2 & 1 \\
 & & 9 & 9 & 8 & 7 & 6 & 5 & 4 & 3 & 2 & 1 \\
 & & & 8 & 8 & 7 & 6 & 5 & 4 & 3 & 2 & 1 \\
 & & & & 7 & 7 & 6 & 5 & 4 & 3 & 2 & 1 \\
 & & & & & 6 & 6 & 5 & 4 & 3 & 2 & 1 \\
 & & & & & & 5 & 5 & 4 & 3 & 2 & 1 \\
 & & 0 & & & & & 4 & 4 & 3 & 2 & 1 \\
 & & & & & & & & 3 & 3 & 2 & 1 \\
 & & & & & & & & & 2 & 2 & 1 \\
 & & & & & & & & & & 1 & 1
\end{bmatrix}$$

auf einer Rechenanlage mit 60-Bit-Mantissen, so ergibt sich für die zwei kleinsten (auf 6 Stellen nach dem Komma gerundet):

$$\lambda_{11} = 0.049689, \quad \lambda_{12} = 0.030945.$$

Für die zugehörigen Eigenvektoren

$$\boldsymbol{x}_{11} = \begin{pmatrix} 0 \\ 0 \\ 0 \\ 0 \\ 0.000014 \\ -0.000218 \\ 0.002207 \\ -0.015922 \\ 0.082412 \\ -0.294454 \\ 0.655782 \\ -0.690071 \end{pmatrix}, \quad \boldsymbol{x}_{12} = \begin{pmatrix} 0 \\ 0 \\ 0 \\ -0.000004 \\ 0.000045 \\ -0.000433 \\ 0.003324 \\ -0.020117 \\ 0.092891 \\ -0.308605 \\ 0.658624 \\ -0.679656 \end{pmatrix}$$

gilt:

$$\boldsymbol{x}_{11}^T \boldsymbol{x}_{12} = 0.999777.$$

Dementsprechend erhält man beim Rechnen mit geringerer Mantissenlänge sofort relativ grosse Fehler bei diesen zwei Eigenwerten, denn die Schranke rechts in (3) beträgt 47.35.

§ 13.2. **Das Iterationsverfahren**

Ein «bewährtes» Verfahren zur Behandlung des Eigenwertproblems $\boldsymbol{A}\,\boldsymbol{x} = \lambda\,\boldsymbol{x}$ ist die «gewöhnliche» oder *Mises-Geiringer-Iteration:* Ausgehend von einem Vektor $\boldsymbol{x}_0$ konstruiert man eine Iterationsfolge $\boldsymbol{x}_1, \boldsymbol{x}_2, \ldots$ gemäss

$$\boldsymbol{x}_k = \boldsymbol{A}\,\boldsymbol{x}_{k-1}.$$

Es ist dann offenbar

$$\boldsymbol{x}_k = \boldsymbol{A}^k\,\boldsymbol{x}_0, \tag{4}$$

aber die Iterationsvektoren werden in der Regel nicht mit Hilfe der Potenzen $\boldsymbol{A}^k$ gebildet.

Wir betrachten nun die erzeugende Funktion

$$\boldsymbol{x}(z) = \sum_{k=0}^{\infty} \frac{\boldsymbol{x}_k}{z^{k+1}} \tag{5}$$

der Vektorfolge $\boldsymbol{x}_0, \boldsymbol{x}_1, \boldsymbol{x}_2, \ldots$. Diese ist eine Vektorfunktion der komplexen

Variablen z. Es muss aber noch untersucht werden, für welche z diese Reihe überhaupt konvergiert. Ist $\| \boldsymbol{A} \| = r$, so gilt $\| \boldsymbol{x}_k \| \leqq r \| \boldsymbol{x}_{k-1} \|$, also $\| \boldsymbol{x}_k \| \leqq r^k \| \boldsymbol{x}_0 \|$, so dass die Reihe für $|z| > r$ konvergiert und dort eine vektorwertige analytische Funktion darstellt. Man darf deshalb sogar

$$\boldsymbol{x}(z) = \sum_{k=0}^{\infty} \frac{\boldsymbol{A}^k \boldsymbol{x}_0}{z^{k+1}} = \left(\sum_{k=0}^{\infty} \frac{\boldsymbol{A}^k}{z^{k+1}} \right) \boldsymbol{x}_0$$

schreiben. $\sum \boldsymbol{A}^k / z^{k+1}$ ist die sogenannte Neumannsche Reihe, die ebenfalls für $|z| > r$ konvergiert und dort die Matrix $(z\,\boldsymbol{I} - \boldsymbol{A})^{-1}$ darstellt. Es ist also

$$\boldsymbol{x}(z) = (z\,\boldsymbol{I} - \boldsymbol{A})^{-1} \boldsymbol{x}_0. \tag{6}$$

Nun ist $(z\,\boldsymbol{I} - \boldsymbol{A})^{-1} \boldsymbol{x}_0$ eine rationale Vektorfunktion von z, die für $z \to \infty$ verschwindet und deren Pole offenbar gerade die Eigenwerte von $\boldsymbol{A}$ sind. Zudem ist der Nenner dieser rationalen Funktion ein Polynom[1] vom Grade $m \leqq n$ (n = Ordnung der Matrix $\boldsymbol{A}$), denn es gibt sicher $m + 1 \leqq n + 1$ Konstanten $a_0, a_1, \ldots, a_m$, so dass $a_m = 1$ und $a_0 \boldsymbol{x}_0 + a_1 \boldsymbol{x}_1 + \ldots + a_m \boldsymbol{x}_m = \boldsymbol{0}$. Multipliziert man diese Beziehung mit $\boldsymbol{A}^k$, so entsteht

$$a_0 \boldsymbol{x}_k + a_1 \boldsymbol{x}_{k+1} + \ldots + a_m \boldsymbol{x}_{k+m} = \boldsymbol{0}, \quad k = 0, 1, \ldots .$$

Damit wird

$$\begin{aligned} (a_0 + a_1 z + \ldots + a_m z^m)\, \boldsymbol{x}(z) &= \sum_{k=0}^{\infty} \frac{a_0 \boldsymbol{x}_k + \ldots + a_m \boldsymbol{x}_{k+m}}{z^{k+1}} + \boldsymbol{y}(z) \\ &= \boldsymbol{y}(z), \end{aligned}$$

wobei $\boldsymbol{y}(z)$ ein Polynom in z ist, in dem alle Glieder mit nicht-negativen Potenzen von z zusammengefasst sind und dessen Grad $< m$ ist. Also gilt:

$$\boldsymbol{x}(z) = \frac{\boldsymbol{y}(z)}{a_0 + a_1 z + \ldots + a_m z^m}. \tag{7}$$

Für diese rationale Funktion gibt es aber eine Partialbruchzerlegung, die im Falle einfacher Eigenwerte die Gestalt

$$\boldsymbol{x}(z) = \sum_{j=1}^{m} \frac{\boldsymbol{c}_j}{z - \lambda_j} \tag{8}$$

[1] Falls $\boldsymbol{x}_0$ in allgemeiner Lage ist bezüglich einer Normalbasis zu $\boldsymbol{A}$ (d.h. in dieser Basis lauter von 0 verschiedene Koeffizienten hat), so heisst dieses Polynom *Minimalpolynom*. (Eine *Normalbasis* ist eine Basis bezüglich der der durch die Matrix $\boldsymbol{A}$ definierte lineare Operator die Jordansche Normalform annimmt.) Falls $\boldsymbol{A}$ einen Eigenwert besitzt, zu dem mehrere linear unabhängige Eigenvektoren (in der Jordanschen Normalform mehrere «Kästchen») gehören, ist $m < n$. (Anm. d. Hrsg.)

hat. Ist hingegen zum Beispiel $\lambda_1 = \lambda_2 = \lambda_3$ ein dreifacher Pol[2], so tritt anstelle der drei Glieder für $j = 1, 2, 3$ die Kombination

$$\frac{\boldsymbol{c}_1}{z-\lambda_1} + \frac{\boldsymbol{c}_1'}{(z-\lambda_1)^2} + \frac{\boldsymbol{c}_1''}{(z-\lambda_1)^3}.$$

Entwickelt man die rechte Seite von (8) nach $1/z$, so ergibt sich

$$\sum_{j=1}^{m} \frac{\boldsymbol{c}_j}{z-\lambda_j} = \sum_{j=1}^{m} \boldsymbol{c}_j \sum_{k=0}^{\infty} \frac{\lambda_j^k}{z^{k+1}} = \sum_{k=0}^{\infty} \frac{1}{z^{k+1}} \sum_{j=1}^{m} \boldsymbol{c}_j \, \lambda_j^k,$$

so dass durch Koeffizientenvergleich folgt

$$\boldsymbol{x}_k = \sum_{j=1}^{m} \boldsymbol{c}_j \, \lambda_j^k \tag{9}$$

(mit festen, von k unabhängigen Vektoren $\boldsymbol{c}_j$). Im Falle $\lambda_1 = \lambda_2 = \lambda_3$ wird wegen

$$\frac{1}{(z-\lambda_1)^2} = \sum_{k=1}^{\infty} \frac{k\,\lambda_1^{k-1}}{z^{k+1}}, \quad \frac{1}{(z-\lambda_1)^3} = \sum_{k=2}^{\infty} \frac{\binom{k}{2}\lambda_1^{k-2}}{z^{k+1}}$$

dagegen

$$\boldsymbol{x}_k = \boldsymbol{c}_1 \, \lambda_1^k + k\,\boldsymbol{c}_1' \;\lambda_1^{k-1} + \binom{k}{2} \boldsymbol{c}_1'' \, \lambda_1^{k-2} + \sum_{j=4}^{m} \boldsymbol{c}_j \, \lambda_j^k. \tag{10}$$

Wenn nun $|\lambda_1| > |\lambda_2| \geqq |\lambda_3| \geqq \ldots$, also λ_1 einfacher dominanter Eigenwert ist, konvergiert in der aus (9) gewonnenen Beziehung

$$\frac{\boldsymbol{x}_k}{\lambda_1^k} = \boldsymbol{c}_1 + \sum_{j=2}^{m} \boldsymbol{c}_j \left(\frac{\lambda_j}{\lambda_1}\right)^k \tag{11}$$

die Summe für $k \to \infty$ gegen $\mathbf{0}$, das heisst $\boldsymbol{x}_k$ der Richtung nach gegen $\boldsymbol{c}_1$, und zwar ist die Konvergenz linear mit dem Konvergenzquotienten $|\lambda_2/\lambda_1|$. Aber welche Bedeutung hat $\boldsymbol{c}_1$? Nach (6) ist

$$\boldsymbol{A}\,\boldsymbol{x}(z) = z\,\boldsymbol{x}(z) - \boldsymbol{x}_0.$$

Hier soll für $\boldsymbol{x}(z)$ der Partialbruch (8) eingesetzt werden:

$$\sum_{j=1}^{m} \frac{\boldsymbol{A}\,\boldsymbol{c}_j}{z-\lambda_j} = -\boldsymbol{x}_0 + \sum_{j=1}^{m} \frac{z\,\boldsymbol{c}_j}{z-\lambda_j} = -\boldsymbol{x}_0 + \sum_{j=1}^{m} \boldsymbol{c}_j + \sum_{j=1}^{m} \frac{\lambda_j\,\boldsymbol{c}_j}{z-\lambda_j},$$

$$\sum_{j=1}^{m} \frac{\boldsymbol{A}\,\boldsymbol{c}_j - \lambda_j\,\boldsymbol{c}_j}{z-\lambda_j} = \sum_{j=1}^{m} \boldsymbol{c}_j - \boldsymbol{x}_0.$$

---

[2] Für die Jordansche Normalform von $\boldsymbol{A}$ heisst das: Das grösste von den «Kästchen» mit dem Eigenwert λ_1 hat die Dimension 3. (Anm. d. Hrsg.)

Es folgt, dass die rechte Seite $\mathbf{0}$ sein muss, da sie konstant ist, aber die linke für $z \to \infty$ gegen $\mathbf{0}$ strebt. Bei einer rationalen Funktion, die verschwindet, müssen aber auch die Residuen verschwinden:

$$\boldsymbol{A}\,\boldsymbol{c}_j - \lambda_j\,\boldsymbol{c}_j = \mathbf{0}.$$

Die $\boldsymbol{c}_j$ sind also Eigenvektoren. Es gilt somit:

Satz 13.1. *Die nach (4) gebildete Iterationsfolge $\boldsymbol{x}_k$ konvergiert für $k \to \infty$ der Richtung nach gegen einen Eigenvektor $\boldsymbol{c}_1$ zum absolut grössten Eigenwert λ_1 von $\boldsymbol{A}$, falls λ_1 einfacher dominanter Eigenwert ist*[3].

Wenn es aber drei betragsmässig grösste Eigenwerte gibt, die entweder zusammenfallen[4] oder nur gleiche Absolutbeträge haben, dann ist für $k \to \infty$ nach (10) bis auf Glieder der Ordnung $O\left((\lambda_4/\lambda_1)^k\right)$

$$\frac{\boldsymbol{x}_k}{\lambda_1^k} = \boldsymbol{c}_1 + k\frac{1}{\lambda_1}\boldsymbol{c}_1' + \binom{k}{2}\frac{1}{\lambda_1^2}\boldsymbol{c}_1'' \tag{12}$$

beziehungsweise nach (11)

$$\frac{\boldsymbol{x}_k}{\lambda_1^k} = \boldsymbol{c}_1 + \left(\frac{\lambda_2}{\lambda_1}\right)^k \boldsymbol{c}_2 + \left(\frac{\lambda_3}{\lambda_1}\right)^k \boldsymbol{c}_3, \tag{13}$$

das heisst, die $\boldsymbol{x}_k$ liegen in dem durch $\boldsymbol{c}_1$, $\boldsymbol{c}_1'$, $\boldsymbol{c}_1''$ bzw. $\boldsymbol{c}_1$, $\boldsymbol{c}_2$, $\boldsymbol{c}_3$ aufgespannten dreidimensionalen Unterraum[5]. Vier aufeinanderfolgende Vektoren $\boldsymbol{x}_k$, $\boldsymbol{x}_{k+1}$, $\boldsymbol{x}_{k+2}$, $\boldsymbol{x}_{k+3}$ sind somit für grosses k praktisch linear abhängig. Das lässt sich feststellen, indem man diese Vektoren von links nach rechts orthonormiert. Die lineare Abhängigkeit manifestiert sich dann in einem Kollaps der Länge eines Vektors beim Orthogonalisieren. Das wird bei drei betragsmässig gleichen Eigenwerten also bei $\boldsymbol{x}_{k+3}$ passieren, im Falle eines einfachen dominanten Eigenwertes dagegen schon bei $\boldsymbol{x}_{k+1}$.

Als erster Gewinn resultiert bei einem solchen Kollaps während der Orthogonalisierung von $\boldsymbol{x}_{k+p}$ die Lösung des Minimumproblems

$$\min_{a_0, \ldots, a_{p-1}} \|\boldsymbol{x}_{k+p} + a_{p-1}\boldsymbol{x}_{k+p-1} + \ldots + a_1\boldsymbol{x}_{k+1} + a_0\boldsymbol{x}_k\|_2, \tag{14}$$

wobei dieses Minimum fühlbar klein ist. Nun würde aus

$$\sum_{j=0}^{p} a_j\,\boldsymbol{x}_{k+j} = \mathbf{0}$$

---

[3] Es muss genau genommen vorausgesetzt werden, dass $\boldsymbol{x}_0$ nicht orthogonal zu dem zu λ_1 gehörenden Eigenvektor von $\boldsymbol{A}^T$ ist. Praktisch können jedoch Rundungsfehler bewirken, dass selbst im Fall dieser Orthogonalität Konvergenz (in der Richtung) gegen $\boldsymbol{c}_1$ eintritt.

[4] Genauer: Falls $\lambda_1 = \lambda_2 = \lambda_3$ und die in Fussnote 2 beschriebene Situation vorliegt. (Anm. d. Hrsg.)

[5] Man kann zeigen, dass die m in der Partialbruchzerlegung von $\boldsymbol{x}(z)$ auftretenden Vektoren $\boldsymbol{c}_j^{(k)}$ $(k = 0, \ldots, m_j - 1, \sum m_j = m)$ linear unabhängig sind, falls $\boldsymbol{x}_0$ bezüglich einer Normalbasis in allgemeiner Lage ist. (Anm. d. Hrsg.)

(mit $a_p = 1$), wie man durch Einsetzen von (12) oder (13) wegen der linearen Unabhängigkeit von $\boldsymbol{c}_1, \boldsymbol{c}_2, \boldsymbol{c}_3, \ldots$ bzw. $\boldsymbol{c}_1, \boldsymbol{c}_1', \boldsymbol{c}_1'', \ldots$ sofort sieht, folgen:

$$\sum_{j=0}^{p} a_j \lambda_l^j = 0, \quad l = 1, \ldots, p. \tag{15}$$

Man hat also eine algebraische Gleichung, deren Wurzeln die p absolut grössten Eigenwerte von $\boldsymbol{A}$ sind[6].

Als zweites liefert der Orthonormierungsprozess ein Orthonormalsystem von p Vektoren $\boldsymbol{y}_1, \ldots, \boldsymbol{y}_p$, die angenähert (mit einer Abweichung $O((\lambda_{p+1}/\lambda_p)^k)$) denselben Unterraum aufspannen wie die Eigenvektoren $\boldsymbol{c}_1, \ldots, \boldsymbol{c}_p$. Wenn es nun gelingt, durch eine orthogonale Transformation diese Vektoren $\boldsymbol{y}_1, \ldots, \boldsymbol{y}_p$ in die p ersten Koordinatenvektoren überzuführen, und wenn $\boldsymbol{B}$ die Matrix bezeichnet, die im neuen System dieselbe lineare Abbildung definiert wie $\boldsymbol{A}$ im alten System, so wird der durch $\boldsymbol{e}_1, \ldots, \boldsymbol{e}_p$ aufgespannte Unterraum von $\boldsymbol{B}$ nahezu in sich überführt. Die Matrix $\boldsymbol{B}$ hat also die Gestalt

$$\boldsymbol{B} = \left[\begin{array}{c:c} \boldsymbol{B}_1 & \boldsymbol{B}_2 \\ \hdashline \boldsymbol{B}_4 & \boldsymbol{B}_3 \end{array}\right], \tag{16}$$

wobei $\boldsymbol{B}_1$ eine $p \times p$-Matrix, deren Eigenwerte die p absolut grössten Eigenwerte von $\boldsymbol{A}$ sind, und $\boldsymbol{B}_4$ eine $(n-p) \times p$-Matrix mit *kleinen* Elementen[7] ist, so dass $\boldsymbol{B}$ also praktisch zerfällt in $\boldsymbol{B}_1$ und $\boldsymbol{B}_3$ ($\boldsymbol{B}_2$ hat «normale» Elemente). Da (15) die Eigenwerte von $\boldsymbol{B}_1$ liefert, wird unser Problem so auf die Bestimmung der Eigenwerte von $\boldsymbol{B}_3$ reduziert.

Wie aber transformiert man $\boldsymbol{y}_1, \ldots, \boldsymbol{y}_p$ in $\boldsymbol{e}_1, \ldots, \boldsymbol{e}_p$? Eine Folge von Jacobi-Rotationen (vgl. § 12.3, Formel (17))

$$\boldsymbol{U}(n-1, n, \phi_n),\ \boldsymbol{U}(n-2, n-1, \phi_{n-1}), \ldots, \boldsymbol{U}(1, 2, \phi_2)$$

erlaubt, nacheinander die n-te, $(n-1)$-te, ..., 2-te Komponente von $\boldsymbol{y}_1$ zu 0 zu machen. Zum Beispiel ist mit $s = \sin \phi_n$, $c = \cos \phi_n$

$$\boldsymbol{U}^T(n-1, n, \phi_n)\, \boldsymbol{y}_1 = \begin{bmatrix} 1 & & & & & 0 \\ & 1 & & & & \\ & & \ddots & & & \\ & & & 1 & & \\ & & & & c & -s \\ 0 & & & & s & c \end{bmatrix} \begin{bmatrix} y_{11} \\ y_{12} \\ \vdots \\ \\ \\ y_{1n} \end{bmatrix} = \begin{bmatrix} y_{11} \\ y_{12} \\ \vdots \\ \\ * \\ 0 \end{bmatrix},$$

---

[6] Diese Wurzeln treten hier mit derselben Vielfachheit auf wie im Minimalpolynom von $\boldsymbol{A}$. Die Vielfachheit im charakteristischen Polynom (d. h. als Eigenwert) kann grösser sein. (Anm. d. Hrsg.)

[7] In einem anderen Manuskript des Autors ist gezeigt, dass (bei exakter Rechnung) die Teilmatrix $\boldsymbol{B}_4$ nur in ihrer letzten Kolonne von 0 verschiedene Elemente hat. (Anm. d. Hrsg.)

wenn $c\, y_{1n} + s\, y_{1,n-1} = 0$, das heisst $\operatorname{ctg} \phi_n = -y_{1,n-1}/y_{1n}$. So wird schliesslich

$$\boldsymbol{U}^T(1,2,\phi_2)\,\boldsymbol{U}^T(2,3,\phi_3)\ldots\boldsymbol{U}^T(n-1,n,\phi_n)\,\boldsymbol{y}_1 = \boldsymbol{e}_1$$

und gleichzeitig

$$\boldsymbol{U}^T(1,2,\phi_2)\,\boldsymbol{U}^T(2,3,\phi_3)\ldots\boldsymbol{U}^T(n-1,n,\phi_n)\,\boldsymbol{y}_j = \begin{bmatrix} 0 \\ * \\ \vdots \\ * \end{bmatrix} = \boldsymbol{y}_j',$$

weil die Orthogonalität der $\boldsymbol{y}_j$ durch die Rotationen nicht verändert wird. Weiter erreicht man mit geeigneten ϕ_j' $(j = 3, \ldots, n)$

$$\boldsymbol{U}^T(2,3,\phi_3')\,\boldsymbol{U}^T(3,4,\phi_4')\ldots\boldsymbol{U}^T(n-1,n,\phi_n')\;\boldsymbol{y}_2' = \boldsymbol{e}_2.$$

Diese Rotationen beeinflussen $\boldsymbol{e}_1$ nicht mehr. Dieser Prozess kann offensichtlich fortgeführt werden, bis man zuletzt

$$\boldsymbol{U}^T(p,p+1,\phi_{p+1}^{(p-1)})\,\boldsymbol{U}^T(p+1,p+2,\phi_{p+2}^{(p-1)})\ldots\boldsymbol{U}^T(n-1,n,\phi_n^{(p-1)})\,\boldsymbol{y}_p^{(p-1)} = \boldsymbol{e}_p$$

erreicht.

Die Matrix $\boldsymbol{A}$ wird bei jeder Rotation mitbehandelt, das heisst, es wird jeweils $\boldsymbol{U}^T(j-1,j,\phi_j^{(k)})\,\boldsymbol{A}\,\boldsymbol{U}(j-1,j,\phi_j^{(k)})$ gebildet. So erhält man am Schluss die Gestalt (16).

Beispiele. 1) Bei der Matrix

$$\boldsymbol{A} = \begin{bmatrix} 1 & 1 & 1 \\ 3 & 2 & 1 \\ 6 & 3 & 1 \end{bmatrix}$$

mit den Eigenwerten $\lambda_1 = 5.28799\ldots$, $\lambda_2 = -1.42107\ldots$, $\lambda_3 = 0.13307\ldots$ ist verhältnismässig gute Konvergenz zu erwarten. Mit $\boldsymbol{x}_0 = (1, 1, 1)^T$ wird

$$\boldsymbol{x}_1 = \begin{bmatrix} 3 \\ 6 \\ 10 \end{bmatrix},\quad \boldsymbol{x}_2 = \begin{bmatrix} 19 \\ 31 \\ 46 \end{bmatrix},\quad \boldsymbol{x}_3 = \begin{bmatrix} 96 \\ 165 \\ 253 \end{bmatrix},\quad \boldsymbol{x}_4 = \begin{bmatrix} 514 \\ 871 \\ 1324 \end{bmatrix},$$

$$\boldsymbol{x}_5 = \begin{bmatrix} 2709 \\ 4608 \\ 7021 \end{bmatrix},\quad \boldsymbol{x}_6 = \begin{bmatrix} 14338 \\ 24364 \\ 37099 \end{bmatrix}.$$

Orthogonalisieren von $\boldsymbol{x}_6$ bezüglich $\boldsymbol{x}_5$ liefert $\lambda_1 = 5.285733$ als Lösung von

$$\min_{\lambda} \|\boldsymbol{x}_6 - \lambda\,\boldsymbol{x}_5\|$$

und (bei 7stelliger Rechnung)

$$\boldsymbol{x}_6 - \lambda_1 \boldsymbol{x}_5 = \begin{bmatrix} 18.95 \\ 7.34 \\ -12.13 \end{bmatrix}, \quad r_{22} = \| \boldsymbol{x}_6 - \lambda_1 \boldsymbol{x}_5 \| = 23.66675,$$

was im Vergleich zu $\| \boldsymbol{x}_6 \| = 46642.46$ sehr klein ist. Der vorausgesagte Kollaps der Länge von $\boldsymbol{x}_6$ beim Orthogonalisieren tritt also ein.

2) Dagegen hat die Matrix

$$\boldsymbol{A} = \begin{bmatrix} 0 & -1 & 1 \\ 1 & 9 & -1 \\ -1 & 1 & 10 \end{bmatrix}$$

zwei dominante Eigenwerte, die zueinander konjugiert sind:

$$\lambda_{1,2} = 9.3932451\ldots \pm i\,0.8693946\ldots,\ \lambda_3 = 0.2135098\ldots.$$

Es ist deshalb zu vermuten, dass lineare Abhängigkeit erst unter drei aufeinanderfolgenden Iterationsvektoren auftritt.

Wieder mit $\boldsymbol{x}_0 = (1, 1, 1)^T$ beginnend, erhält man hier

$$\boldsymbol{x}_1 = \begin{bmatrix} 0 \\ 9 \\ 10 \end{bmatrix}, \quad \boldsymbol{x}_2 = \begin{bmatrix} 1 \\ 71 \\ 109 \end{bmatrix}, \quad \boldsymbol{x}_3 = \begin{bmatrix} 38 \\ 531 \\ 1160 \end{bmatrix}, \quad \boldsymbol{x}_4 = \begin{bmatrix} 629 \\ 3657 \\ 12093 \end{bmatrix},$$

$$\boldsymbol{x}_5 = \begin{bmatrix} 8436 \\ 21449 \\ 123958 \end{bmatrix}, \quad \boldsymbol{x}_6 = \begin{bmatrix} 102509 \\ 77519 \\ 1252593 \end{bmatrix}.$$

Nun sind $\boldsymbol{x}_4$, $\boldsymbol{x}_5$, $\boldsymbol{x}_6$ zu orthogonalisieren (vgl. §§ 5.3, 5.4):

$$r_{11} = \| \boldsymbol{x}_4 \| = 12649.50,$$

$$\boldsymbol{y}_1 = \frac{1}{r_{11}} \boldsymbol{x}_4 = (0.04972529,\ 0.2891023,\ 0.9560062)^T,$$

$$r_{12} = (\boldsymbol{y}_1, \boldsymbol{x}_5) = 125125.0,$$

$$\boldsymbol{x}_5 - r_{12}\, \boldsymbol{y}_1 = (2214.123,\ -14724.93,\ 4337.700)^T,$$

$$r_{22} = \| \boldsymbol{x}_5 - r_{12}\, \boldsymbol{y}_1 \| = 15509.40,$$

$$\boldsymbol{y}_2 = \frac{1}{r_{22}} (\boldsymbol{x}_5 - r_{12}\, \boldsymbol{y}_1) = (0.1427601,\ -0.9494197,\ 0.2796820)^T,$$

$$r_{13} = (\boldsymbol{y}_1, \boldsymbol{x}_6) = 1224995,$$

$$\boldsymbol{x}_6 - r_{13}\, \boldsymbol{y}_1 = (41595.77,\ -276629.9,\ 81490.00)^T,$$

$$r_{23} = (\boldsymbol{y}_2, \boldsymbol{x}_6 - r_{13}\,\boldsymbol{y}_1) = 291363.8,$$

$$\boldsymbol{x}_6 - r_{13}\,\boldsymbol{y}_1 - r_{23}\,\boldsymbol{y}_2 = (0.64,\ -3.40,\ 0.79)^T,$$

$$r_{33} = \|\,\boldsymbol{x}_6 - r_{13}\,\boldsymbol{y}_1 - r_{23}\,\boldsymbol{y}_2\,\| = 3.548760.$$

Wie vermutet, wird $\boldsymbol{x}_6$ durch das Orthogonalisieren stark verkürzt. Es ist also $p = 2$, und um die Koeffizienten a_0 und a_1 in (14) zu erhalten, muss man wegen

$$\boldsymbol{x}_4 = r_{11}\,\boldsymbol{y}_1, \qquad \boldsymbol{x}_5 = r_{12}\,\boldsymbol{y}_1 + r_{22}\,\boldsymbol{y}_2,$$

$$\begin{aligned}\boldsymbol{x}_6 - r_{13}\,\boldsymbol{y}_1 - r_{23}\,\boldsymbol{y}_2 &= \boldsymbol{x}_6 + a_1\,\boldsymbol{x}_5 + a_0\,\boldsymbol{x}_4 \\ &= \boldsymbol{x}_6 + (a_0\,r_{11} + a_1\,r_{12})\,\boldsymbol{y}_1 + a_1\,r_{22}\,\boldsymbol{y}_2\end{aligned}$$

nur das Gleichungssystem

$$\begin{array}{r|cc|c|} & a_0 & a_1 & 1 \\ \hline 0 = & r_{11} & r_{12} & r_{13} \\ 0 = & 0 & r_{22} & r_{23} \\ \hline \end{array} \tag{17}$$

auflösen. (Der Wert des Minimums in (14) ist gleich r_{33}.) Es ergibt sich

$$a_0 = 88.98668, \quad a_1 = -18.78627.$$

Die Näherungen für die dominanten Eigenwerte erhält man schliesslich als Wurzeln der in diesem Fall quadratischen Gleichung (15), und zwar wird

$$\lambda_{1,2} = 9.393135 \pm 0.8693043\,i.$$

Wenn man nun $\boldsymbol{y}_1$ in $\boldsymbol{e}_1$ überführt, indem man erst mit

$$\boldsymbol{U}_1^T = \begin{bmatrix} 1 & 0 & 0 \\ 0 & 0.2894603 & 0.9571900 \\ 0 & -0.9571900 & 0.2894603 \end{bmatrix}$$

und dann mit

$$\boldsymbol{U}_2^T = \begin{bmatrix} 0.0497253 & 0.9987629 & 0 \\ -0.9987629 & 0.0497253 & 0 \\ 0 & 0 & 1 \end{bmatrix}$$

multipliziert, geht $\boldsymbol{y}_2$ in $\boldsymbol{y}_2' = (0,\ -0.1429367, 0.9897318)^T$ und $\boldsymbol{A}$ in

$$\boldsymbol{U}_2^T\,\boldsymbol{U}_1^T\,\boldsymbol{A}\,\boldsymbol{U}_1\,\boldsymbol{U}_2 = \begin{bmatrix} 9.8916928 & 1.1602063 & -0.6600471 \\ -0.1752530 & 0.0245189 & -1.2810561 \\ 1.2134986 & 1.3086107 & 9.0837869 \end{bmatrix}$$

über. Nun wird noch $\boldsymbol{y}_2'$ in $\boldsymbol{e}_2$ transformiert durch Multiplikation mit

$$\boldsymbol{U}_3^T = \begin{bmatrix} 1 & 0 & 0 \\ 0 & 0.1429367 & -0.9897318 \\ 0 & 0.9897318 & 0.1429367 \end{bmatrix}.$$

Dabei geht $\boldsymbol{A}$ schliesslich über in

$$\boldsymbol{B} = \begin{bmatrix} 9.9816928 & 0.8191056 & 1.0539480 \\ -1.2260882 & 8.8947992 & -2.5896532 \\ 0 & 0.0000134 & 0.2135060 \end{bmatrix}. \tag{18}$$

Hier kann man direkt eine Näherung für den dritten Eigenwert ablesen:

$$\lambda_3 = 0.2135060.$$

Verbesserung. Nachdem $\boldsymbol{A}$ mit der erwähnten Methode durch Jacobi-Rotationen auf die Form (16) gebracht worden ist (worin $\boldsymbol{B}_4$ nur kleine Elemente hat), kann man eine weitere Transformation mit einer nicht-orthogonalen Matrix der Form

$$\boldsymbol{T} = \left[\begin{array}{c:c} \boldsymbol{I} & \boldsymbol{O} \\ \hdashline \boldsymbol{X} & \boldsymbol{I} \end{array}\right], \quad \text{mit} \quad \boldsymbol{T}^{-1} = \left[\begin{array}{c:c} \boldsymbol{I} & \boldsymbol{O} \\ \hdashline -\boldsymbol{X} & \boldsymbol{I} \end{array}\right] \tag{19}$$

anschliessen. Es ist dann

$$\boldsymbol{T}^{-1}\boldsymbol{B}\,\boldsymbol{T} = \left[\begin{array}{c:c} \boldsymbol{B}_1 + \boldsymbol{B}_2\boldsymbol{X} & \boldsymbol{B}_2 \\ \hdashline \boldsymbol{B}_4 - \boldsymbol{X}\boldsymbol{B}_1 + \boldsymbol{B}_3\boldsymbol{X} - \boldsymbol{X}\boldsymbol{B}_2\boldsymbol{X} & \boldsymbol{B}_3 - \boldsymbol{X}\boldsymbol{B}_2 \end{array}\right].$$

Damit die Teilmatrix links unten die Nullmatrix wird, muss in erster Näherung

$$\boldsymbol{B}_4 - \boldsymbol{X}\,\boldsymbol{B}_1 + \boldsymbol{B}_3\,\boldsymbol{X} = \boldsymbol{0} \tag{20}$$

gelten, da anzunehmen ist, dass $\boldsymbol{X}$ auch nur kleine Elemente hat. Damit ergeben sich für die $p(n-p)$ unbekannten Elemente der Matrix $\boldsymbol{X}$ ebenso viele lineare Gleichungen:

$$b_{ij}^{(4)} = \sum_{l=1}^{p} x_{il}\, b_{lj}^{(1)} - \sum_{k=p+1}^{n} b_{ik}^{(3)}\, x_{kj} \quad (i=p+1, \ldots, n;\, j=1, \ldots, p).$$

Mit Hilfe des Kronecker-Symbols kann man diese auch so schreiben:

$$b_{ij}^{(4)} = \sum_{k=p+1}^{n} \sum_{l=1}^{p} \left(\delta_{ik}\, b_{lj}^{(1)} - b_{ik}^{(3)}\, \delta_{lj} \right) x_{kl} \tag{21}$$

$$(i = p+1, \ldots, n; j = 1, \ldots, p).$$

Dieses System mit der Koeffizientenmatrix

$$\boldsymbol{M} = (m_{ijkl}), \quad \text{wo} \quad m_{ijkl} = \delta_{ik}\, b_{lj}^{(1)} - b_{ik}^{(3)}\, \delta_{lj} \tag{22}$$

$$(i, k = p+1, \ldots, n; j, l = 1, \ldots, p)$$

ist oft sehr umfangreich; zum Beispiel für $n = 50$, $p = 4$ umfasst es bereits 184 Gleichungen.

Immerhin ist $\boldsymbol{M}$ unter gewissen einfachen und in der Praxis meist erfüllten Bedingungen regulär; es gilt nämlich der folgende Satz, der ohne Beweis genannt sei:

Satz 13.2. *Wenn in der Matrix $\boldsymbol{B}$ der Form (16) der absolut kleinste Eigenwert von $\boldsymbol{B}_1$ noch grösser ist als der absolut grösste Eigenwert von $\boldsymbol{B}_3$, so ist die durch (22) definierte Matrix $\boldsymbol{M}$ regulär. Zudem kann dann die Lösung $\boldsymbol{X}$ von (20) (und (21)) auch durch die Iterationsvorschrift*

$$\boldsymbol{X}_0 = \boldsymbol{0}, \quad \boldsymbol{X}_{k+1} = \boldsymbol{B}_4 \boldsymbol{B}_1^{-1} - \boldsymbol{B}_3 \boldsymbol{X}_k \boldsymbol{B}_1^{-1} \quad (k = 0, 1, 2, \ldots) \tag{23}$$

gefunden werden.

Beispiel. Wir wollen diese Verbesserung auf (18) anwenden. Dort ist $n = 3$, $p = 2$, so dass das System (21) nur aus $p(n-p) = 2$ Gleichungen besteht:

	x_1	x_2	1
0 =	9.67818	−1.22609	0
0 =	0.81911	8.68129	0.0000134

Die Lösung lautet:

$$x_1 = 1.932_{10}{-7}, \quad x_2 = 15.253_{10}{-7},$$

das heisst, wir haben $\boldsymbol{B}$ noch mit

$$\boldsymbol{T} = \begin{bmatrix} 1 & 0 & 0 \\ 0 & 1 & 0 \\ 1.932_{10}{-7} & 15.253_{10}{-7} & 1 \end{bmatrix}$$

zu transformieren, was auf

$$\boldsymbol{T}^{-1}\boldsymbol{B}\,\boldsymbol{T} = \begin{pmatrix} 9.8916930 & 0.8191072 & 1.0539480 \\ -1.2260887 & 8.8947953 & -2.5896532 \\ -1.2_{10}-9 & -1.6_{10}-9 & 0.2135097 \end{pmatrix}$$

führt. Dieser Matrix kann man den verbesserten Näherungswert $\lambda_3 = 0.2135097$ entnehmen.

Anhang

Eine Axiomatik des numerischen Rechnens und ihre Anwendung auf den Quotienten-Differenzen-Algorithmus

KAPITEL A1

Einleitung

§ A1.1. **Die Eigenwerte einer qd-Zeile**

Ein wichtiges Anwendungsgebiet des *qd-Algorithmus*[1] ist die Berechnung der Eigenwerte von Tridiagonalmatrizen. Eine solche kann fast immer durch eine triviale (skalierende) Ähnlichkeitstransformation auf die Gestalt

$$\boldsymbol{A} = \begin{pmatrix} q_1 & -q_1 & & & & \\ -e_1 & q_2+e_1 & -q_2 & & & 0 \\ & -e_2 & q_3+e_2 & -q_3 & & \\ & & \cdot & \cdot & \cdot & \\ & & & \cdot & \cdot & \cdot \\ & 0 & & & \cdot \quad \cdot & -q_{n-1} \\ & & & & -e_{n-1} & q_n+e_{n-1} \end{pmatrix} \tag{1}$$

gebracht werden, in der nur $2n-1$ unabhängige Grössen auftreten. Diese fasst man zu einer *qd-Zeile*

$$Z = \{q_1, e_1, q_2, e_2, \dots, e_{n-1}, q_n\} \tag{2}$$

zusammen. Unter den Eigenwerten von Z versteht man die Eigenwerte der gemäss (1) zugeordneten Matrix $\boldsymbol{A}$. Diese Terminologie drängt sich auf, weil die Eigenwertberechnung ausschliesslich mit Hilfe von Datenstrukturen der Form (2) bewältigt wird.

Die vorliegende Arbeit befasst sich mit der Berechnung der Eigenwerte einer qd-Zeile (2), wobei der sequentiellen Sicherheit des numerischen (also mit Rundungsfehlern behafteten) Rechenprozesses besondere Aufmerksamkeit geschenkt wird. Es gelingt, für einen wichtigen Spezialfall den Nachweis zu erbringen, dass auch der durch Rundungsfehler verfälschte Rechenprozess störungsfrei ablaufen und angenähert die richtigen Eigenwerte liefern muss.

---

[1] Der *Quotienten-Differenzen-Algorithmus* (abgekürzt *qd-Algorithmus*) ist im Prinzip ein Rechenverfahren zur Bestimmung der Pole einer meromorphen Funktion, hat jedoch viele weitere Anwendungen. Er stammt von H. Rutishauser [8–22]. (Der Bericht [14] enthält u.a. [8–11] in teils überarbeiteter Form. [21] stellt einen Vorläufer der hier abgedruckten, unvollendeten Arbeit dar.) (Anm. d. Hrsg.)

§ A1.2. Die progressive Form des qd-Algorithmus

Die Bestimmung der Eigenwerte $\lambda_1, \ldots, \lambda_n$ einer qd-Zeile (2) erfolgt im Prinzip mit Hilfe eines iterativen Prozesses, der aus unendlich vielen Schritten folgender Art besteht: Ein *progressiver qd-Schritt* wird definiert durch die Rechenvorschrift[1]:

comment *es wird* $e_n = 0$ *vorausgesetzt;*
$q_1' := q_1 + e_1;$
for $k := 2$ **step** *1* **until** n **do**
begin (3)
  $e_{k-1}' := (e_{k-1}/q_{k-1}') \times q_k;$
  $q_k' := (q_k - e_{k-1}') + e_k;$
end *for k;*

Vorausgesetzt, dass diese Operationen durchführbar sind (was q_1', q_2', $\ldots, q_{n-1}' \neq 0$ voraussetzt), liefert (3) eine neue qd-Zeile $Z' = \{q_1', e_1', q_2', \ldots, q_n'\}$, was man symbolisch mit

$$Z \xrightarrow{0} Z' \tag{4}$$

bezeichnet, wobei die Zahl 0 andeutet, dass es sich um einen qd-Schritt *ohne Verschiebung* handelt. Es ist zu beachten, dass die in (3) vorgeschriebene Art der Einklammerung für die numerische Durchführung von ausschlaggebender Bedeutung ist (siehe Kap. A4).

Die der Zeile Z' zugeordnete Matrix ist

$$\boldsymbol{A}' = \begin{bmatrix} q_1' & -q_1' & & & & 0 \\ -e_1' & q_2'+e_1' & -q_2' & & & \\ & -e_2' & q_3'+e_2' & -q_3' & & \\ & & \cdot & \cdot & \cdot & \\ & & & \cdot & \cdot & \cdot \\ & & & \cdot & \cdot & \cdot \\ & & & & \cdot & -q_{n-1}' \\ 0 & & & & -e_{n-1}' & q_n'+e_{n-1}' \end{bmatrix}.$$

Auf Grund der aus (3) folgenden Rhombenregeln: $q_k' + e_{k-1}' = q_k + e_k$, $q_k' e_k' = q_{k+1} e_k$ erweist sich $\boldsymbol{A}'$ als skalar-ähnlich[2] zur Matrix

---

[1] Rechenregeln werden als ALGOL-Programmteile angegeben, wobei die Deklarationen und die Ein- und Ausgabe der Werte weggelassen und Indizes usw. in einer in ALGOL nicht zulässigen Form geschrieben werden. Unter Indizes sind dabei echte Indizes, während obere Indizes, Striche, Sterne usw. Grössen unterscheiden, die während der Rechnung in derselben Zelle gespeichert werden. (Anm. d. Hrsg.)

[2] $\boldsymbol{A}$ heisst *skalar ähnlich* zu $\boldsymbol{B}$, wenn eine reguläre Diagonalmatrix $\boldsymbol{D}$ existiert, so dass $\boldsymbol{B} = \boldsymbol{D}^{-1} \boldsymbol{A} \boldsymbol{D}$. Im obigen Fall hat $\boldsymbol{D}$ die Diagonalelemente $d_1 = 1$,

$$d_k = \prod_{i=1}^{k-1} e_i'/e_i = \prod_{i=1}^{k-1} q_{i+1}/q_i \quad (k = 2, \ldots, n).$$

(Anm. d. Hrsg.)

$$
\boldsymbol{B} = \begin{bmatrix}
q_1+e_1 & -q_2 & & & & 0 \\
-e_1 & q_2+e_2 & -q_3 & & & \\
 & -e_2 & q_3+e_3 & -q_4 & & \\
 & & \ddots & \ddots & \ddots & \\
 & & & \ddots & \ddots & -q_n \\
0 & & & & -e_n & q_n
\end{bmatrix}, \tag{5}
$$

die ihrerseits zu $\boldsymbol{A}$ in (1) ähnlich ist, denn es ist $\boldsymbol{A} = \boldsymbol{X}\boldsymbol{Y}$, $\boldsymbol{B} = \boldsymbol{Y}\boldsymbol{X}$ mit

$$
\boldsymbol{X} = \begin{bmatrix}
q_1 & & & & 0 \\
-e_1 & q_2 & & & \\
 & -e_2 & q_3 & & \\
 & & \ddots & \ddots & \\
 & & & \ddots & \ddots \\
0 & & & \ddots & \ddots \\
 & & & -e_{n-1} & q_n
\end{bmatrix}, \quad
\boldsymbol{Y} = \begin{bmatrix}
1 & -1 & & & 0 \\
 & 1 & -1 & & \\
 & & 1 & -1 & \\
 & & & \ddots & \ddots \\
 & & & \ddots & -1 \\
0 & & & & 1
\end{bmatrix}.
$$

Damit ergibt sich:

Satz A1. *Falls die Operationen (3) durchführbar sind, haben Z und Z′ dieselben Eigenwerte.*

Der Rechenprozess (4) wird nun iterativ fortgesetzt:

$$Z \xrightarrow{0} Z';\ Z' \xrightarrow{0} Z'';\ Z'' \xrightarrow{0} Z''';\ \ldots,$$

wodurch eine unendliche Folge von qd-Zeilen mit gleichen Eigenwerten erzeugt wird, für die unter gewissen Bedingungen gilt:

$$\lim_{j\to\infty} Z^{(j)} = \{\lambda_1, 0, \lambda_2, 0, \lambda_3, 0, \ldots, 0, \lambda_n\}, \tag{6}$$

das heisst, die q_k-Werte streben mit fortschreitender Iteration gegen die Eigenwerte λ_k (siehe [14], Kap. I)[3].

[3] Ein ausführlicher Konvergenzbeweis ist in [4], § 7.6 angegeben. [21] enthält einen einfachen Konvergenzbeweis für den Spezialfall positiver qd-Zeilen (vgl. § A1.4). (Anm. d. Hrsg.)

§ A1.3. Die erzeugende Funktion einer qd-Zeile

Der qd-Zeile (2) wird als erzeugende Funktion der endliche Kettenbruch

$$f(z) = \frac{1|}{|z} - \frac{q_1|}{|1} - \frac{e_1|}{|z} - \frac{q_2|}{|1} - \frac{e_2|}{|z} - \cdots - \frac{e_{n-1}|}{|z} - \frac{q_n|}{|1} \tag{7}$$

zugeordnet (siehe [14, 20]). (7) stellt eine rationale Funktion mit einem Nenner n-ten Grades dar; ihre n Pole sind gleichzeitig auch die Eigenwerte von (2). Der qd-Algorithmus erlaubt damit auch die Berechnung der Pole einer rationalen Funktion; falls deren Pole einfach sind, können auf diesem Weg sogar die Residuen berechnet werden[1].

Zwischen der erzeugenden Funktion $f(z)$ von Z und $f'(z)$ von Z' besteht die Beziehung[2]

$$f'(z) = \frac{z f(z) - 1}{q_1}, \tag{8}$$

mit deren Hilfe in [22] die Konvergenz des qd-Algorithmus bewiesen wurde.

§ A1.4. Positive qd-Zeilen

Der Rechenprozess (3) und damit auch seine iterative Fortsetzung ist infolge der Möglichkeit des Verschwindens oder Fastverschwindens eines der Nenner q'_{k-1} numerisch gefährdet. Es gibt jedoch einen Sonderfall, bei welchem diese Gefahr (selbst bei numerischer Rechnung) nicht besteht, nämlich wenn alle Elemente der Zeile Z positiv sind:

Definition. *Eine qd-Zeile* $Z = \{q_1, e_1, q_2, \ldots, q_n\}$ *heisst positiv (in Zeichen:* $Z > 0$*), wenn*

$$\begin{aligned} q_k &> 0 \quad (k = 1, \ldots, n), \\ e_k &> 0 \quad (k = 1, \ldots, n-1). \end{aligned} \tag{9}$$

Hierüber gilt nach [6], Kap. 9, Satz 1 und Satz 5:

Satz A2. *Die Eigenwerte einer positiven qd-Zeile sind alle reell, positiv und einfach.*

Beweis. Im Falle der positiven qd-Zeile ist die zugeordnete Matrix (1) skalar-ähnlich zu

---

[1] Der Autor hatte die Absicht, dies in einem 7. Kapitel dieser Arbeit zu beschreiben. Er hatte dieses Problem bereits kurz in [14], Kap. II, § 10 und in [22] behandelt. (Anm. d. Hrsg.)

[2] f' bezeichnet hier *nicht* die Ableitung von f. (Anm. d. Hrsg.)

$$\boldsymbol{H} = \begin{pmatrix} q_1 & \sqrt{q_1 e_1} & & & 0 \\ \sqrt{q_1 e_1} & q_2 + e_1 & \sqrt{q_2 e_2} & & \\ & \sqrt{q_2 e_2} & \ddots & \ddots & \\ & & \ddots & \ddots & \sqrt{q_{n-1} e_{n-1}} \\ 0 & & & \sqrt{q_{n-1} e_{n-1}} & q_n + e_{n-1} \end{pmatrix} \tag{10}$$

(mit jeweils positiven Quadratwurzeln), und für diese existiert eine Cholesky-Zerlegung $\boldsymbol{H} = \boldsymbol{R}^T \boldsymbol{R}$ mit

$$\boldsymbol{R} = \begin{pmatrix} \sqrt{q_1} & \sqrt{e_1} & & 0 \\ & \sqrt{q_2} & \sqrt{e_2} & \\ & & \ddots & \ddots & \\ & & & \ddots & \sqrt{e_{n-1}} \\ 0 & & & & \sqrt{q_n} \end{pmatrix}, \tag{11}$$

wobei alle q_k, e_k positiv sind; w. z. b. w.[1].

Für positive Zeilen ergibt sich nun die wichtige Aussage:

Satz A3. *Ist die qd-Zeile Z positiv, so sind die aus ihr mit dem progressiven qd-Algorithmus, das heisst gemäss*

$$Z \xrightarrow{0} Z', \; Z' \xrightarrow{0} Z'', \; Z'' \xrightarrow{0} Z''', \ldots$$

erzeugten qd-Zeilen $Z^{(j)}$ *ebenfalls positiv und es gilt uneingeschränkt:*

$$\lim_{j \to \infty} Z^{(j)} = \{\lambda_1, 0, \lambda_2, 0, \ldots, \lambda_n\}, \tag{12}$$

wobei $\lambda_1 > \lambda_2 > \ldots > \lambda_n > 0$ *die Eigenwerte von Z sind.*

Der auf eine positive qd-Zeile angewendete qd-Algorithmus kann damit niemals infolge Nulldivision scheitern und konvergiert immer.

---

[1] Die Eigenwerte sind einfach, weil $\boldsymbol{H}$ eine symmetrische Tridiagonalmatrix mit nicht-verschwindenden Nebendiagonalelementen ist. Vgl. Satz 4.9 in [24]. (Anm. d. Hrsg.)

Beweis.

a) Es gilt wegen (3) und (9):

$$
\begin{aligned}
q_1' &= q_1 + e_1 > e_1 > 0,\\
e_1' &= q_2\,(e_1/q_1') < q_2, \text{ sowie } e_1' > 0,\\
q_2' &= (q_2 - e_1') + e_2 > e_2 > 0,\\
e_2' &= q_3\,(e_2/q_2') < q_3, \text{ sowie } e_2' > 0,\\
&\;\;\vdots\\
q_n' &= (q_n - e_{n-1}') > 0.
\end{aligned}
$$

Damit ist $Z' > 0$, und ebenso wird $Z'' > 0$ usw.

b) Für die Konvergenz von

$$\lim_{j\to\infty} q_k^{(j)} = l_k \text{ und } \lim_{j\to\infty} e_k^{(j)} = 0 \tag{13}$$

siehe etwa [21]. Dabei gilt $l_1 > l_2 > \ldots > l_n$.

c) Für hinreichend grosses j weicht die analog (10) mit den Elementen von $Z^{(j)}$ gebildete Matrix $\boldsymbol{H}^{(j)}$ beliebig wenig von $\operatorname{diag}(l_1, l_2, \ldots, l_n)$ ab. Demnach weichen auch die Eigenwerte von $\boldsymbol{H}^{(j)}$, die nach Satz A1 unverändert gleich $\lambda_1, \lambda_2, \ldots, \lambda_n$ sind, beliebig wenig von $l_1, l_2, \ldots, l_n$ ab, w.z.b.w.

§ A1.5. Die Konvergenzgeschwindigkeit des qd-Algorithmus

Für die Rechenpraxis ist die allgemein gehaltene Konvergenzaussage (13) noch nicht ausreichend; man sollte vielmehr Aussagen über die Konvergenzgeschwindigkeit haben. Nun folgt aber aus (13) und der Rechenvorschrift (3), dass die $e_k^{(j)}$ für $j \to \infty$ asymptotisch linear gegen 0 konvergieren, genauer:

$$e_k^{(j)} = \mathrm{O}\left\{\left(\frac{\lambda_{k+1}}{\lambda_k}\right)^j\right\} (k = 1, 2, \ldots, n-1). \tag{14}$$

Damit ergibt sich nach (3) auch das Konvergenzverhalten der $q_k^{(j)}$ zu

$$q_k^{(j)} - \lambda_k = \mathrm{O}(s^j), \text{ mit } s = \max\left\{\frac{\lambda_{k+1}}{\lambda_k}, \frac{\lambda_k}{\lambda_{k-1}}\right\}. \tag{15}$$

(Hierbei ist $\lambda_0 = \infty$, $\lambda_{n+1} = 0$ zu setzen.)

Die Konvergenz des qd-Algorithmus kann damit sehr schlecht sein, nämlich wenn zwei Eigenwerte λ_p und λ_{p+1} sehr nahe beieinanderliegen. Es ist dann nach (15) allerdings nur die Konvergenz für diese beiden Eigenwerte schlecht; für die übrigen kann sie dennoch gut sein.

Beispiel 1. Es sei $Z = \{9, 1, 1000, 1, 9\}$. Wir geben die qd-Zeilen Z, Z', Z'' usw. in Form eines *qd-Schemas* [14] an:

$Z \rightarrow$	9				
		1			
$Z' \rightarrow$	10		1000		
		100		1	
$Z'' \rightarrow$	110		901		9
		819.09091		0.009989	
$Z^{(3)} \rightarrow$	929.09091		81.919079		8.990011
		72.220245		0.001096	
$Z^{(4)} \rightarrow$	1001.3112		9.699931		8.988915
		0.699614		0.001016	
$Z^{(5)} \rightarrow$	1002.0108		9.001332		8.987899
		0.006285		0.001014	
	⋮		8.996062		8.986885
				0.001013	
$Z^{(20)} \rightarrow$	1002.0171				8.985872
		$<_{10}-30$			
	⋮		9.010972		
				0.000972	
$Z^{(50)} \rightarrow$	1002.0171				8.970946
		$<_{10}-90$			
			9.037557		
				0.000776	
					8.944556

(Hier ist $\lambda_1 = 1002.0171$, $\lambda_2 = 9.087030$, $\lambda_3 = 8.895860$.)

Darüber hinaus ist zu beachten, dass (14) und (15) lediglich asymptotische Aussagen sind. Es kann unter Umständen sehr lange dauern, bis sie endlich wirksam werden, so dass sehr viele qd-Schritte notwendig sein können, auch wenn die Konvergenz schliesslich sehr gut wird.

Beispiel 2. $Z = \{1, 0.001, 2, 0.001, 4, 0.001, 8, 0.001, 16\}$. Da hier die Eigenwerte annähernd 16, 8, 4, 2, 1 sind, müsste der qd-Algorithmus ungefähr wie eine geometrische Reihe mit dem Quotienten 0.5 konvergieren. Tatsächlich ist aber:

$$Z^{(10)} = \{1.580, 0.266, 2.224, 0.821, 3.290, 1.408, 6.499, 1.286, 13.631\}$$

$$Z^{(20)} = \{10.196, 1.507, 9.643, 0.458, 4.383, 0.028, 2.026, 0.001, 1.000\}$$

$$Z^{(30)} = \{15.989, 7_{10}-3, 8.006, 8_{10}-4, 4.002, 5_{10}-5, 2.001, 2_{10}-6, 0.999\}$$

Erst von $Z^{(30)}$ an, wo die relativen Fehler der q_k kleiner als $_{10}-3$ sind, gilt das Gesetz (15); in der Tat sind die Fehler bei $Z^{(40)}$ kleiner als $_{10}-6$, bei $Z^{(50)}$ kleiner als $_{10}-9$.

§ A1.6. **Der qd-Algorithmus mit Verschiebungen**

Soweit die in § A1.5 demonstrierte schlechte Konvergenz durch zu grosse Quotienten λ_{k+1}/λ_k verursacht wird, besteht die Möglichkeit, diese Quotienten (und damit die Konvergenz) durch eine Verschiebung des Nullpunkts der λ-Ebene zu beeinflussen.

Eine solche Verschiebung kann realisiert werden, wenn es gelingt, die Relation (8) zwischen den erzeugenden Funktionen f und f' in

$$f'(z-v) = \frac{zf(z)-1}{q_1} \tag{16}$$

umzuformen. Dadurch werden nämlich die Pole von f', die ja auch Eigenwerte von Z' sind, um v verkleinert, so dass das weitere Konvergenzverhalten durch die Quotienten $\lambda'_{k+1}/\lambda'_k = (\lambda_{k+1}-v)/(\lambda_k - v)$ bestimmt wird.

Die Rechenvorschrift für den im Sinne von (16) modifizierten qd-Schritt *(ein progressiver qd-Schritt mit Verschiebung v)* lautet:

```
comment es wird e_n = 0 vorausgesetzt;
q'_1 := (q_1 - v) + e_1;
for k := 2 step 1 until n do
begin                                                    (17)
    e'_{k-1} := (e_{k-1}/q'_{k-1}) × q_k;
    q'_k    := ((q_k - e'_{k-1}) - v) + e_k;
end for k;
```

Wir bezeichnen diesen Prozess formal mit

$$Z \overset{v}{\rightarrow} Z', \tag{18}$$

wobei natürlich vorausgesetzt wird, dass Z' existiert, das heisst in (17) keine Nulldivisionen vorkommen. Es gilt dann:

Satz A4. *Die Eigenwerte der gemäss $Z \overset{v}{\rightarrow} Z'$ erzeugten Zeile Z' sind um die Verschiebung v kleiner als diejenigen von Z.*

Beweis. Der Zeile Z' ist die Matrix

$$\boldsymbol{A}' = \begin{bmatrix} -q'_1 & q'_1 & & & 0 \\ -e'_1 & q'_2+e'_1 & -q'_2 & & \\ & \cdot & \cdot & \cdot & \\ & & \cdot & \cdot & \cdot \\ & & \cdot & \cdot & -q'_{n-1} \\ 0 & & & -e'_{n-1} & q'_n+e'_{n-1} \end{bmatrix}.$$

zugeordnet. Sie lässt sich mit Hilfe der Rechenvorschrift (17) in Analogie zu § A1.2 umformen zur ähnlichen Matrix

$$\boldsymbol{C} = \begin{bmatrix} q_1+e_1-v & -q_2 & & & & 0 \\ -e_1 & q_2+e_2-v & -q_3 & & & \\ & -e_2 & q_3+e_3-v & -q_4 & & \\ & & \cdot & \cdot & \cdot & \\ & & & \cdot & \cdot & -q_n \\ 0 & & & & -e_n & q_n-v \end{bmatrix} = \boldsymbol{B} - v\boldsymbol{I},$$

wobei $\boldsymbol{B}$ die zu $\boldsymbol{A}$ ähnliche Matrix (5) ist; w. z. b. w.

Die Auswirkungen solcher Verschiebungen werden beim Beispiel 1 aus § A1.5 offensichtlich. Das die Kette $Z \xrightarrow{8} Z' \xrightarrow{0.8} Z'' \xrightarrow{0.09} Z''' \xrightarrow{0} Z^{(4)} \xrightarrow{0} \dots \xrightarrow{0} Z^{(7)}$ enthaltene qd-Schema lautet nämlich:

9					
	1				
2		1000			
	500		1		$\sum v_i$
501.2		493		9	
	491.8196329		0.0182556		0
992.9296		0.3986227		0.9817444	
	0.1974465		0.0449606		8
993.1271		0.1561368		0.1367838	
	0.0000310		0.0393878		8.8
993.1271		0.1954935		0.0073961	
	0		0.0014901		8.89
993.1271		0.1969837		0.0059059	
	0		0.0000447		8.89
993.1271		0.1970284		0.0058612	
	0		0.0000013		8.89
		0.1970297		0.0058599	
			0		8.89
				0.0058599	
					8.89

(Rechts sind die aufsummierten Verschiebungen notiert.)

Unter Berücksichtigung der ausgeführten Verschiebungen 8, 0.8, 0.09 erhält man somit die 3 Eigenwerte

$$\lambda_1 = 1002.0171, \quad \lambda_2 = 9.0870297, \quad \lambda_3 = 8.8958599.$$

§ A1.7. **Deflation nach Bestimmung eines Eigenwerts**

Für die gemäss (1) einer qd-Zeile zugeordnete Matrix $\boldsymbol{A}$ gilt offenbar

$$\boldsymbol{A} \begin{pmatrix} 1 \\ 1 \\ 1 \\ \vdots \\ 1 \end{pmatrix} = \begin{pmatrix} 0 \\ 0 \\ \vdots \\ 0 \\ q_n \end{pmatrix} \tag{19}$$

Wenn also $q_n = 0$ ist, ist $\boldsymbol{A}$ singulär, das heisst es gilt:

Satz A5. *Für eine qd-Zeile* $Z = \{q_1, e_1, q_2, \dots, e_{n-1}, 0\}$ *ist* 0 *ein Eigenwert.*

Wenn es also gelingt, durch eine Folge von qd-Schritten (mit geeigneter Wahl der Verschiebungen $v_0, v_1, \ldots$)

$$Z \xrightarrow{v_0} Z' \xrightarrow{v_1} Z'' \xrightarrow{v_2} Z''' \to \ldots$$

eine Zeile $Z^{(j)}$ zu erhalten, deren letztes Element $q_n^{(j)} = 0$ ist, so ist 0 ein Eigenwert von $Z^{(j)}$ und damit nach Satz A4

$$\lambda_n = v_0 + v_1 + v_2 + \ldots + v_{j-1} \tag{20}$$

ein Eigenwert der gegebenen Zeile Z. In der Rechenpraxis gilt (20) natürlich nur angenähert.

Beispiel 3. Für $Z = \{4, 3, 3, 2, 2, 1, 1\}$ erhält man mit den Verschiebungen $v_0 = 0.3$, $v_1 = 0.02$, $v_2 = 0.002$, $v_3 = 0.000548$ das qd-Schema (bei 6stelliger Rechnung):

4							
	3						
6.7		3					
	1.343284		2				
8.023284		3.356716		2			
	0.561992		1.191641		1		$\sum v_i$
8.583276		3.966365		1.508539		1	
	0.259699		0.453166		0.662972		0
8.842427		4.157832		1.698165		0.037028	
	0.122144		0.185085		0.014456		0.3
		4.220255		1.525536		0.002572	
			0.066904		0.000024		0.32
				1.458108		0.000548	
					0		0.322
						0	
							0.322548

(Natürlich sind die beiden letzten Nullen nur innerhalb der Rechengenauigkeit richtig.)

Da die Summe der Verschiebungen gleich 0.322548 ist, sind die Eigenwerte $\lambda_k^{(4)}$ von $Z^{(4)}$ um diesen Betrag kleiner als die von Z; nach Satz A5 ist aber $\lambda_4^{(4)} = 0$, also $\lambda_4 = 0.322548$ (der exakte Wert ist 0.32254769 ...).

Zur Bestimmung weiterer Eigenwerte von $Z^{(4)}$ wird die Tatsache benützt, dass für eine qd-Zeile $Z_0 = \{q_1, e_1, q_2, \ldots, e_{n-1}, q_{n-1}, 0, 0\}$ die zugeordnete Matrix

$$\mathbf{A}_0 = \begin{pmatrix} q_1 & -q_1 & & & & \\ -e_1 & q_2+e_1 & -q_2 & & & \\ & \cdot & \cdot & \cdot & & \\ & & \cdot & \cdot & \cdot & \\ & & & \cdot & \cdot & \cdot \\ & & & -e_{n-2} & q_{n-1}+e_{n-2} & -q_{n-1} \\ & & & & 0 & 0 \end{pmatrix}$$

ist. Für diese ist ein Eigenwert 0, während die übrigen $n-1$ Eigenwerte offensichtlich mit den Eigenwerten der reduzierten Matrix

$$\mathbf{A}_1 = \begin{pmatrix} q_1 & -q_1 & & & \\ -e_1 & q_2+e_1 & -q_2 & & \\ & \cdot & \cdot & \cdot & \\ & & \cdot & \cdot & \cdot \\ & & & \cdot & -q_{n-2} \\ & & & -e_{n-2} & q_{n-1}+e_{n-2} \end{pmatrix}$$

übereinstimmen. Dies ist aber genau die zugeordnete Matrix der qd-Zeile $Z_1 = \{q_1, e_1, q_2, e_2, \ldots, e_{n-2}, q_{n-1}\}$; es gilt daher folgende Regel:

Satz A6. *Eine qd-Zeile der Form*

$$Z_0 = \{q_1, e_1, q_2, \ldots, q_{n-1}, 0, 0\}$$

hat einen Eigenwert 0; *die übrigen* $n-1$ *Eigenwerte von* Z_0 *sind die Eigenwerte von*

$$Z_1 = \{q_1, e_1, q_2, \ldots, q_{n-1}\}.$$

Das Weglassen der beiden Nullen am Ende der qd-Zeile Z_0, das heisst der Übergang von Z_0 zu Z_1, heisst *Deflation.*

Im Beispiel 3 würde man also aus

$$Z_0^{(4)} = \{8.842427, 0.122144, \ldots, 1.458108, 0, 0\}$$

durch Deflation die Zeile

$$Z_1^{(4)} = \{8.842427, 0.122144, 4.220255, 0.066904, 1.458108\}$$

erhalten und aus dieser weitere Eigenwerte bestimmen; etwa gemäss

$$Z_1^{(4)} \xrightarrow{1} Z_1^{(5)} \xrightarrow{0.4} Z_1^{(6)} \xrightarrow{0.02} Z_1^{(7)} \xrightarrow{0.003} Z_1^{(8)} \xrightarrow{0.000213} Z_1^{(9)}:$$

8.842427					
	0.122144				
7.964571		4.220255			
	0.064721		0.066904		
7.629292		3.222438		1.458108	$\sum v_i$
	0.027337		0.030273		0.322548
7.636629		2.825374		0.427835	
	0.010114		0.004584		1.322548
7.643743		2.799844		0.023251	
	0.003705		0.000038		1.722548
7.647235		2.793177		0.003213	
	0.001353		0.000000		1.742548
		2.791611		0.000213	
			0		1.745548
				0	
					1.745761

Man beachte, dass in der Summe der bisher ausgeführten Verschiebungen die vor der Deflation ausgeführten Verschiebungen mitzuzählen sind. Man hat jetzt also $\sum v_i = 1.745761$, $Z_1^{(9)} = \{7.647235, 0.001353, 2.791611, 0, 0\}$, das heisst $\lambda_3 = 1.745761$.

KAPITEL A2

Die Wahl der Verschiebungen

§ A2.1. **Einfluss der Verschiebung v auf Z′**

Aus den in den §§ A1.5, A1.6 genannten Gründen hat nur der qd-Algorithmus *mit* Verschiebung eine praktische Bedeutung für die Bestimmung der Eigenwerte einer positiven qd-Zeile. Dabei ist erst noch die richtige Wahl der Verschiebungen entscheidend für den Erfolg.

Nach [20], § 3, haben die positiven qd-Zeilen besonders vorteilhafte numerische Eigenschaften. Man wird daher die Verschiebungen v_0, v_1, v_2, ... in der Iterationsfolge

$$Z \xrightarrow{v_0} Z' \xrightarrow{v_1} Z'' \xrightarrow{v_2} Z''' \ldots$$

so wählen, dass auch Z', Z'', Z''', ... positiv bleiben, damit man diese Eigenschaften nicht verliert. Hierfür massgebend ist

Satz A7. *Ist die qd-Zeile Z positiv, so ist die gemäss $Z \xrightarrow{v} Z'$ aus ihr erzeugte Zeile Z' genau dann ebenfalls positiv, wenn $v < \lambda_n$ ist (λ_n = kleinster Eigenwert von Z).*

Beweis. a) Wenn $v \geqq \lambda_n$ ist, kann Z' nicht positiv sein, denn sonst wäre ja die Rechenvorschrift (A1, 17) sicher durchführbar und nach Satz A4 damit $\lambda_n' = \lambda_n - v > 0$, im Widerspruch zu $v \geqq \lambda_n$.

b) Nimmt v von 0 aus monoton und stetig zu, so gilt für $Z \xrightarrow{v} Z'$ für die von v abhängigen Elemente $q_k'(v)$, $e_k'(v)$: Nach Satz A3 sind $q_1'(0)$, $e_1'(0)$, ..., $q_n'(0)$ positiv, ferner auf Grund der Rechenvorschrift (A1, 17):

$q_1'(v) = q_1 - v + e_1$	monoton abnehmend,	
$e_1'(v) = \left(e_1/q_1'(v)\right) q_2$	monoton zunehmend, solange q_1' positiv bleibt, somit	(1)
$q_2'(v) = q_2 - e_1'(v) - v + e_2$	monoton abnehmend usw., bis schliesslich	
$q_n'(v) = q_n - e_{n-1}'(v) - v$	monoton abnehmend, so lange keiner der Werte $q_1'(v)$, $q_2'(v)$, ..., $q_{n-1}'(v)$ negativ wird.	

Somit sind unter der letztgenannten Bedingung alle $q_k'(v)$ monoton abnehmend und die $e_k'(v)$ monoton zunehmend. Aus $q_l'(v)\downarrow 0$ (l fest, $l < n$) folgt aber $e_l'(v)\uparrow\infty$ und damit $q_{l+1}'(v)\downarrow -\infty$. Es kann also von allen q_k' nur $q_n' = 0$ werden, ohne dass ein anderes q_k' negativ wird; das heisst, bei monotoner Zunahme von v erreicht zuerst $q_n'(v)$ den Wert 0. Es gibt also ein $v = v_0 > 0$, so dass

$q'_n(v_0) = 0$, aber $Z' > 0$ für $v < v_0$. Damit ist $\lambda'_k = \lambda_k - v > 0$ für alle k und $v < v_0$, also $\lambda_k \geqq v_0$ $(k = 1, 2, \ldots, n)$; aber da $q'_n(v_0) = 0$ ist, ist nach Satz A5 $\lambda'_n = 0$, das heisst $\lambda_n = v_0$. Nach Satz A2 sind die Eigenwerte von Z reell und einfach, also $\lambda_1 > \lambda_2 > \ldots > \lambda_{n-1} > \lambda_n = v_0$, w. z. b. w.

Damit ist die Frage nach der zweckmässigen Wahl von v beantwortet: man wähle die Verschiebung immer unterhalb des kleinsten Eigenwertes der qd-Zeile, auf die man den Schritt anwendet, und zwar wähle man ihn möglichst knapp unterhalb, wie dies etwa im Beispiel 3 in § A1.7 angedeutet ist.

Nun ist diese Regel aber ohne Kenntnis von λ_n nicht durchführbar; es müssen daher Methoden entwickelt werden, die eine unabhängige Bestimmung von v ermöglichen (siehe § A2.3).

Eine wichtige Aussage, die die Wahl von v erleichtern kann, ist die folgende:

Satz A8. *Ist die qd-Zeile Z positiv, und $v \leqq \lambda_n$, dann gilt für die daraus nach $Z \xrightarrow{v} Z'$ erhaltene Zeile Z':*

$$\left.\begin{aligned} q'_k &> e_k \\ e'_k &< q_{k+1} \end{aligned}\right\} \quad k = 1, 2, \ldots, n-1, \qquad (2)$$
$$q'_n \geqq 0.$$

Beweis. Ist $v \geqq 0$, so folgt aus (A1, 17) und Satz A7

$$q'_n = q_n - e'_{n-1} - v \quad \begin{cases} > 0 \text{ für } v < \lambda_n, \\ = 0 \text{ für } v = \lambda_n, \end{cases}$$

also in jedem Fall $e'_{n-1} < q_n$. Damit wird $(e_{n-1}/q'_{n-1})\, q_n = e'_{n-1} < q_n$, das heisst $q'_{n-1} > e_{n-1}$. Weiter ist ja $q_{n-1} - e'_{n-2} - v + e_{n-1} = q'_{n-1} > e_{n-1}$, also $e'_{n-2} < q_{n-1}$ usw., bis $e'_1 < q_2$ und $q'_1 > e_1$. Für $v < 0$ folgt die Behauptung aus der Monotonieeigenschaft (1) der q'_k und e'_k, w. z. b. w.

Wenn also etwa auf die Zeile

$$Z = \{5, 10, 7, 5, 8, 3, 9, 1, 10\}$$

ein qd-Schritt mit $v = 3$ ausgeübt wird, wobei $q'_1 = 12$, $e'_1 = 5.8333333$, $q'_2 = 3.166666\,(< e_2 = 5)$ resultiert, so kann nach Satz A8 nicht $v \leqq \lambda_n$ sein, das heisst, die Verschiebung ist zu gross gewählt und würde ein nicht-positives Z' liefern.

§ A2.2. Semipositive qd-Zeilen

Definition. *Eine qd-Zeile* $Z = \{q_1, e_1, q_2, e_2, \ldots, q_n\}$ *mit*

$$\left.\begin{aligned} q_k &> 0 \\ e_k &> 0 \end{aligned}\right\} \quad k = 1, 2, \ldots, n-1, \qquad q_n = 0 \tag{3}$$

heisst s e m i p o s i t i v *(in Zeichen* $Z \geqq 0$*).*

Nach Satz A5 hat jede semipositive Zeile den Eigenwert 0, aber da in diesem Fall die gemäss (A1, 10) zugeordnete Matrix $\boldsymbol{H}$ auf Grund der Zerlegbarkeit nach (A1, 11) positiv semidefinit ist, gilt

Satz A9. *Die Eigenwerte einer semipositiven qd-Zeile sind*

$$\lambda_1 > \lambda_2 > \lambda_3 \ldots > \lambda_{n-1} > \lambda_n = 0.$$

Ferner folgt aus dem Beweis von Satz A7:

Satz A10. *Mit* $v = \lambda_n$ *(und nur dann) entsteht aus einer positiven Zeile Z mit* $Z \xrightarrow{v} Z'$ *eine semipositive Zeile* Z'.

Es wäre der Idealfall, durch einen einzigen qd-Schritt aus Z eine semipositive Zeile Z' zu erhalten, denn dann hätte man sofort $\lambda_n' = 0$, damit $\lambda_n = v$, und man könnte die weiteren Eigenwerte wie folgt erhalten:

Man wendet auf die Zeile $Z' \geq 0$ einen qd-Schritt $Z' \xrightarrow{0} Z''$ an, wobei wie beim Beweis von Satz A3 gilt:

$$\begin{aligned} &q_1'' > e_1' > 0, \\ &e_1'' < q_1' \text{ (und } e_1'' > 0), \\ &q_2'' > e_2' > 0, \\ &e_2'' < q_2' \text{ (und } e_2'' > 0), \\ &\quad\cdot \\ &\quad\cdot \\ &\quad\cdot \\ &q_{k-1}'' > e_{n-1}' > 0, \text{ nun aber} \\ &e_{n-1}'' = q_n'(e_{n-1}'/q_{n-1}'') = 0 \\ &q_n'' \;\; = q_n' - e_{n-1}'' = 0. \end{aligned} \tag{4}$$

Somit wird $Z'' = \{q_1'', e_1'', \ldots, q_{n-1}'', 0, 0\}$; durch Deflation gemäss § A1.7 erhält man daraus wegen (4) wieder eine positive Zeile

$$Z_1'' = \{q_1'', e_1'', \ldots, q_{n-1}''\},$$

die man in gleicher Weise weiterverarbeitet.

Nun ist es aber in der Rechenpraxis infolge der Rundungsfehler oft unmöglich, in *einem* Schritt eine semipositive Zeile zu erhalten, selbst wenn λ_n genau bekannt ist. Beispielsweise ist für die Zeile

$$Z = \{100, 1, 200, 1, 300, 1, 400, 1, 500\}$$

der kleinste Eigenwert $\lambda_5 = 99.00985285\ldots$. Wird konsequent mit 3 Dezimalen nach dem Komma gearbeitet, kann λ_5 bestenfalls durch 99.009 oder 99.010 approximiert werden. Mit $v = 99.010$ erhält man einen negativen Wert $q_4' = -1257$, und mit 99.009 wird q_5' nicht klein; man erreicht dies erst mit weiteren Schritten: Die Folge

$$Z \xrightarrow{99.009} Z' \xrightarrow{0} Z'' \xrightarrow{0} Z''' \xrightarrow{0.001} Z^{(4)}$$

liefert das qd-Schema:

										$\sum v_i$
100										
1.991	1									
		200								
102.443	100.452		1							
		1.539		300						
103.952	1.509		194.932		1					
		194.962		7.059		400				
106.781	2.830		7.056		56.665		1			
		199.190		56.666		245.326		500		
	5.279		2.008		245.322		2.038			0
		195.918		299.980		2.042		398.953		
			3.075		1.670		398.172			99.009
				298.574		398.544		0.781		
					2.229		0.780			99.009
						397.094		0.001		
							0			99.009
								0		
										99.010

Dank der Rundungsfehler konnte hier doch noch ein Schritt mit $d = 0.001$ ausgeführt und damit die Summe der Verschiebungen auf 99.010 erhöht werden. Bei genauerer Rechnung wäre dies nicht möglich gewesen.

§ A2.3. **Schranken für λ_n**

Um die Regel «v ist knapp unterhalb λ_n zu wählen» einhalten zu können, benötigt man natürlich Aussagen über die ungefähre Lage von λ_n. Wo solche Aussagen nicht genau genug sind, ist man auf das im nächsten Paragraphen angegebene Einschachtelungsverfahren angewiesen.

Nach [20] ist bereits jeder q_k-Wert eine obere Schranke für den kleinsten Eigenwert der Zeile $Z = \{q_1, e_1, \ldots, q_n\}$. Es gilt aber noch schärfer:

Satz A11. *Für eine positive qd-Zeile seien die Grössen* $F_1 = 1$ *und*

$$F_k = 1+\frac{e_{k-1}}{q_{k-1}}\left(1+\frac{e_{k-2}}{q_{k-2}}\left(1+\dots\left(1+\frac{e_1}{q_1}\right)\dots\right)\right), \quad k = 2, \dots, n, \tag{5}$$

definiert. Dann ist

$$\lambda_n < sup = \min_{1 \le k \le n} \frac{q_k}{F_k}. \tag{6}$$

Beweis. a) Mit den nach (5) definierten Grössen F_k gilt offenbar

$$\bar{d}_k = \frac{q_k}{F_k} = \frac{q_k}{1+\frac{e_{k-1}}{q_{k-1}}F_{k-1}} = \frac{q_k}{1+\frac{e_{k-1}}{\bar{d}_{k-1}}},$$

(mit $\bar{d}_1 = q_1$). Wenn aber $Z \xrightarrow{0} Z'$ und mit den Elementen von Z' die Grössen $d_k = q'_k - e_k$ $(k = 1, \dots, n)$ gebildet werden, so gilt nach (A1, 3):

$$d_1 = q_1$$

und für $k > 1$

$$d_k = q_k - e'_{k-1} + e_k - e_k = q_k - \frac{q_k\, e_{k-1}}{q'_k}$$

$$= q_k \frac{q'_{k-1} - e_{k-1}}{q'_{k-1}} = q_k \frac{d_{k-1}}{d_{k-1}+e_{k-1}} = \frac{q_k}{1+\frac{e_{k-1}}{d_{k-1}}}.$$

Also erfüllen die d_k und $\bar{d}_k$ dieselbe Rekursionsformel mit denselben Anfangswerten; somit gilt:

$$d_k = q'_k - e_k = \frac{q_k}{F_k}. \tag{7}$$

b) Für die mit einem qd-Schritt $Z \xrightarrow{v>0} Z''$ erhaltene qd-Zeile $Z'' = \{q''_1, e''_1, \dots, q''_n\}$ gilt auf Grund der Monotonieeigenschaft (1): $q''_k < q'_k$, $e''_k > e'_k$, solange $q''_1, q''_2, \dots, q''_{k-1}$ positiv sind. Es gilt daher mit einer Verschiebung $v = d_j$ (mit festem j): Entweder ist mindestens eines der $q''_1, q''_2, \dots, q''_{j-1}$ negativ, oder es ist $q''_j = q_j - d_j - e''_{j-1} + e_j = q_j - q_j + e'_{j-1} - e''_{j-1} + e_j < e_j$, entgegen der Aussage (2) von Satz A8. Somit muss $d_j > \lambda_n$ sein, also auch $\min d_j > \lambda_n$, w.z.b.w.

Es ist zu beachten, dass Satz A11 auch daraus folgt, dass F_k/q_k das k-te Diagonalelement der Matrix $\boldsymbol{H}^{-1}$ ($\boldsymbol{H}$ ist in (A1, 10) definiert) ist; der obige Beweisweg wird später gestatten, auch Aussagen über den Einfluss der Rundungsfehler auf (6) zu machen.

Da $\boldsymbol{H}^{-1}$ eine positiv definite Matrix ist, ist die Spur eine obere Schranke für λ_n^{-1}, und daher gilt

$$\lambda_n > inf = \frac{1}{\sum_{k=1}^{n} \frac{F_k}{q_k}} \geqq \frac{sup}{n}. \tag{8}$$

Anmerkung. Für die Grössen d_k in (7) geben Bauer und Reinsch [23] die Rekursionsformel

$$d_k = \frac{q_k}{q'_{k-1}} d_{k-1}, \tag{9a}$$

die natürlich mit der im Beweis benützten Formel

$$d_k = \frac{q_k}{1 + \frac{e_{k-1}}{d_{k-1}}} \tag{9b}$$

äquivalent ist. Ebenso findet sich bereits ein Ausdruck für die Grösse *inf* aus (8) in der genannten Arbeit.

§ A2.4. **Ein formaler Algorithmus für die Eigenwertbestimmung**

Unter einem formalen Algorithmus (vgl. § 1.1) versteht man eine Rechenvorschrift, die das gesteckte Ziel erreicht, wenn man von den Einschränkungen einer endlichen Arithmetik (Rundungsfehler, beschränkter Zahlbereich) absieht.

Das gesteckte Ziel ist hier, durch qd-Schritte (mit Verschiebungen) eine semipositive qd-Zeile $Z^{(j)}$ zu erhalten; das weitere Vorgehen ist dann durch § A1.7 vorgezeichnet. Genau genommen lässt sich allerdings nur eine qd-Zeile $Z^{(j)}$ mit einem vernachlässigbar kleinen $q_n^{(j)}$ erhalten; nach [20] ist der Fehler einer solchen Vernachlässigung abschätzbar.

Da der kleinste Eigenwert λ_n noch unterhalb des kleinsten q-Elements $q_{\min}$ liegen muss, beginnt man den Algorithmus mit $v_0 = q_{\min}/2$. Die gesamte Rechenvorschrift lautet dann (unter der Voraussetzung, dass die gegebene Zeile Z positiv ist):

1. Der erste Schritt $Z \xrightarrow{v_0} Z'$ wird mit $v_0 = q_{\min}/2$ durchgeführt.
2. Wenn der Schritt $Z^{(j)} \xrightarrow{v_j} Z^{(j+1)}$ zu einer Zeile $Z^{(j+1)} > 0$ führt, ist der Schritt «gelungen» und man setzt $v_{j+1} := v_j/2;\ j := j+1$.
3. Wenn der Schritt $Z^{(j)} \xrightarrow{v_j} Z^{(j+1)}$ ein Element $q_k^{(j+1)} \leqq 0$ liefert, ist der Schritt «misslungen» (da $v_j \geqq \lambda_n^{(j)}$); er muss sofort abgebrochen und mit $v_j := v_j/2$ wiederholt werden[1].

[1] Eine Ausnahme bildet der Fall $q_k^{(j+1)} > 0$, $k = 1, \ldots, n-1$, $q_n^{(j+1)} = 0$ einer semipositiven Zeile $Z^{(j+1)}$. (Anm. d. Hrsg.)

4. Die Verschiebungen v_j werden wie folgt aufsummiert: Wenn $Z^{(j)} \xrightarrow{v_j} Z^{(j+1)}$ gelingt (und nur dann), setzt man $w_{j+1} := w_j + v_j$ (man beginnt mit $w_0 = 0$). w_j gibt dann jeweils an, um wieviel sich die Eigenwerte von Z und $Z^{(j)}$ unterscheiden.

Es soll nun gezeigt werden, dass der dadurch definierte Rechenprozess *theoretisch* zum Ziel führt:

Als erstes soll nachgewiesen werden, dass gilt

$$w_j < \lambda_n \leqq w_j + 2\,v_j, \tag{10}$$

wenn v_j, w_j die bei Beginn des Schrittes $Z^{(j)} \xrightarrow{v_j} Z^{(j+1)}$ (auch im Falle der Wiederholung) vorliegende Verschiebung bzw. deren Summe, bezeichnen: Am Anfang ist $w_0 = 0$, $\lambda_n > 0$, $v_0 = q_{\min}/2$, also $2\,v_0 = q_{\min} \geqq \lambda_n$. Die Formel (10) kann daher als Induktionsvoraussetzung genommen werden.

a) Falls nun der Schritt $Z^{(j)} \xrightarrow{v_j} Z^{(j+1)}$ gelingt, wird $w_{j+1} = w_j + v_j$, $v_{j+1} = v_j/2$, wegen $\lambda_n^{(j)} > v_j$ also $w_{j+1} < \lambda_n^{(j)} + w_j = \lambda_n$, aber $w_{j+1} + 2\,v_{j+1} = w_{j+1} + v_j = w_j + 2\,v_j \geqq \lambda_n$.

b) Falls jedoch $Z^{(j)} \xrightarrow{v_j} Z^{(j+1)}$ misslingt, ist $v_j \geqq \lambda_n^{(j)}$, also $w_j < \lambda_n \leqq w_j + v_j$; nach der Operation $v_j = v_j/2$ gilt somit (10) immer noch.

Nun wird bei jedem Schritt, ob er gelingt oder nicht, v_j halbiert, also streben mit fortschreitender Rechnung

$$v_j \to 0,\ \lambda_n^{(j)} \to 0,\ w_j \to \lambda_n, \tag{11}$$

während $\lambda_k^{(j)} = \lambda_k - w_j > \lambda_k - \lambda_n$ bleibt. Für die erzeugende Funktion bedeutet dies nach den Ausführungen in [20], § 2, dass

$$f^{(j)}(z) = \sum_{k=1}^{n} \frac{c_k^{(j)}}{z + w_j - \lambda_k},$$

wobei

$$c_k^{(j)} = c_k^{(0)} \frac{\prod_{l=0}^{j-1} (\lambda_k - w_l)}{\prod_{l=0}^{j-1} q_1^{(l)}} \tag{12}$$

ist, so dass wegen (11) gilt

$$\frac{c_n^{(j)}}{c_k^{(j)}} \to 0 \quad (k = 0, 1, \ldots, n-1),$$

woraus auf Grund von [14], § I.10 schliesslich folgt, dass auch $q_n^{(j)} \to 0$ und $e_{n-1}^{(j)} \to 0$ gehen müssen.

Freilich hat diese theoretische Konvergenz $q_n^{(j)} \to 0$, $e_{n-1}^{(j)} \to 0$ für die Rechenpraxis nicht viel zu bedeuten, weshalb wir die benützte Arithmetik untersuchen müssen, um zu einem brauchbaren Algorithmus zu gelangen.

Kapitel A3

Endliche Arithmetik

§ A3.1. **Die Grundmenge $\mathfrak{S}$**

Numerische Rechenprozesse können immer nur mit einer endlichen (nicht-exakten) Arithmetik durchgeführt werden; tatsächlich besagt das Attribut «numerisch», dass es sich um einen nicht-exakten Vorgang handelt.

Im Bereich $\mathfrak{R}$ der reellen Zahlen sind die arithmetischen Operationen $+$, $-$, $\times$, $/$ exakt definiert, ferner die 6 Ordnungsrelationen $>$, $\geqq$, $<$, $\leqq$, $=$, $\neq$. Demgegenüber ist eine endliche Arithmetik charakterisiert durch eine nicht-leere endliche Teilmenge $\mathfrak{S} \subset \mathfrak{R}$, in welcher die *numerischen* Operationen $\tilde{+}$, $\tilde{-}$, $\tilde{\times}$, $\tilde{/}$ (als Approximationen der exakten Operationen) erklärt sind. Diese nur auf Elemente aus $\mathfrak{S}$ anwendbaren Operationen liefern als Resultate wieder Elemente aus $\mathfrak{S}$ oder dann den singulären Wert Ω (das heisst «nicht-definiert»). Die Vereinigung von $\mathfrak{S}$ und $\{\Omega\}$ wird als $\bar{\mathfrak{S}}$ bezeichnet. Im Gegensatz zu den arithmetischen Operationen sind die Ordnungsrelationen $>$, $\geqq$, $<$, $\leqq$, $=$, $\neq$ in $\mathfrak{S}$ exakt definiert.

Die Struktur der Menge $\mathfrak{S}$ wird durch nachfolgende Axiome festgelegt:

I_1: *Jedem $x \in \mathfrak{R}$ ist eindeutig ein Element $\tilde{x} \in \bar{\mathfrak{S}}$ zugeordnet.*

Natürlich können bei dieser Abbildung $\mathfrak{R} \to \bar{\mathfrak{S}}$ viele x auf dasselbe Element $z \in \bar{\mathfrak{S}}$ abgebildet werden, aber es gilt:

I_2: *Für jedes $z \in \mathfrak{S}$ ist die Menge $\mathfrak{P}(z) = \{x \mid x \in \mathfrak{R}, \tilde{x} = z\}$ zusammenhängend.*

Die Menge $\mathfrak{U} = \{x \mid x \in \mathfrak{R}, \tilde{x} = \Omega\}$ der reellen Zahlen, denen das Element Ω zugeordnet ist, das heisst die in der Arithmetik nicht darstellbar sind, heisst *Überflussbereich* der Arithmetik. Wir fordern:

I_3: *Die Komplementärmenge $\mathfrak{D} = \mathfrak{R} - \mathfrak{U} = \{x \mid x \in \mathfrak{R}, \tilde{x} \in \mathfrak{S}\}$ ist zusammenhängend.*

I_3: *$x \in \mathfrak{S} \Rightarrow \tilde{x} = x$, das heisst die Elemente von $\mathfrak{S}$ werden durch sich selbst dargestellt.*

Man kann I_4 auch als $z \in \mathfrak{P}(z)$ $(z \in \mathfrak{S})$ formulieren.

Als Folgerung der Axiome I ergibt sich eine gewisse *Monotonieeigenschaft* der Abbildung $\mathfrak{R} \to \bar{\mathfrak{S}}$:

Satz A12. *Wenn $x, y \in \mathfrak{D}$, dann gilt:*

$$\begin{aligned} x < y &\Rightarrow \tilde{x} \leqq \tilde{y}, \\ x = y &\Rightarrow \tilde{x} = \tilde{y}, \\ x > y &\Rightarrow \tilde{x} \geqq \tilde{y}. \end{aligned} \tag{1}$$

Beweis. Die zweite Aussage ist eine direkte Folge von I_1; sie bedeutet auch, dass für $\tilde{x} \neq \tilde{y}$ die Mengen $\mathfrak{P}(\tilde{x})$ und $\mathfrak{P}(\tilde{y})$ disjunkt sein müssen. Da definitionsgemäss $x \in \mathfrak{P}(\tilde{x})$ und $\tilde{y} \in \mathfrak{P}(\tilde{y})$ und nach I_4 zudem $\tilde{x} \in \mathfrak{P}(\tilde{x})$, $\tilde{y} \in \mathfrak{P}(\tilde{y})$, kann wegen I_2 für $x < y$ nicht $\tilde{x} > \tilde{y}$ sein, und umgekehrt; w.z.b.w.

Weiter fordern wir die Elemente 0 und 1 in $\mathfrak{S}$, sowie die Symmetrie von $\mathfrak{S}$ bezüglich des Nullpunktes:

$$II_1: \tilde{0} = 0,$$

$$II_2: \tilde{1} = 1,$$

$$II_3: (-x)^{\sim} = -\tilde{x}.$$

(Aus II_3 folgt auch die Existenz einer exakten einstelligen Operation – in $\mathfrak{S}$.)

Die Menge $\mathfrak{O} = \{x \mid x \in \mathfrak{R}, \tilde{x} = 0\}$ heisst *Unterflussbereich* der Arithmetik.

§ A3.2. Eigenschaften der Arithmetik

III: *Zu jedem Paar $a, b \in \mathfrak{S}$ und jedem der Operatoren $\mathbb{X} = +, -, \times, /$ ist die Operation*

$$c = a \,\tilde{\mathbb{X}}\, b \quad \textit{mit} \quad c \in \bar{\mathfrak{S}}$$

erklärt.

Es ist also das Resultat c entweder wieder in $\mathfrak{S}$, oder es ist $c = \Omega$; letzteres heisst einfach, dass die Operation $x \,\tilde{\mathbb{X}}\, y$ nicht definiert ist. Insbesondere ist natürlich immer $a \,\tilde{/}\, 0 = \Omega$.

Eine erste Axiomengruppe fordert Kommutativität der Addition und Multiplikation (es ist immer $a, b \in \mathfrak{S}$ vorausgesetzt):

$$IV_1: a \tilde{+} b = b \tilde{+} a,$$

$$IV_2: a \tilde{\times} b = b \tilde{\times} a.$$

(Falls beispielsweise $a \tilde{+} b = \Omega$, so muss auch $b \tilde{+} a = \Omega$ sein.)

Dagegen kann von Assoziativität und Distributivität nicht die Rede sein; es braucht ja nicht einmal $(a \tilde{+} b) \tilde{-} b = a$ zu sein. Hingegen können wir fordern:

IV_3: *Wenn $a \geqq b \geqq 0$, dann gilt $(a \tilde{-} b) \tilde{+} b = a$.*

(Tatsächlich ist IV_3 eine Eigenschaft, die bei Gleitkomma-Arithmetik normalerweise vorhanden ist.)

Eine zweite Axiomengruppe fordert Vorzeichensymmetrie gewisser Operationen:

$$V_1: a \tilde{-} b \quad = a \tilde{+} (-b) \; = \; \tilde{-}(b - a),$$

$$V_2: (-a) \tilde{\times} b = a \tilde{\times} (-b) \; = \; -(a \tilde{\times} b),$$

$$V_3: (-a) \,\tilde{/}\, b \; = a \,\tilde{/}\, (-b) \; = \; -(a \,\tilde{/}\, b).$$

Aus V_1 und IV_1 folgt zusätzlich:

$$V_4: (-a)\tilde{+}(-b) = -(a\tilde{+}b).$$

Zudem kann man die nachstehenden Eigenschaften herleiten[1]:

Satz A13. *Ist $a \in \mathfrak{S}$, so gilt:*

$$a \tilde{-} a = 0,$$
$$a \tilde{+} 0 = a \tilde{-} 0 = a, \qquad (2)$$
$$a \tilde{\times} 0 = 0.$$

§ A3.3. Monotonie der Arithmetik

Sequentielle Sicherheit eines Programmes (s. § 1.1) kann praktisch nur dann erreicht und bewiesen werden, wenn die arithmetischen Operationen gewisse Monotonieeigenschaften aufweisen:

Es seien $a, b, c, d \in \mathfrak{S}$ und $0 \leqq a \leqq b, 0 \leqq c \leqq d$. Dann soll gelten:

$$VI_1: a \tilde{+} c \leqq b \tilde{+} d,$$

$$VI_2: a \tilde{\times} c \leqq b \tilde{\times} d,$$

$$VI_3: a \tilde{-} d \leqq b \tilde{-} c,$$

$$VI_4: a \tilde{/} d \leqq b \tilde{/} c.$$

Dabei sollen die $\leqq$-Zeichen in Voraussetzung und Behauptung nicht kohärent verstanden werden, das heisst, es kann $a < b$, $c < d$ und dennoch zum Beispiel $a \tilde{\times} c = b \tilde{\times} d$ sein. Ferner soll das $\leqq$-Zeichen zusätzlich die Bedeutung haben, dass wenn auf der linken Seite der Wert Ω steht, auch die rechte diesen Wert haben muss.

Mit Hilfe dieser Axiome VI ergibt sich nun:

Satz A14. *Es seien $a, b \in \mathfrak{S}$, dann gilt:*

$$b \geqq 0 \Rightarrow a \tilde{+} b \geqq a,$$
$$a \geqq b \Rightarrow a \tilde{-} b \geqq 0. \qquad (3)$$

Für $a, b, c \in \mathfrak{S}$ mit $a, b, c \geqq 0$ gilt zudem: Wenn $a \tilde{-} b \geqq c$ ist, so ist entweder $a \tilde{-} c \geqq b$ oder $b \tilde{+} c = a$.

---

[1] Zum Beweis benötigt man folgende Axiome:

1) Für $a \tilde{-} a = 0$: V_1 (mit $a = b$), II_1.

2) Für $a \tilde{+} 0 = a$: IV_3 (mit $a = b \geqq 0$), Behauptung 1), IV_1, V_4 (mit $a < 0$, $b = 0$), II_1, II_3.

3) Für $a \tilde{-} 0 = a$: V_1 (mit $b = 0$), II_1, Behauptung 2).

4) Für $a \tilde{\times} 0 = 0$: V_2 (mit $b = 0$).

(Anm. d. Hrsg.)

Beweis. Der erste Teil des Satzes folgt sofort aus den Axiomen VI_1, VI_3 und Satz A13. Für den zweiten Teil beachten wir, dass aus $a \tilde{-} b \geqq c$ nach IV_3 und VI_1 folgt: $a = (a \tilde{-} b) \tilde{+} b \geqq c \tilde{+} b = b \tilde{+} c$. Wäre $a \tilde{-} c < b$, dann ebenso $a = (a \tilde{-} c) \tilde{+} c \leqq b \tilde{+} c$. Das heisst $a \tilde{-} b \geqq c$ ist mit $a \tilde{-} c < b$ nur im Falle $a = b \tilde{+} c$ vereinbar; w. z. b. w.

Als Beispiel für den zweiten Teil des Satzes betrachten wir $\tilde{a} = 1.01$, $b = 9.74_{10}-1$, $c = 3.70_{10}-2$ und rechnen mit einer 3stelligen Gleitkomma-Arithmetik. Dann wird

$$a \tilde{-} b = 1.01 - 0.97 = 0.04 = 4.00_{10}-2 > c,$$

$$a \tilde{-} c = 1.01 - 0.04 = 0.97 = 9.70_{10}-1 < b,$$

$$b \tilde{+} c = 9.74_{10}-1 + 0.37_{10}-1 = 1.01 = a.$$

§ A3.4. Genauigkeit der Arithmetik

Ein weiteres Charakteristikum der Arithmetik ist ihre Genauigkeit, die wir durch folgende Axiome einführen:

VII_1: *Es gibt eine kleinste Zahl* $\Theta > 0$ *mit der Eigenschaft, dass für alle* $x \in \mathfrak{R}, a \in \mathfrak{S}, a > 0$:

$$\tilde{x} = a \Rightarrow |x - a| \leqq \Theta |a|.$$

VII_2: *Es existiert eine grösste Zahl* $\vartheta > 0$ *mit der Eigenschaft, dass für alle* $x \in \mathfrak{R}, a \in \mathfrak{S}, a > 0$:

$$\tilde{x} \neq a \Rightarrow |x - a| \geqq \vartheta |a|.$$

Diese für die Arithmetik charakteristischen Konstanten ϑ und Θ können auch durch

$$\begin{aligned} \vartheta &= \min \{ |b/a| \,\big|\, a \in \mathfrak{S}, a \neq 0, (a+b)^{\sim} \neq a \}, \\ \Theta &= \max \{ |b/a| \,\big|\, a \in \mathfrak{S}, a \neq 0, (a+b)^{\sim} = a \} \end{aligned} \qquad (4)$$

definiert werden[1]. Es wäre an sich $\vartheta > \Theta$ möglich, doch ist praktisch immer $\vartheta < \Theta$; manchmal sogar $\vartheta \ll \Theta$, aber im letzteren Falle (wenn etwa $\vartheta = {}_{10}-5\ \Theta$) muss die betreffende Arithmetik als *unausgeglichen* taxiert werden, obschon darüber keine präzise Vorschrift gemacht wird. In jedem Fall ist $\Theta / \vartheta \approx$ Basis des Zahlsystems technisch realisierbar und auch den Ansprüchen genügend.

Θ und ϑ beschreiben zunächst nur die «Dichte» der Menge . Wir definieren zunächst für jedes a > 0, $a \in \mathfrak{S}$ einen «Vorgänger» a^- und einen «Nachfolger» a^+ mit der Eigenschaft, dass unter allen Elementen aus $\mathfrak{S}$ nur a die Eigenschaft $a^- < a < a^+$ hat (für die kleinste positive Zahl ist $a^- = 0$, für die grösste Zahl ist $a^+ = \Omega$). Wird die Menge $\mathfrak{S}^+ \subset \mathfrak{S}$ als $\mathfrak{S}^+ = \{a \mid a > 0, a^- \neq 0, a^+ \neq \Omega\}$ definiert, so gilt

[1] Dass die Axiome VII auch für negatives a gelten, folgt aus II_3.

Satz A15. *Es ist*

$$\vartheta \leqq \min_{a \in \mathfrak{S}^+} \min \left\{ \frac{a^+ - a}{a}, \frac{a - a^-}{a} \right\} \tag{5}$$

und entweder

$$\Theta < \max_{a \in \mathfrak{S}^+} \min \left\{ \frac{a^+ - a}{a}, \frac{a - a^-}{a} \right\} \tag{6}$$

oder $a + \Theta = a$ *mit* $a^+ = \Omega$ *oder* $a^- = 0$.

Beweis. a) Für $x = a^+$ ist $\tilde{x} \neq a$ (Axiom I_4), also $|a^+ - a| \geqq \vartheta |a|$, ebenso $|a^- - a| \geqq \vartheta |a|$ für alle $a \in \mathfrak{S}^+$. Damit folgt (5).

b) Wenn $\max \{|b/a| \,|\, a \in \mathfrak{S}, a \neq 0, (a+b)^\sim = a\}$ für $a = a_1, b = b_1$ erreicht wird (wobei man wegen II_3 $a_1 > 0$ voraussetzen darf), so ist $a_1 + b_1 < a_1^+, a_1 + b_1 > a_1^-$, also falls $a_1 \in \mathfrak{S}^+$,

$$\Theta = \left|\frac{b_1}{a_1}\right| < \min \left\{ \frac{a_1^+ - a_1}{a_1}, \frac{a_1 - a_1^-}{a_1} \right\} \leqq \max_{a \in \mathfrak{S}^+} \min \left\{ \frac{a^+ - a}{a}, \frac{a - a^-}{a} \right\}, \text{ w.z.b.w.}$$

Betreffend der Rundungsfehler der arithmetischen Operationen wird zunächst für die multiplikativen Operationen $\times, /$ gefordert:

VIII_1: $a \tilde{\times} b = (a \times b)^\sim$,

VIII_2: $a \tilde{/} b = (a/b)^\sim \quad (b \neq 0)$.

(Diese Gleichungen sollen auch beinhalten, dass beispielsweise $a \tilde{\times} b = \Omega$, wenn $a \times b \in \mathfrak{U}$.)

Auf Grund dieser Axiome ergeben sich nun Aussagen für die Multiplikation und Division, die zu jenen von Satz A13 und Satz A14 für Addition und Subtraktion analog sind[2]:

Satz A16. *Für* $a \in \mathfrak{S}$ *ist*

$$\begin{aligned} a \tilde{\times} 1 &= a \tilde{/} 1 = a, \\ a \tilde{/} a &= 1, \quad \text{falls} \quad a \neq 0. \end{aligned} \tag{7}$$

Für $a, b \in \mathfrak{S}$ *gilt:*

$$\begin{aligned} &a \geqq 0, 0 \leqq b \leqq 1 \Rightarrow a \tilde{\times} b \leqq a, \\ &a \geqq b > 0 \Rightarrow a \tilde{/} b \leqq 1. \end{aligned} \tag{8}$$

Hingegen folgt aus $a, b \in \mathfrak{S}$ und $a \tilde{\times} b = 0$ natürlich nicht, dass $a = 0$ oder $b = 0$ sein muss.

---

[2] Zum Beweis benötigt man folgende Axiome und Sätze:

1) Für $a \tilde{\times} 1 = a$: VIII_1, I_4.

2) Für $a \tilde{/} 1 = a$: VIII_2, I_4.

3) Für $a \tilde{/} a = 1$: VIII_2, II_2.

Um die restlichen zwei Aussagen zu zeigen, zieht man VI_2 bzw. VI_4 bei. (Anm. d. Hrsg.)

Für die additiven Operationen $+$, $-$ können die zu VIII_1, VIII_2 analogen Eigenschaften nicht gefordert werden; in der Tat, eine Arithmetik, in der auch $a \mathbin{\tilde{\pm}} b = (a \pm b)^{\sim}$ gilt, würden wir *optimal* nennen. Dies soll aber nicht verlangt werden, sondern lediglich

VIII_3: $a \mathbin{\tilde{+}} b = (a_1 + b_1)^{\sim}$;
wobei a_1, b_1 nicht näher definierte Grössen (nicht notwendig in $\mathfrak{S}$) sind, so dass $\tilde{a}_1 = a$, $\tilde{b}_1 = b$ gilt.

Damit lassen sich nun die Rundungsfehler der Operationen abschätzen; es gilt nämlich:

Satz A17. *Es ist*

$$\begin{aligned} |(a \mathbin{\tilde{\pm}} b) - (a \pm b)| &\leqq \Theta(|a| + |b| + |a \mathbin{\tilde{\pm}} b|), \\ |(a \mathbin{\tilde{\times}} b) - (a \times b)| &\leqq \Theta |a \mathbin{\tilde{\times}} b|, \\ |(a \mathbin{\tilde{/}} b) \;\; - (a/b)| &\leqq \Theta |a \mathbin{\tilde{/}} b|. \end{aligned} \tag{9}$$

Beweis. Die Aussagen über $\times$ und $/$ sind eine direkte Folge der Axiome VII_1 und VIII_1, VIII_2. Für die Addition gilt zunächst:

$$|a_1 - a| \leqq \Theta |a|, \; |b_1 - b| \leqq \Theta |b|,$$

also

$$|(a_1 + b_1) - (a + b)| \leqq \Theta(|a| + |b|).$$

Anderseits ist

$$|(a_1 + b_1)^{\sim} - (a_1 + b_1)| \leqq \Theta |(a_1 + b_1)^{\sim}|; \text{ w.z.b.w.}$$

§ A3.5. **Unter- und Überflusskontrolle**

Es ist wohl unbestritten, dass in einem Rechenprozess Überfluss unter allen Umständen und oft auch Unterfluss verhindert werden müssen. Umstritten ist lediglich die Art des Vorgehens. Wir wollen uns auf drei Voraussetzungen stützen:

IX_1: *Es gibt eine Konstante $\Gamma > 0$, so dass*

$$\Gamma \mathbin{\tilde{/}} x \mathbin{\tilde{/}} y \neq 0 \Rightarrow x \mathbin{\tilde{\times}} y \neq \Omega.$$

IX_2: *Für alle $c, x \in \mathfrak{S}$ gilt $(\Gamma \mathbin{\tilde{/}} c) \mathbin{\tilde{\times}} x \neq 0 \Rightarrow c \mathbin{\tilde{/}} x \neq \Omega$.*

IX_3: *(Maehlysche Regel)* $(\Theta \mathbin{\tilde{\times}} \Theta) \mathbin{\tilde{\times}} (\Theta \mathbin{\tilde{\times}} \Theta) \neq 0$.

Die letzte Forderung garantiert einen Exponentenbereich der Gleitkommadarstellung, der in angemessener Beziehung zur Rechengenauigkeit (Stellenzahl der Mantisse) steht. Die beiden ersten Axiome erlauben einen gefahrlosen Test auf Überfluss.

Beispiel. Normierung eines Vektors. Überfluss droht, wenn die Quadrate der Komponenten, mit n multipliziert, Überfluss ergeben. Es sei $\Gamma = 2$. Man programmiert etwa:

```
max = 0;
for k: = 1 step 1 until n do
    if abs(a[k]) > max then max := abs(a[k]);
if (if max > 1 then 2 / n / max / max = 0 else false) then
    goto massnahmen;
```

(Nach dem **label** *massnahmen* wären dann Vorkehrungen gegen den Überfluss zu treffen.)

KAPITEL A4

Einfluss der Rundungsfehler

§ A4.1. **Persistente Eigenschaften des qd-Algorithmus**

Gewöhnlich werden die Eigenschaften numerischer Methoden durch Rundungsfehler erheblich verändert. Demgegenüber nennt man eine Eigenschaft eines Rechenprozesses *persistent,* wenn sie auch bei Durchführung des Prozesses mit einer endlichen Arithmetik im Sinne von Kapitel A3 erhalten bleibt. Es zeigt sich nun, dass gerade der qd-Algorithmus eine Reihe von persistenten Eigenschaften aufweist; freilich nur, wenn die Reihenfolge der Operationen in den Rechenvorschriften (A1, 3) und (A1, 17) eingehalten wird.

Satz A18. *Ist die qd-Zeile* $Z = \{q_1, e_1, \ldots, q_n\}$ *positiv oder semi-positiv, so gilt für die numerisch gemäss* $Z \overset{0}{\to} Z'$ *berechnete Zeile* Z'*:*

$$\begin{aligned} &q_k' > 0,\ e_k' \geqq 0 \qquad (k = 1, 2, \ldots, n-1),\\ &q_n' \geqq 0. \end{aligned} \tag{1}$$

Beweis. Nach (A1, 3), (A3, 3), (A3, 8) und den Axiomen IV und VI gilt:

$$\begin{aligned}
q_1' &= q_1 \mathbin{\tilde{+}} e_1 \geqq e_1 > 0\\
e_1' &= (e_1 \mathbin{\tilde{/}} q_1') \mathbin{\tilde{\times}} q_2 \leqq q_2, \text{ aber auch } e_1' \geqq 0\\
q_2' &= (q_2 \mathbin{\tilde{-}} e_1') \mathbin{\tilde{+}} e_2 \geqq e_2 > 0\\
e_2' &= (e_2 \mathbin{\tilde{/}} q_2') \mathbin{\tilde{\times}} q_3 \leqq q_3, \text{ aber auch } e_2' \geqq 0\\
&\ \ \vdots\\
e_{n-1}' &= (e_{n-1} \mathbin{\tilde{/}} q_{n-1}') \mathbin{\tilde{\times}} q_n \leqq q_n, \text{ aber auch } e_{n-1}' \geqq 0\\
q_n' &= (q_n \mathbin{\tilde{-}} e_{n-1}') \geqq 0, \text{ w.z.b.w.}
\end{aligned}$$

Man beachte, dass die e'-Werte infolge Unterfluss 0 werden können; dass ferner e_{n-1}' und q_n' sicher 0 werden, wenn Z semipositiv war (dann ist nach § A1.7 Deflation möglich). Z' braucht also nicht mehr positiv oder semipositiv zu sein; da aber $q_1', q_2', \ldots, q_{n-1}'$ sicher positiv sind, ist der Schritt $Z \overset{0}{\to} Z'$ sicher durchführbar.

Es bleibt freilich die Möglichkeit des Überflusses bei einer Operation $(q_k \mathbin{\tilde{-}} e_{k-1}') \mathbin{\tilde{+}} e_k$. Wir werden später zeigen, dass dies unter sehr schwachen Bedingungen ausgeschlossen werden kann.

Ferner ist auch Satz A8 im wesentlichen persistent:

Satz A19. *Ist die aus der positiven Zeile Z gemäss $Z \stackrel{v}{\to} Z'$ (mit $v>0$, $v \in \mathfrak{S}$) numerisch erhaltene Zeile Z' positiv oder semipositiv, so gilt*

$$\left.\begin{aligned} q_k' &> e_k \\ e_k' &< q_{k+1} \end{aligned}\right\} \quad k = 1, 2, \ldots, n-1. \tag{2}$$

Beweis. Nach (A1, 17) und Satz A14 folgt aus $q_n' \geqq 0$ zunächst $(q_n \mathbin{\tilde{-}} e_{n-1}') \mathbin{\tilde{-}} v = q_n' \geqq 0$, also $q_n \mathbin{\tilde{-}} e_{n-1}' \geqq v > 0$, was nach Satz A13 nur möglich ist, wenn $q_n > e_{n-1}'$ ist. Damit folgt aber $(e_{n-1} \mathbin{\tilde{/}} q_{n-1}') \mathbin{\tilde{\times}} q_n = e_{n-1}' < q_n$, also nach Satz A16 $e_{n-1} \mathbin{\tilde{/}} q_{n-1}' < 1$, und weiter $e_{n-1} < q_{n-1}'$. Ebenso schliesst man aus $((q_{n-1} \mathbin{\tilde{-}} e_{n-2}') \mathbin{\tilde{-}} v) \mathbin{\tilde{+}} e_{n-1} = q_{n-1}' > e_{n-1}$ auf $q_{n-1} > e_{n-2}'$ usw., bis $e_1' < q_2$ und $q_1' > e_1$, w. z. b. w.

Ebenfalls persistent ist die Monotonieeigenschaft (A2, 1) der q_k' und e_k' gegenüber Änderungen der Verschiebung v:

Satz A20. *Es sei die qd-Zeile Z positiv, und es seien mit $0 \leqq v_2 \leqq v_1$ ($v_1, v_2 \in \mathfrak{S}$) daraus numerisch die Zeilen Z' und Z'' gemäss*

$$Z \stackrel{v_1}{\to} Z', \quad Z \stackrel{v_2}{\to} Z''$$

berechnet worden. Dann gilt: Falls Z' noch positiv ist, so ist

$$\begin{aligned} q_k'' &\geqq q_k' \quad (k = 1, \ldots, n), \\ 0 \leqq e_k'' &\leqq e_k' \quad (k = 1, \ldots, n-1). \end{aligned} \tag{3}$$

Beweis. Nach den Axiomen VI wird

$$q_1' = (q_1 \mathbin{\tilde{-}} v_1) \mathbin{\tilde{+}} e_1 \leqq (q_1 \mathbin{\tilde{-}} v_2) \mathbin{\tilde{+}} e_1 = q_1'',$$

$$e_1' = (e_1 \mathbin{\tilde{/}} q_1') \mathbin{\tilde{\times}} q_2 \geqq (e_1 \mathbin{\tilde{/}} q_1'') \mathbin{\tilde{\times}} q_2 = e_1'' \geqq 0,$$

also $q_2 \mathbin{\tilde{-}} e_1' \leqq q_2 \mathbin{\tilde{-}} e_1''$ und damit

$$q_2' = ((q_2 \mathbin{\tilde{-}} e_1') \mathbin{\tilde{-}} v_1) \mathbin{\tilde{+}} e_2 \leqq ((q_2 \mathbin{\tilde{-}} e_1'') \mathbin{\tilde{-}} v_2) \mathbin{\tilde{+}} e_2 = q_2''$$

usw., bis $q_n'' \geqq q_n'$; w. z. b. w.

Anmerkung. Es muss hier $e_k'' = 0$ zugelassen werden, obschon $e_k' > 0$ vorausgesetzt wird. Es ist auch möglich, dass für alle k gilt: $q_k' = q_k''$, $e_k' = e_k''$.

Man kann also feststellen, dass bei Vergrösserung von v die q_k' nicht grösser und die e_k' nicht kleiner werden, und zwar auch bei numerischer Rechnung.

Ferner ist auch Satz A11 persistent. Hierzu ist allerdings die in (A2, 6) gegebene obere Schranke für λ_n in die Form (vgl. A2, 7)

$$\lambda_n \leqq \min_k (q_k' - e_k) = \min_k (q_k - e_{k-1}') \tag{4}$$

umzuschreiben, wobei die q_k', e_k' die Elemente der aus Z nach $Z \stackrel{0}{\to} Z'$ erhaltenen Zeile sind.

Satz A21. *Wird aus der positiven Zeile Z durch* $Z \overset{0}{\to} Z'$ *die Zeile* Z' *erhalten, und ist*

$$v_2 = \min_k (q_k \mathbin{\tilde{-}} e'_{k-1}),$$

so kann der numerisch ausgeführte qd-Schritt $Z \overset{v_2}{\to} Z''$ *keine positive Zeile* Z'' *liefern.*

Beweis. Es sei $v_2 = q_p \mathbin{\tilde{-}} e'_{p-1}$, und es werde $Z'' > 0$ angenommen. Dann ist nach dem Beweis von Satz A18 und nach Satz A14 $v_2 \geqq 0$. Zudem ist

$$q''_p = ((q_p \mathbin{\tilde{-}} e''_{p-1}) \mathbin{\tilde{-}} (q_p \mathbin{\tilde{-}} e'_{p-1})) \mathbin{\tilde{+}} e_p.$$

Da nach Satz A20 (mit $0 = v_1 \leqq v_2$) $e''_{p-1} \geqq e'_{p-1}$ wird (für $p = 1$ ist $e'_0 = e''_0 = 0$ zu setzen), muss nach Axiom VI_3 und Satz A14 $q''_p \leqq e_p$ sein, was für $p = n$ auf $q''_n \leqq 0$ führt und für $p < n$ Satz A19 widerspricht; w. z. b. w.

§ A4.2. **Koinzidenz**

Im Beweis von Satz A3 wird gezeigt, dass bei einem Schritt $Z \overset{0}{\to} Z'$ (wir nennen dies einen *Nullschritt*) die Ungleichungen

$$\begin{aligned} q'_k &> e_k \qquad (k = 1, \ldots, n), \\ e'_k &< q_{k+1} \quad (k = 1, \ldots, n-1) \end{aligned} \tag{5}$$

bestehen, sofern $Z > 0$ ist. Diese Eigenschaft (5) ist jedoch nicht persistent, vielmehr muss bei numerischer Rechnung jeweils auch das Gleichheitszeichen zugelassen werden, wie aus dem Beweis von Satz A18 hervorgeht. Wenn aber infolge der Ungenauigkeit der numerischen Rechnung im Laufe des Prozesses $Z \overset{0}{\to} Z'$ einmal $q'_k = e_k$ wird, ist auf Grund der Rechenvorschrift (A1, 3) zwangsläufig auch $e'_k = q_{k+1}$, $q'_{k+1} = e_{k+1}$, …, $q_n = e_n = 0$. Dieses Ereignis heisst *Koinzidenz;* wir werden in einem solchen Fall e'_k, q'_{k+1}, e'_{k+1}, … zweckmässig gar nicht mehr rechnen, sondern einfach kopieren.

Beispiel. Sei $Z = \{1, 10^4, 1, 10^4, 1, 1, 1\}$. Bei 5stelliger Rechnung lauten die ersten zwei Zeilen des qd-Schemas (die Pfeile bedeuten «kopieren»):

(q_1)						
	(e_1)					
1		(q_2)				
	10000		(e_2)			
10001		1		(q_3)		
	0.9999		10000		(e_3)	
		10000		1		(q_4)
			1 ←		1	
				1 ←		1
					1 ←	
						0

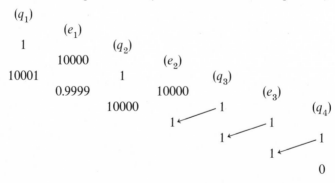

Man erhält offenbar zwangsläufig eine semipositive Zeile und damit auch einen Eigenwert. Ein solches Vorkommnis ist also durchaus zu begrüssen, bedingt aber eine Änderung der Rechenvorschrift:

```
    q'_1 := q_1 + e_1;
    for k := 2 step 1 until n do
    begin
       if q'_{k-1} = e_{k-1} then
       begin comment koinzidenz;
          for l := k step 1 until n do
          begin
             e'_{l-1} := q_l;
             q'_l := e_l;                                          (6)
          end for l;
          goto ex;
       end if q;
       e'_{k-1} := (e_{k-1}/q'_{k-1}) × q_k;
       q'_k := (q_k - e'_{k-1}) + e_k;
    end for k;
ex:
```

Es darf aber nicht ausser acht gelassen werden, dass eine Koinzidenz nur bei einem Nullschritt diese Vereinfachung erlaubt; im Falle $v \neq 0$ bedeutet $q'_k = e_k$ (mit $k < n$) ein Versagen des Schrittes.

Diese Rechenvorschrift beseitigt gleichzeitig die Gefahr von Nulldivisionen, die auch bei positiver Anfangszeile Z an sich möglich wären. Wohl ist das Gelingen des ersten Schrittes $Z \xrightarrow{0} Z'$ nach Satz A18 garantiert, aber Z' braucht nicht mehr semipositiv zu sein, da einzelne e'-Werte durch Unterfluss 0 werden können. Damit fällt aber die Garantie des Gelingens des nächsten Schrittes $Z' \xrightarrow{0} Z''$ dahin, wie das folgende Beispiel demonstriert: Sei

$$Z = \{{}_{10}-30,\ {}_{10}-30,\ 1,\ {}_{10}-30,\ {}_{10}-30,\ 1,\ 1\} \tag{7}$$

und es sei $\mathfrak{D} = \{x \,|\, |x| < {}_{10}-50\}$ der Unterflussbereich und $\Theta = {}_{10}-10$. Alsdann erhält man mit 2 Nullschritten der Art (A1, 3):

$_{10}-30$						
	$_{10}-30$					
$2_{10}-30$		1				
	0.5		$_{10}-30$			
0.5		0.5		$_{10}-30$		
	0.5		0		1	
		0		1		1
					1	
						0

Hier ist $q''_2 = 0$, so dass e''_2 nach (A1, 3) gar nicht berechnet werden kann. Hingegen erhält man mit (6) ohne weiteres die Zeile $Z'' = \{0.5, 0.5, 0, 1, 1, 0, 0\}$, weil, wie der Beweis von Satz A18 zeigt, immer noch $q'_{k-1} \geqq e_{k-1}$ erfüllt ist, und darum mit q'_{k-1} auch e_{k-1} verschwinden muss, so dass notwendigerweise Koinzidenz eintritt, worauf $e'_{k-1}, q'_k, e'_k, q'_{k+1}, \ldots$ einfach kopiert werden. (Man beachte, dass das Kopieren auch im Fall $q'_k = e_k = 0$ zulässig ist, da es nur auf die Ähnlichkeit der Matrizen $\boldsymbol{A}$ in (A1, 1) und $\boldsymbol{B}$ in (A1, 5) ankommt, welche wegen $\boldsymbol{A} = \boldsymbol{XY}$, $\boldsymbol{B} = \boldsymbol{YX}$ in jedem Fall garantiert ist.)

§ A4.3. Die differentielle Form des progressiven qd-Algorithmus

Ein gemäss (6) durchgeführter Nullschritt mit Koinzidenz erzeugt den Wert $q'_k = 0$, während der theoretisch exakte Wert nach Satz A3 ungleich 0 wäre; wir haben also einen Fehler von 100%. Man kann nun aber die Rechenvorschrift (A1, 3) so modifizieren, dass die Differenzen $q'_k - e_k$ als selbständige Grössen d_k (vgl. A2, 7) auftreten. Für diese gilt nämlich die Rekursionsformel (A2, 9a):

$$d_k = \frac{q_k}{q'_{k-1}} d_{k-1},$$

wobei $q'_{k-1} = e_{k-1} + d_{k-1} > d_{k-1}$ ist. Es ergibt sich dann die Rechenvorschrift:

```
d_1 := q_1;
q'_1 := e_1 + d_1;
for k := 2 step 1 until n do
begin
    if d_{k-1} = 0 then
    begin comment koinzidenz;
        for l := k step 1 until n do
        begin
            e'_{l-1} := q_l;
            q'_l := e_l;
        end for l;
        goto ex;
    end if d;
    e'_{k-1} := (e_{k-1}/q'_{k-1}) × q_k;
    d_k := (d_{k-1}/q'_{k-1}) × q_k;
    q'_k := e_k + d_k;
end for k;
ex:
```

Diese Form ergibt genauere q-Werte; Koinzidenz und damit $q'_n = 0$ ist nur noch möglich, wo d_k durch Unterfluss klein geworden ist.

Beispiele. Bei Anwendung auf die Zeile (7) ergibt sich (unter den oben genannten Bedingungen):

$$\begin{aligned} d_1 &= {}_{10}-30, & q_1' &= 2_{10}-30, & e_1' &= 0.5,\\ d_2 &= 0.5, & q_2' &= 0.5, & e_2' &= 0,\\ d_3 &= {}_{10}-30, & q_3' &= 1, & e_3' &= 1,\\ d_4 &= {}_{10}-30, & q_4' &= {}_{10}-30, \end{aligned}$$

das heisst, es resultiert die Zeile

$$Z' = \{2_{10}-30, 0.5, 0.5, 0, 1, 1, {}_{10}-30\}.$$

Ebenso erhält man aus $Z = \{1, 10^4, 1, 10^4, 1, 1, 1\}$ auf diese Weise $\{10001, 0.9999, 10000, 1, 1, 1, 0.9999_{10}-8\}$.

Diese differentielle Form liefert allgemein dann genauere Resultate, wenn die q- und e-Werte stark unterschiedliche Grössenordnungen haben.

§ A4.4. **Der Einfluss der Rundungsfehler auf die Konvergenz**

Natürlich werden die Eigenwerte einer qd-Zeile bei numerischer Durchführung der Rechenvorschrift (A1, 3) verfälscht, und bei der Rechenvorschrift (A1, 17) nehmen sie nicht genau um v ab. Es kann aber sogar vorkommen, dass die Eigenwerte bei Ausführung eines Schrittes $Z \xrightarrow{v} Z'$ mit positiver Verschiebung zunehmen. Es sei etwa

$$Z = \{10, 1, 10^4, 10^6, 10^4, 10^6, 10^4\}.$$

Der kleinste Eigenwert ist hier $\lambda_4 \approx 0.884$, aber mit $Z \xrightarrow{0.01} Z'$ erhält man bei numerischer Ausführung (5stellige Gleitkomma-Arithmetik)

$$Z' = \{10.990, 909.92, 1009100, 9909.8, 1000100, 9999, 0.99\},$$

mit $\lambda_4' \approx 0.971$.

Diese Verzögerung von λ_n kann sich sehr unangenehm auswirken, wenn – wie etwa im Beispiel aus § A2.2 angedeutet ist – viele Schritte mit zum Teil extrem kleinen Verschiebungen notwendig sind, bis endlich q_n klein wird. Es kann dann nämlich λ_n trotz dauernd positiven Verschiebungen immer wieder von 0 weglaufen, so dass man sehr lange keine semipositive Zeile erhält. Mit dieser Konvergenzverzögerung sind dann auch grosse Eigenwertfehler verbunden.

Diese Situation – stark unterschiedliche q-Werte und grosse e-Werte – kann sich auch erst im Verlauf des Prozesses einstellen[1]. Genau sie führt aus den genannten Gründen zu Schwierigkeiten, welche nur mit einer speziellen Variante des qd-Algorithmus behoben werden können.

[1] Die Situation tritt zum Beispiel in der Regel auf, wenn die q_k anfänglich falsch geordnet sind. (Anm. d. Hrsg.)

Kapitel A5

Stationäre Form des qd-Algorithmus

§ A5.1. **Begründung des Algorithmus**

Man habe von einer positiven qd-Zeile $\bar{Z}$ ausgehend zweimal einen progressiven qd-Schritt ausgeführt, nämlich:

$$\bar{Z} \overset{0}{\to} Z, \quad \bar{Z} \overset{v}{\to} Z^*. \tag{1}$$

Dann bestehen die Beziehungen

$$q_k = \bar{q}_k + \bar{e}_k - e_{k-1}, \; q_k^* = \bar{q}_k + \bar{e}_k - e_{k-1}^* - v \quad (k = 1, \ldots, n)$$

(wobei $e_0 = e_0^* = \bar{e}_n = 0$ zu setzen ist), und

$$e_k = (\bar{e}_k/q_k)\, q_{k+1}; \quad e_k^* = (\bar{e}_k/q_k^*)\, q_{k+1} \qquad (k = 1, \ldots, n-1).$$

Aus diesen kann man durch Elimination der $\bar{q}_k$, $\bar{e}_k$ die Beziehungen

$$\begin{aligned} q_k^* &= q_k + e_{k-1} - e_{k-1}^* - v, \\ e_k^* &= q_k\, e_k / q_k^* \end{aligned} \tag{2}$$

erhalten, aus denen man die Rechenvorschrift

```
q1* := q1 − v;
for k := 2 step 1 until n do
begin                                                    (3)
   e*(k−1) := e(k−1) × (q(k−1)/q*(k−1));
   q*k := qk + (e(k−1) − e*(k−1)) − v;
end for k;
```

aufbaut. Die Operation (3) heisst ein *stationärer qd-Schritt* und wird formal mit

$$Z \overset{v}{\rightharpoonup} Z^* \tag{4}$$

bezeichnet. Es ist zu beachten, dass ein stationärer Schritt mit $v = 0$ wirkungslos ist (dies im Gegensatz zu einem progressiven Nullschritt).

Der Zusatz «stationär» leitet sich aus dem Verhalten der erzeugenden Funktion ab: nach (1) und (A1, 16) gilt

$$f(z) = \frac{z\bar{f}(z) - 1}{\bar{q}_1}, f^*(z - v) = \frac{z\bar{f}(z) - 1}{\bar{q}_1}$$

und somit

$$f^*(z-v) = f(z). \tag{5}$$

Der Schritt (3) beinhaltet also keine Multiplikation der erzeugenden Funktion mit z, welche ein wesentliches Merkmal einer fortschreitenden Iteration ist.

§ A5.2. **Die differentielle Form des stationären qd-Algorithmus**

Das Ziel, den Einfluss der Rundungsfehler zu reduzieren, wird mit dem stationären Algorithmus nur zum Teil erreicht, beispielsweise sind die in der Zuweisung

$$q_k^* := q_k + (e_{k-1} - e_{k-1}^*) - v$$

auftretenden Grössen e_{k-1} und e_{k-1}^* oft fast gleich gross, jedoch viel grösser als q_k^*. Führt man aber die Differenzen $t_k = q_k - q_k^*$ ein, so wird

$$\begin{aligned} t_k &= q_k - q_k^* \\ &= v - e_{k-1} + e_{k-1}^* \\ &= v - e_{k-1} + e_{k-1}\,(q_{k-1}/q_{k-1}^*) \\ &= v + e_{k-1}\,(q_{k-1} - q_{k-1}^*)/q_{k-1}^* \end{aligned}$$

und somit

$$t_k = v + (e_{k-1}/q_{k-1}^*)\, t_{k-1}. \tag{6}$$

Damit kann (3) ersetzt werden durch

```
t_1 := v;
q*_1 := q_1 - t_1;
for k := 2 step 1 until n do
begin
   s := e_{k-1}/q*_{k-1};
   e*_{k-1} := s × q_{k-1};
   t_k := v + s × t_{k-1};
   q*_k := q_k - t_k;
end for k;
```
(7)

Bei diesem Algorithmus werden die q_k^* theoretisch offensichtlich wie folgt berechnet:

$$q_k^* = q_k - v\, G_k^*, \tag{8a}$$

wobei

$$G_1^* = 1,$$
$$G_k^* = \left(1 + \frac{e_{k-1}}{q_{k-1}^*}\left(1 + \frac{e_{k-2}}{q_{k-2}^*}\left(\ldots\left(1 + \frac{e_1}{q_1^*}\right)\ldots\right)\right)\right), \quad k = 2, \ldots, n, \tag{8b}$$

womit nur noch die wirkliche Verkleinerung $v\ G_k^*$ von q_k subtrahiert wird. *Wir wollen die stationäre Form des qd-Algorithmus künftig nur noch differentiell durchführen.*

§ A5.3. Eigenschaften des stationären qd-Algorithmus

Manche Eigenschaften des stationären Schrittes $Z \xrightarrow{v} Z^*$ (wo stets $Z > 0$) sind dieselben wie beim progressiven Schritt $Z \xrightarrow{v} Z'$. Zunächst einige Tatsachen, die nur bei exakter Rechnung zutreffen[1]:

a) Alle Eigenwerte werden durch $Z \xrightarrow{v} Z^*$ um v verkleinert:

$$\lambda_k^* = \lambda_k - v \quad (k = 1, \ldots, n).$$

b) $Z^* > 0$ genau dann, wenn $v < \lambda_n$.

c) Mit $v = \lambda_n$ wird Z^* semipositiv.

Gewisse Eigenschaften sind aber ganz anders als beim progressiven Algorithmus (ebenfalls unter der Voraussetzung exakter Rechnung):

d) $Z \xrightarrow{v} Z^*,\ Z^* \xrightarrow{v_1} Z^{**} \Rightarrow Z \xrightarrow{v+v_1} Z^{**}$.

e) Für $0 < v < \lambda_n$ gilt:

$$\begin{aligned} q_k^* &< q_k \qquad (k = 1, \ldots, n), \\ e_k^* &> e_k \qquad (k = 1, \ldots, n-1). \end{aligned} \tag{9a}$$

Ein Teil dieser Aussagen sind auch noch bei numerischer Rechnung zutreffend:

f) Solange keine der Grössen $q_k^* \leqq 0$ wird, gilt für $Z \xrightarrow{v} Z^*$ mit $v > 0$ bei numerischer Rechnung

$$\begin{aligned} q_k^* &\leqq q_k \qquad (k = 1, 2, \ldots, n), \\ e_k^* &\geqq e_k \qquad (k = 1, 2, \ldots, n-1). \end{aligned} \tag{9b}$$

Aus *f)* und (A2, 5) folgt offenbar

Satz A22. *Wird ein stationärer qd-Schritt $Z \xrightarrow{0} Z^*$ (mit $Z > 0$, $Z^* > 0$ oder $Z^* \geqq 0$, $v > 0$) numerisch durchgeführt, so gilt für die aus Z und Z^* numerisch berechneten Grössen $\tilde{F}_k$, $\tilde{G}_k^*$, $\tilde{F}_k^*$ (das letztere sei analog F_k gebildet, aber mit Z^* statt Z):*

$$\tilde{F}_k \leqq \tilde{G}_k^* \leqq \tilde{F}_k^* \quad (k = 1, \ldots, n). \tag{10}$$

Die Behauptung folgt unmittelbar daraus, dass beim Übergang von F_k zu G_k^* sich auf Grund von (8b) und (9b) nur die Nenner in (A2, 5) ändern, und zwar

[1] Die Beweise der Aussagen a) bis f) sind einfach. (Anm. d. Hrsg.)

kleiner (nicht grösser) werden. Beim Übergang von G_k^* zu F_k^* verändern sich nur die Zähler, die grösser (nicht kleiner) werden.

Eine wichtige persistente Eigenschaft des stationären qd-Algorithmus ist die Abnahme des kleinsten Eigenwerts bei positiver Verschiebung v. Im Gegensatz zur progressiven Form kommt hier die beim Beispiel in § A4.4 aufgetretene Erscheinung des «Davonlaufens» nicht mehr vor. Wir beweisen zuerst

Satz A23. *Wenn in einer positiven qd-Zeile Z mindestens ein q-Element abnimmt oder mindestens ein e-Element zunimmt, so muss der kleinste Eigenwert von Z abnehmen (solange $Z > 0$ oder $Z \geqq 0$ bleibt).*

Beweis. λ_n ist dadurch charakterisiert, dass mit $v = \lambda_n$ der Schritt $Z \xrightarrow{v} Z'$ (bei exakter Rechnung) eine semipositive Zeile Z' liefert; es ist dann also $q_k' > 0$, $e_k' > 0$ $(k = 1, \ldots, n-1)$, $q_n' = 0$. Wenn man von einer modifizierten Zeile $Z + \delta Z$ zeigen kann, dass sie mit derselben Verschiebung eine Zeile mit zum Teil negativen q-Elementen liefert, ist gezeigt, dass der kleinste Eigenwert der gestörten Zeile kleiner als λ_n ist.

a) Abnahme eines q-Elementes: Wenn genau ein q_k durch $q_k - \varepsilon$ ersetzt wird, so werden nach (A1, 17) die neuen Elemente $q_1', e_1', q_2', \ldots, q_{k-1}'$ nicht verändert, aber $e_{k-1}' = (e_{k-1}/q_{k-1}')\, q_k$ wird um $\varepsilon\, (e_{k-1}/q_{k-1}')$ verkleinert; damit wird $q_k' = q_k - e_{k-1}' - v + e_k$ um $\varepsilon - \varepsilon\, (e_{k-1}/q_{k-1}') = \varepsilon\, (q_{k-1}' - e_{k-1})/q_{k-1}'$ verkleinert. In der Folge wird e_k' grösser, q_{k+1}' kleiner usw. (vgl. den Beweis von Satz A7), und damit schliesslich $q_n' < 0$, wenn nicht schon vorher ein negatives q'-Element auftritt.

b) Zunahme eines e-Elementes: Wenn man e_k durch $e_k + \varepsilon$ ersetzt, so werden nach (A1, 17) wieder $q_1', e_1', q_2', \ldots, q_{k-1}', e_{k-1}'$ nicht verändert, aber q_k' nimmt um ε zu. Somit werden in

$$e_k' = \frac{e_k}{q_k'}\, q_{k+1}$$

Zähler wie Nenner um ε vergrössert, da aber der Zähler nach Satz A8 kleiner ist, wird e_k' tatsächlich vergrössert. In der Folge wird q_{k+1}' kleiner, e_{k+1}' grösser usw., bis ein q-Element negativ wird; w. z. b. w.

Wenn ein stationärer qd-Schritt $Z \xrightarrow{v} Z^*$ ausgeführt wird, so kann der Fall eintreten, dass, obwohl $v > 0$ ist, $Z^* = Z$ wird. Dies geschieht dann, wenn v so klein ist, dass für alle k gilt $q_k \stackrel{\cdot}{-} v \,\tilde{\times}\, \tilde{G}_k^* = q_k$, was – weil dann auch $\tilde{G}_k^* = \tilde{F}_k$ ist – nach Axiom VII_2 (§ A3.4) sicher dann eintritt, wenn

$$v \,\tilde{\times}\, \tilde{F}_k < \vartheta\, q_k \quad (k = 1, 2, \ldots, n). \tag{11}$$

Wenn aber $Z^* \neq Z$, dann ist mindestens ein q_k^* kleiner als das entsprechende q_k oder mindestens ein e_k^* grösser als e_k; daher gilt

Satz A24. *Wird ein stationärer Schritt $Z \xrightarrow{v} Z^*$ (mit $Z > 0$, $Z^* > 0$ oder $Z^* \geqq 0$, $v > 0$) numerisch durchgeführt, so gilt für den kleinsten Eigenwert: $\lambda_n^* \leqq \lambda_n$, wobei das Gleichheitszeichen nur im Falle $Z = Z^*$ stehen kann.*

Bemerkung. Bei exakter Rechnung wäre ja $\lambda_n^* = \lambda_n - v$, doch kann dies bei numerischer Rechnung nicht garantiert werden. In Anbetracht von § A4.4 ist aber Satz A24 bereits ein grosser Fortschritt. Damit wird es nämlich gelingen, den kleinsten Eigenwert einer qd-Zeile beliebig klein zu machen, was wir mit progressiven Schritten nicht garantieren können.

§ A5.4. **Sichere qd-Schritte**

Die Eigenwertbestimmung – ob sie mit progressiven oder stationären qd-Schritten durchgeführt wird – läuft immer darauf hinaus, dass man eine semipositive Zeile herbeizuführen sucht, und dann gemäss § A1, 7 vorgeht. In «normalen» Fällen kann eine semipositive Zeile im wesentlichen nach der Vorschrift von § A2.4 erhalten werden, aber in kritischen Fällen muss mit der stationären Variante gearbeitet werden.

Dabei steht das Problem der Wahl der Verschiebungen v an erster Stelle. Leider hat man für diese Wahl zur Hauptsache nur negative Aussagen zur Verfügung, sobald es auf die numerische Durchführbarkeit ankommt (beispielsweise Satz A21 für den progressiven Algorithmus). Das Ziel, durch geeignete Wahl von v garantieren zu können, dass die Rechenvorschrift (7) zu einer Zeile $Z^*>0$ führt, kann aber nur mit positiven Aussagen erreicht werden, aber gerade die hiefür zuständige Aussage (A2.8) ist nicht persistent.

Im folgenden sollen F_k, *sup* die aus q_k und e_k nach (A2, 5), (A2, 6) *exakt* berechneten Grössen bedeuten, d_k, t_k, q_k^* dagegen seien die nach

$$\begin{aligned} d_1 &= q_1, \\ d_k &= q_k \tilde{/} (1 \tilde{+} e_{k-1} \tilde{/} d_{k-1}) \end{aligned} \tag{12}$$

bzw. nach (7) *numerisch* berechneten Grössen. Dann kann man beweisen:

Satz A25. *Ein stationärer qd-Schritt* $Z \xrightarrow{v} Z^*$ *mit* $Z > 0$ *und*

$$0 < v \leqq \left\{ \frac{1}{n(1+4\Theta)^n} - 4\Theta \right\} (1-4\Theta)^n \min_{1 \leqq k \leqq n} d_k \tag{13}$$

muss auch bei numerischer Rechnung zu einem $Z^* > 0$ *führen.*

Beweis. Als erstes wird gezeigt: Für die nach (12) numerisch berechneten Grössen d_k gilt[1]:

$$d_k < \frac{q_k}{F_k (1-4\,\Theta)^k}. \tag{14}$$

Wegen $d_1 = q_1$, $F_1 = 1$ ist dies für $k = 1$ richtig, und aus

$$d_{k-1} < \frac{q_{k-1}}{F_{k-1}(1-4\,\Theta)^{k-1}}$$

[1] Terme zweiter Ordnung in Θ werden hier und im folgenden vernachlässigt. Allerdings könnten bei konsequenter Anwendung einige der folgenden Formeln vereinfacht werden. (Anm. d. Hrsg.)

folgt

$$d_k = q_k \,\tilde{/}\, (1 \mathbin{\tilde{+}} e_{k-1} \,\tilde{/}\, d_{k-1}) \leqq \frac{1}{1-4\,\Theta}\; \frac{q_k}{1+\dfrac{e_{k-1}}{d_{k-1}}}.$$

(Der Faktor $1-4\,\Theta$ berücksichtigt je eine Addition[2], Multiplikation, Division mit relativen Fehlern $2\,\Theta$, Θ, Θ (vgl. Satz A17).) Natürlich könnte d_k infolge Unterfluss 0 werden; dann wäre (14) ebenfalls erfüllt. Andernfalls wird

$$d_k < \frac{1}{1-4\,\Theta}\; \frac{q_k}{1+\dfrac{e_{k-1}}{q_{k-1}}\,F_{k-1}(1-4\,\Theta)^{k-1}}$$

$$< \frac{1}{(1-4\,\Theta)^k}\; \frac{q_k}{1+\dfrac{e_{k-1}}{q_{k-1}}\,F_{k-1}} = \frac{1}{(1-4\,\Theta)^k}\; \frac{q_k}{F_k}.$$

Damit ist also die mit $(1-4\,\Theta)^n$ multiplizierte numerische Schranke

$$\tilde{sup} = \min_{1 \leqq k \leqq n} d_k$$

noch unterhalb der exakten Schranke *sup*.
Wir wählen nun $0 < v < \alpha\, sup$, wobei

$$\alpha = \frac{1}{n(1+4\,\Theta)^n} - 4\,\Theta$$

und behaupten[3]:

$$t_k < \frac{(1+4\,\Theta)^k}{1-(k-1)(\alpha+4\,\Theta)(1+4\,\Theta)^{k-1}}\, v\, F_k, \tag{15}$$

$$q_k^* > \frac{1-\;k(\alpha+4\,\Theta)(1+4\,\Theta)^k}{1-(k-1)(\alpha+4\,\Theta)(1+4\,\Theta)^{k-1}}\, q_k. \tag{16}$$

Für $k=1$ ist $t_1 = v$, $F_1 = 1$, also (15) erfüllt; $q_1^* = q_1 \mathbin{\tilde{-}} v \geqq q_1\,(1-\Theta) - v\,(1+\Theta) - \Theta\, q_1^*$ (siehe Satz A17), also $q_1^* > q_1\,(1-2\,\Theta-\alpha)$, da $v < \alpha\, d_1 = \alpha\, q_1$; somit ist auch (16) für $k=1$ erfüllt. Nun bleibt noch der Schluss von $k-1$ auf k zu vollziehen:

$$\begin{aligned} t_k &= v \mathbin{\tilde{+}} (e_{k-1} \,\tilde{/}\, q_{k-1}^*) \mathbin{\tilde{\times}} t_{k-1} \\ &\leqq (1+4\,\Theta)\,[v + (e_{k-1}/q_{k-1}^*)\, t_{k-1}]. \end{aligned}$$

[2] Für die Addition zweier positiver Zahlen gilt in erster Näherung: $|(a \mathbin{\tilde{+}} b)-(a+b)| \leqq 2\,\Theta\,(a+b) \approx 2\,\Theta\,(a \mathbin{\tilde{+}} b)$. (Anm. d. Hrsg.)

[3] Man beachte, dass auf Grund der Wahl von α die Nenner in (15) und (16) positiv sind. Der Zähler in (16) ist positiv für $k < n$ und 0 für $k = n$. (Anm. d. Hrsg.)

(Der Term $(1+4\Theta)$ berücksichtigt wieder je eine Addition, Multiplikation, Division.)

$$t_k < (1+4\Theta)\left[v + \frac{e_{k-1}}{q_{k-1}} \frac{1-(k-2)(\alpha+4\Theta)(1+4\Theta)^{k-2}}{1-(k-1)(\alpha+4\Theta)(1+4\Theta)^{k-1}} \frac{(1+4\Theta)^{k-1}\, v\, F_{k-1}}{1-(k-2)(\alpha+4\Theta)(1+4\Theta)^{k-2}}\right]$$

$$\leqq (1+4\Theta)\left[v + v\frac{e_{k-1}}{q_{k-1}} F_{k-1} \frac{(1+4\Theta)^{k-1}}{1-(k-1)(\alpha+4\Theta)(1+4\Theta)^{k-1}}\right].$$

Da der letzte Bruch in der eckigen Klammer grösser als 1 ist, gilt auch

$$t_k < \frac{(1+4\Theta)^k}{1-(k-1)(\alpha+4\Theta)(1+4\Theta)^{k-1}}\, v \left(1 + \frac{e_{k-1}}{q_{k-1}} F_{k-1}\right),$$

und dies ist (15). Ferner wird

$$q_k^* = q_k \,\tilde{-}\, t_k \geqq q_k(1-4\Theta) - t_k.$$

(Hier sammelt der Term 4Θ die gesamten Rundungsfehlerbeiträge unter der Voraussetzung, dass $0 \leqq t_k \leqq q_k$.) Somit ist

$$q_k^* > q_k(1-4\Theta) - \frac{(1+4\Theta)^k}{1-(k-1)(\alpha+4\Theta)(1+4\Theta)^{k-1}}\, v\, F_k\,;$$

da aber $v < \alpha\, sup \leqq \alpha\, q_k/F_k$, wird

$$q_k^* > q_k\left[1 - 4\Theta - \frac{(1+4\Theta)^k \alpha}{1-(k-1)(\alpha+4\Theta)(1+4\Theta)^{k-1}}\right]$$

$$> q_k\left[1 - \frac{(\alpha+4\Theta)(1+4\Theta)^k}{1-(k-1)(\alpha+4\Theta)(1+4\Theta)^{k-1}}\right],$$

womit sich auch (16) ergibt. Insbesondere folgt $q_k^* > 0$ $(k = 1, \ldots, n)$, mit (9b) zusammen also $Z^* > 0$, sofern (wie in (13) vorausgesetzt)

$$0 < v \leqq \alpha(1-4\Theta)^n\, \tilde{sup} < \alpha\, sup$$

gewählt wird; w.z.b.w.

Es ist allerdings zu beachten, dass $\tilde{sup}$ infolge Unterfluss 0 werden kann; dann wird zwangsläufig auch die gemäss (13) berechnete Verschiebung $v = 0$ und damit $Z = Z^*$, womit der Satz hinfällig wird. Wie wir aber sehen werden, muss der Fall $\tilde{sup} = 0$ (infolge Unterfluss) nicht ernstlich in Betracht gezogen werden.

Es geht nun aber darum, zu zeigen, dass ein qd-Schritt $Z \xrightarrow{v} Z^*$ so ausgeführt werden kann, dass nicht nur $Z^* > 0$ wird, sondern dass die Grösse *sup* dabei wirklich abnimmt. Das bedingt vor allem, dass nicht etwa $Z^* = Z$ wird, was nach (13) noch keineswegs ausgeschlossen ist.

Zunächst kann entsprechend Formel (14) im Beweis von Satz A25 gezeigt werden, dass

$$d_k \geqq \frac{q_k}{F_k(1+4\Theta)^{k-1}}. \tag{17}$$

Ferner ergibt sich – noch einfacher als bei (15) – die Schranke

$$t_k \geqq (1-4\Theta)^{k-1}\, v\, F_k; \tag{18}$$

denn einmal ist ja $t_1 = v$, $F_1 = 1$; weiter folgt aus $t_{k-1} \geqq (1-4\Theta)^{k-2}\, v\, F_{k-1}$ (da $q_k^* \leqq q_k$, siehe (9b)):

$$\begin{aligned} t_k &= \left(v \mathbin{\tilde{+}} (e_{k-1}/q_{k-1}^*) \mathbin{\tilde{\times}} t_{k-1}\right) \\ &\geqq (1-4\Theta)\left[v + (e_{k-1}/q_{k-1}^*)\, t_{k-1}\right] \\ &\geqq (1-4\Theta)\left[v + (e_{k-1}/q_{k-1})\, t_{k-1}\right] \\ &\geqq (1-4\Theta)\left[v + (e_{k-1}/q_{k-1})(1-4\Theta)^{k-2}\, v\, F_{k-1}\right] \\ &> (1-4\Theta)^{k-1}\left[v + (e_{k-1}/q_{k-1})\, v\, F_{k-1}\right] = (1-4\Theta)^{k-1}\, v\, F_k. \end{aligned}$$

Für das weitere benötigen wir eine Beziehung zwischen den nach (12) numerisch berechneten Grössen d_k und den nach einem Schritt $Z \xrightarrow{v} Z^*$ analog aus den q_k^*, e_k berechneten Grössen d_k^*:

Einmal ist $d_1^* = q_1^* = q_1 \mathbin{\tilde{-}} v \leqq q_1 = d_1$. Ferner folgt aus der Induktionsvoraussetzung $d_{k-1}^* \leqq d_{k-1}$ wegen (9b) offenbar

$$d_k^* = q_k^* \mathbin{\tilde{/}} (1 \mathbin{\tilde{+}} e_{k-1}^* \mathbin{\tilde{/}} d_{k-1}^*) \leqq q_k \mathbin{\tilde{/}} (1 \mathbin{\tilde{+}} e_{k-1} \mathbin{\tilde{/}} d_{k-1}) = d_k; \text{ es gilt also}$$

$$d_k^* \leqq d_k \quad (k = 1, 2, \ldots, n). \tag{19}$$

Genauer ist $d_k^* \leqq q_k^* \mathbin{\tilde{/}} (1 \mathbin{\tilde{+}} e_{k-1} \mathbin{\tilde{/}} d_{k-1})$ oder

$$d_k^* \leqq \frac{1+\Theta}{1-\Theta}\,\frac{q_k^*}{q_k}\,\{q_k \mathbin{\tilde{/}} (1 \mathbin{\tilde{+}} e_{k-1} \mathbin{\tilde{/}} d_{k-1})\},$$

$$d_k^* \leqq \frac{1+\Theta}{1-\Theta}\,\frac{q_k^*}{q_k}\, d_k. \tag{20}$$

Satz A26. *Es gelte* $Z \xrightarrow{v} Z^*$, *wo* $Z > 0$, $v > 0$ *und* $Z^* > 0$ *(oder* $Z^* \geqq 0$*), und es seien*

$$\tilde{sup} = \min_{1 \leqq k \leqq n} d_k, \quad \tilde{sup}^* = \min_{1 \leqq k \leqq n} d_k^*$$

die numerisch berechneten oberen Schranken für den kleinsten Eigenwert $\lambda_{\min}$ *von Z und den kleinsten Eigenwert* $\lambda^*_{\min}$ *von* Z^*. *Dann gilt:*

$$s\tilde{u}p^* \leqq \left(\frac{1+\Theta}{1-\Theta}\right)^2 s\tilde{u}p - \frac{1+\Theta}{1-\Theta}\left(\frac{1-4\Theta}{1+4\Theta}\right)^{n-1} v. \tag{21}$$

Beweis. Es ist nach (7) $q_k^* = q_k \simeq t_k$. Nach Satz A17 gilt aber

$$q_k \simeq t_k \leqq q_k - t_k + \Theta\, q_k + \Theta t_k + \Theta\,(q_k \simeq t_k),$$

also

$$(1-\Theta)(q_k \simeq t_k) \leqq q_k - t_k + \Theta\,(q_k + t_k),$$

$$q_k^* \leqq \frac{1+\Theta}{1-\Theta}\, q_k - t_k. \tag{22}$$

Es gibt ein $k = p$ mit $s\tilde{u}p = d_p$. Auf Grund von (17) gilt sicher

$$F_p \geqq \frac{q_p}{(1+4\Theta)^{p-1}\, d_p}$$

und nach (18) somit

$$q_p^* \leqq \frac{1+\Theta}{1-\Theta}\, q_p - (1-4\Theta)^{p-1}\, v\, F_p$$

$$\leqq \frac{1+\Theta}{1-\Theta}\, q_p - (1-4\Theta)^{p-1}\, v\, \frac{q_p}{(1+4\Theta)^{p-1}\, d_p},$$

das heisst, es ist

$$p_p^* \leqq \left[\frac{1+\Theta}{1-\Theta} - \left(\frac{1-4\Theta}{1+4\Theta}\right)^{p-1} \frac{v}{d_p}\right] q_p. \tag{23}$$

Nach (20) folgt schliesslich

$$s\tilde{u}p^* \leqq d_p^* \leqq \frac{1+\Theta}{1-\Theta}\left[\frac{1+\Theta}{1-\Theta} - \left(\frac{1-4\Theta}{1+4\Theta}\right)^{n-1} \frac{v}{d_p}\right] d_p,$$

woraus wegen $d_p = s\tilde{u}p$ die Behauptung folgt; w.z.b.w.

Damit ist nun eine sichere Abnahme mindestens eines q_k sowie der Grösse $s\tilde{u}p$ garantiert, wenigstens solange beispielsweise $n \leqq 1/_{100}\ \Theta$. Es ist dann nämlich nach Satz A25

$$v \leqq \left(\frac{1}{n\left(1+\dfrac{1}{25n}\right)^n} - \frac{1}{25n}\right)\left(1-\frac{1}{25n}\right)^n s\tilde{u}p$$

ausreichend für ein Gelingen des Schrittes $Z \xrightarrow{v} Z^*$; dies heisst aber (in erster Annäherung)

$$v \leqq \frac{0.88}{n} \tilde{sup}. \tag{24}$$

Wird v so gross gewählt, dass hier das Gleichheitszeichen gilt, so folgt nach (21)

$$\tilde{sup}^* \leqq \tilde{sup}\left(1 - \frac{0.77}{n}\right). \tag{25}$$

Wir haben also lineare Konvergenz, solange v nicht durch Unterfluss 0 wird; es kann also *sup* praktisch beliebig klein gemacht werden.

Literatur zum Anhang

[1] HENRICI P.: The quotient-difference algorithm, *Appl. Math. Series* **49**, 23–46 (1958). National Bureau of Standards, Washington, D.C.

[2] HENRICI P.: Some applications of the quotient-difference algorithm, *Proc. Symp. Appl. Math.* **15**, 159–183 (1963). Amer. Math. Soc., Providence, R.I.

[3] HENRICI P.: Quotient-difference algorithms. *Mathematical Methods for Digital Computers*, Vol. 2a, A. Ralston and H. S. Wilf (eds), Wiley, New York 1967.

[4] HENRICI P.: *Applied and Computational Complex Analysis*, Vol. 1, Wiley, New York 1974. Chapter 7.

[5] HOUSEHOLDER A.S.: *The Numerical Treatment of a Single non-linear Equation*, McGraw-Hill, New York 1970.

[6] PERRON O.: *Die Lehre von den Kettenbrüchen*, Teubner, Leipzig 1929.

[7] REINSCH C., BAUER F.L.: Rational QR transformation with Newton shift for symmetric tridiagonal matrices, *Numer. Math.* **11**, 264–272 (1968).

[8] RUTISHAUSER H.: Der Quotienten-Differenzen-Algorithmus, ZAMP **5**, 233–251 (1954).

[9] RUTISHAUSER H.: Anwendungen des Quotienten-Differenzen-Algorithmus, ZAMP **5**, 496–508 (1954).

[10] RUTISHAUSER H.: Ein infinitesimales Analogon zum Quotienten-Differenzen-Algorithmus, *Arch. Math.* **5**, 132–137 (1954).

[11] RUTISHAUSER H.: Bestimmung der Eigenwerte und Eigenvektoren einer Matrix mit Hilfe des Quotienten-Differenzen-Algorithmus, ZAMP **6**, 387–401 (1955).

[12] RUTISHAUSER H.: Une méthode pour la détermination des valeurs propres d'une matrice, *C. R. Acad. Sci. Paris* **240**, 34–36 (1955).

[13] RUTISHAUSER H.: Eine Formel von Wronski und ihre Bedeutung für den Quotienten-Differenzen-Algorithmus, ZAMP **7**, 164–169 (1956).

[14] RUTISHAUSER H.: *Der Quotienten-Differenzen-Algorithmus*, Mitt. Inst. f. angew. Math. ETH Zürich, Nr. 7, Birkhäuser Verlag, Basel 1957.

[15] RUTISHAUSER H.: Solution of eigenvalue problems with the LR-transformation, *Appl. Math. Series* **49**, 47–81 (1958). National Bureau of Standards, Washington, D.C.

[16] RUTISHAUSER H.: Zur Bestimmung der Eigenwerte einer schiefsymmetrischen Matrix, ZAMP **9b**, 586–590 (1958).

[17] RUTISHAUSER H.: Über eine kubisch konvergente Variante der LR-Transformation, ZAMM **40**, 49–54 (1960).

[18] RUTISHAUSER H.: On a modification of the QD-algorithm with Graeffe-type convergence, ZAMP **13**, 493–496 (1962).

[19] RUTISHAUSER H.: Algorithm 125: WEIGHTCOEFF, *Comm. ACM* **5**, 510–511 (1962).

[20] RUTISHAUSER H.: Stabile Sonderfälle des Quotienten-Differenzen-Algorithmus, *Numer. Math.* **5**, 94–112 (1963).

[21] RUTISHAUSER H.: Les propriétés numériques de l'algorithme quotient-différence. Rapport EUR 4083f, Communauté Européenne de l'Energie Atomique – EURATOM, Luxembourg 1968.

[22] RUTISHAUSER H.: Exponential interpolation with QD-algorithm. Hektographierter Bericht, etwa 1965.

[23] RUTISHAUSER H., BAUER F.L.: Détermination des vecteurs propres d'une matrice par une méthode itérative avec convergence quadratique, *C. R. Acad. Sci. Paris* **240**, 1680–1681 (1955).

[24] SCHWARZ H.R., RUTISHAUSER H., STIEFEL E.: *Numerik symmetrischer Matrizen*, Teubner Verlag, Stuttgart 1968.

[25] Stewart G. W.: On a companion operator for analytic functions, *Numer. Math.* **18**, 26–43 (1971).

[26] Stiefel E.: Zur Interpolation von tabellierten Funktionen durch Exponentialsummen und zur Berechnung von Eigenwerten aus den Schwarzschen Konstanten, ZAMM **33**, 260–262 (1953).

[27] Stiefel E.: Kernel polynomials in linear algebra and their numerical applications, *Appl. Math. Series* **49**, 1–22 (1958). National Bureau of Standards, Washington D.C.

Namen- und Sachverzeichnis

A

abgeleitete Matrixnorm 104
Abstieg, stärkster 87, 91
Abstiegsverfahren: s. Relaxationsmethoden
Adams-Bashforth, Verfahren von 38–40, 44–45, 47–48
Adams-Moulton, Verfahren von 37–38
Algorithmus, formaler 197
Allgemeine Differenzenformeln 33–48
– Anlaufrechnung bei 39–40
– explizite 34
– Fehlerordnung von 38
– implizite 34
– Stabilität von 41–48
allgemeines Eigenwertproblem 133–136
Anfangswertprobleme, bei gew. Diff. gl. 9–54, 55
Anlaufrechnung 39–40
Arithmetik, endliche 199–206
– – Genauigkeit der 202–204
– – Monotonie der 199, 201–202
– – optimale 204
Artilleriemethode 55–63
– Nachkorrektur bei 61–63
Axiomatik des numerischen Rechnens 199–206

B

Balken, belasteter 72–74
– schwingender elastischer 133–136, 151–152
Bandmatrix 151, 155
Betragsnorm 104
biharmonischer Operator 95
Bisektionsmethode 164–165

C

Cholesky-Zerlegung 133, 152, 157, 184

D

Deflation 158, 188–191
Differentialausdruck, linearer 58
Differentialgleichung, elliptische 75–85, 95–104
– gewöhnliche (Anfangswertprobleme) 9–54, 55
– – Instabilität einer 13
– – lineare 26–33, 41
– – Ordnung einer 9–10
– – periodische 51–54, 63–65
– – Stabilität einer 13
– – stark gedämpfte 48–51
– gewöhnliche (Randwertprobleme) 55–74
– hyperbolische 75, 118–123
– parabolische 75, 110–118, 123–131
– partielle 75–85, 95–104, 110–131
– periodische 51–54, 63–65
– einer Schwingung 51–54, 63–65, 133–136, 151–152
Differentialgleichungssystem: s. Differentialgleichung
Differenzenmethode, bei gew. Diff. gl. 66–77
– bei part. Diff. gl. 75–79, 95–96, 108, 110–112, 118, 123
Differenzenoperator 81–85
Dirichlet-Problem 75–85, 108
Diskretisation, mit Differenzenmethode 66–70, 75–79, 95–96, 108, 110–112, 118, 123
– mit Energiemethode 71–74, 79–80, 98–104, 108, 124–125, 129–130
Diskretisationsfehler, lokaler 18–20, 43
– – komponentenweise Beurteilung des 27–30, 31–33
Durchlauf 150

E

Eigenvektoren, einer nicht-symmetrischen Matrix 171–176
– einer symmetrischen Matrix 137–139, 146
– – Störung der 141–143
Eigenwerte, einer nicht-symmetrischen Matrix 109, 166–178
– – Störung der 166–168
– einer qd-Zeile 180–198, 206–221
– einer symmetrischen Bandmatrix 151–159

– einer symmetrischen Matrix 105–109, 132–165
– – Extremaleigenschaften der 137–143
– – Schranke für kleinsten 157
– – Störung der 139–141
– einer tridiagonalen Matrix 163–165, 180–198, 206–221
– – Schranke für kleinsten 195–198, 216–221
Eigenwertproblem, allgemeines 133–136
– gewöhnliches 132–178
elliptische Differentialgleichung 75–85, 95–104
endliche Arithmetik 199–206
– Genauigkeit der 202–204
– Monotonie der 199, 201–202
– optimale 204
Energie eines mechanischen Systems 132, 134
Energiemethode, bei gew. Diff. gl. 71–74
– bei part. Diff. gl. 79–80, 98–104, 108, 124–125, 129–130
erzeugende Funktion 168, 183
Euklidische Norm 104
Eulersche Gleichungen 132
Euler-Verfahren 10–17, 35, 112–115, 125
– Fehlerordnung des 17
– Konvergenz des 14–16
– bei part. Diff. gl. 112–115, 125
– – Stabilität des 113–115
– Verallgemeinerung des 49
Extremaleigenschaften der Eigenwerte 137–143

F

Fehler, lokaler 18–20, 43
– – komponentenweise Beurteilung des 27–30, 31–33
Fehlerordnung 16–20, 38
finite Elemente 80
Floquetsche Lösung 63–65
Form, quadratische 137–140
formaler Algorithmus 197

G

Gauss-Seidel-Verfahren 87–91
Genauigkeit der Arithmetik 202–204
Gerschgorin 165
gewöhnliche Differentialgleichung 9–74
Gleichungssystem, lineares, positiv definites 85–95
– – Fehler bei Auflösung 106–107
Gleitkomma-Arithmetik: s. endliche Arithmetik
Gradienten, konjugierte, Verfahren der 87, 91–95, 107
Gradientenverfahren: s. stärkster Abstieg
Gregory 149
Grundmenge $\mathfrak{S}$ 199

H

Hamiltonsches Prinzip 132
Hauptachsentransformation 139, 144–146
Heissaufziehen einer Scheibe 118–131
Hestenes 93
Heun, Verfahren von 21–22
– – Verallgemeinerung des 49–50
Hölder-Norm 104
Householder-Transformation 159–163
Huta, Verfahren von 24
hyperbolische Differentialgleichung 75, 118–123

I

Instabilität, einer allg. Differenzenformel 41–48
– – schwache 47
– einer Diff. gl. 13
– des Euler-Verfahrens bei part. Diff. gl. 113–115
– eines Mehrschritt-Verfahrens 41–48
– – schwache 47
Iterationsverfahren, ‹gewöhnliches› 168–178
– von Mises-Geiringer 168–178

J

Jacobi-Rotation 145–149, 172–176
– Programmierung der 147–149
Jacobi-Verfahren, klassisches 144–149
– – Konvergenz des 146–147
– – Programmierung des 147–149
– mit zeilenweisem Durchlauf 149–151, 156
– – Konvergenz des 150–151
– zyklisches 149–151, 156
– – Konvergenz des 150–151
Jordansche Normalform 169–170

K

Kettenbruch 183
Koinzidenz 208–210
Kolonnenbetragssumme 106
Konditionszahl 106–109, 126